有限元基础与 COMSOL案例分析

Basis of Finite Element Method and COMSOL Case Analysis

江帆 温锦锋 谢智铭 叶宇星 著

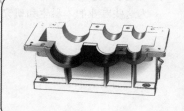

人民邮电出版社

北 京

图书在版编目（CIP）数据

有限元基础与COMSOL案例分析 / 江帆等著. -- 北京：
人民邮电出版社，2024.3
ISBN 978-7-115-62710-0

Ⅰ. ①有… Ⅱ. ①江… Ⅲ. ①有限元分析－应用软件
Ⅳ. ①O241.82-39

中国国家版本馆CIP数据核字(2023)第178052号

内 容 提 要

本书主要介绍有限元法基础知识及 COMSOL 在弹性力学、流体力学、电磁学、电化学、多物理场耦合等方面的应用。全书先介绍有限元法的基础知识，然后介绍 COMSOL 的界面组成与基本操作和网格划分的方法与实例，最后给出了结构力学分析实例、流体力学分析实例、电磁学分析实例、电化学分析实例和多物理场耦合分析实例，即以实例方式介绍 COMSOL 各方面应用分析的详细操作过程及一些需要注意的问题，多数案例有明确的工程应用背景，部分案例有实验对比结果，具有较强的实用性。

本书可作为机械、材料、水利、土木、暖通、动力、能源、化工、航空、冶金、环境、交通、电力电子、建筑等领域的科研与工程技术人员使用 COMSOL 软件进行 CAE/CFD 分析的参考书，也可作为这些专业的本科生和研究生学习有限元及 COMSOL 软件的教学用书。

◆ 著　　　江　帆　温锦锋　谢智铭　叶宇星
　　责任编辑　吴晋瑜
　　责任印制　王　郁　焦志炜
◆ 人民邮电出版社出版发行　　北京市丰台区成寿寺路 11 号
　　邮编　100164　电子邮件　315@ptpress.com.cn
　　网址　https://www.ptpress.com.cn
　　三河市君旺印务有限公司印刷
◆ 开本：787×1092　1/16
　　印张：21.75　　　　　　　2024 年 3 月第 1 版
　　字数：535 千字　　　　　2024 年 3 月河北第 1 次印刷
　　　　　　　　　定价：119.80 元

读者服务热线：(010)81055410　印装质量热线：(010)81055316
反盗版热线：(010)81055315
广告经营许可证：京东市监广登字 20170147 号

前　言

有限单元法（简称有限元法，Finite Element Method，FEM）是计算机辅助工程（CAE）的重要手段，它把计算区域离散划分为有限个互不重叠且相互连接的单元，在每个单元内选择基函数（或形函数、插值函数），用单元基函数的线性组合来逼近单元中的真解。若整个计算区域上总体的基函数可以看作是由每个单元基函数组成的，则整个计算区域内的解可以看作是由所有单元上的近似解构成的。有限元法是一种化整为零、集零为整、化未知为已知的方法。有限元分析软件可以帮助企业减少产品设计、优化、控制环节中原型测试的数量和次数。有限元分析软件很多，其中 COMSOL Multiphysics 具有高效的计算性能和独特的多物理场全耦合分析能力，可以保证数值仿真的高度精确，帮助科研人员与工程师模拟真实世界中的多物理场现象，探索新规律，开发出更好的技术和产品。该软件具有力学、电磁学、流体、传热、化工、MEMS、声学、光学等不同应用领域的专业模块，在机械工程、能源化工、流动与传热、土木工程、航天航空、海洋工程、环境工程、光学、生物医药、微流控、MEMS、电力电子、交通运输、数字孪生等方面都有着广泛的应用。

为了让读者掌握有限元法基础知识与 COMSOL 各方面的应用操作方法，我们根据 COMSOL 软件的新版本编写了本书，介绍了弹性力学与有限元法、流体力学、传热、电磁学、化学工程、多孔介质等基础知识及 COMSOL 在各个工程领域的实例分析。实例涵盖网格划分、结构力学分析、流体力学分析、电磁学分析、电化学分析、耦合分析等方面的工程，尽可能多地涉及了 COMSOL 的各个应用领域。实例操作步骤详细，并配有演示视频及练习题，便于读者进一步研究。

全书共分 8 章，第 1 章介绍有限元法的基础知识，第 2 章介绍 COMSOL 的界面组成与基本操作，第 3 章介绍网格划分的方法与实例，第 4 章给出了结构力学分析实例，第 5 章给出了流体力学分析实例，第 6 章给出了电磁学分析实例，第 7 章给出了电化学分析实例，第 8 章给出了多物理场耦合分析实例。本书通过基础知识的介绍，让读者了解软件中一些物理量及其设置的具体意义；利用实例促进软件学习，结合工程实例介绍 COMSOL 在各个领域应用分析的详细操作过程及一些注意事项，让读者在真实的工程实例分析中明确如何建模，如何进行参数设置，以及如何分析计算结果。

本书由江帆、温锦锋、谢智铭、叶宇星著，江帆负责构思全书框架与实例筛选，并编写第 1 章，温锦锋编写第 5 章和第 8 章，谢智铭编写第 2~4 章，叶宇星编写第 6 章和第 7 章，全书由江帆统稿。许钟松、张冥聪等参与了部分文字编辑工作。

本书部分材料选自百度、COMSOL 博客、知乎、哔哩哔哩等网络资源，感谢这些网友所做的工作。本书编写得到广州大学研究生优秀教材资助项目（2022YJS-9）、广州市科技计划项目（202102010386）的支持，得到广州大学机械与电气工程学院老师的支持，得到人民邮电出版社的大力支持，还得到作者的家人所给予的理解与大力支持，在此一并致以深深的谢意！

　　本书既是工程技术人员利用 COMSOL 软件进行工程应用分析的指导书，又可作为高等院校相关专业本科和硕士研究生的 CAE 分析教学、复杂力学问题（特别是多物理场耦合问题）研究的教材或参考书。本书相关实例的模型文件和 MPH 文件已上传至人民邮电出版社异步社区，扫描书后二维码即可获得相关资料。限于笔者的水平，书中难免有不当之处，还请广大读者给予指正，请致信 jiangfan2008@126.com 或 2908551877@qq.com，不胜感激。

江帆

2023 年于广州

目 录

第1章　有限元理论基础

有限元法（Finite Element Method，FEM）最初是一种结构分析的方法，现已发展成为一种近似的（除杆件体系结构静力分析外）数值分析方法。其基本思想是将连续的求解区域离散为由有限个单元组成的、按一定方式相互连接在一起的单元集合体，在单元分析中，用近似函数表征待求场函数，建立相关物理量之间的相互联系，然后依据单元之间在结点处的联系，将各单元组装成整体，从而获得整体待求场函数。这种先化整为零，然后集零为整和化未知为已知的研究方法，对求解复杂力学等科学与工程问题具有重要作用。有限元法已经广泛应用于机械工程、热能动力、土木水利、铁道、汽车、船舶工业、航空航天、石油化工、微流控、环境工程、生物医疗、电力等领域。

1.1　弹性力学与有限元

1.1.1　弹性力学中的基本概念

在本节中，我们主要介绍弹性力学中的基本概念，包括体力、面力、应力、应变、位移、主应力、相当应力和主应变。

1. 体力

体力是一种外载荷，是随体积分布的力，如重力和惯性力。当材料具有磁性或者分布有非自由电荷，这时磁力和静电力也是体力。体力的单位为 N/m^3。体力在三个坐标轴上的投影为 X、Y、Z，它们的总体可用体力列阵表示：$\boldsymbol{F}_b = [X \ \ Y \ \ Z]^T$。

2. 面力

面力也是一种外载荷，是作用在物体表面的力，如接触力和流体压力，其单位为 N/m^2。面力在三个坐标轴上的投影为 $\bar{X}$、$\bar{Y}$、$\bar{Z}$，它们的总体可用面力列阵表示：$\boldsymbol{F}_N = [\bar{X} \ \ \bar{Y} \ \ \bar{Z}]^T$。集中力也是一种面力，它作用在物体表面，忽略其作用面积，认定只作用在一点，单位为 N。

3. 应力

应力是单位截面面积的内力（或内力的分布集度），是表示物体内某位置、沿某截面分布内力的大小和方向的物理量。物体由于外力或湿度、温度改变，其内部将产生内力。

在物体内的同一点，不同方向截面上的应力是不同的。过某点，各截面上应力的大小和方向的总和称为该点的应力状态。为了研究某点的应力状态，围绕该点取一个微小单元体，通常用与坐标面平行的平面截出微小的平行六面体，如图 1-1 所示，单元体三个方向上的尺寸都是非常小的，分别是 dx、dy、dz。单元体每个面上的应力分解为一个正应力、两个切应力，分别与坐标轴平行。正应力的作用面用下标表示，如法线平行于 x 轴的面上正应力记作 σ_x；切应力有两个下标，第一个下标为作用面，第二个下标为切应力方向，如 τ_{xy} 表示其作用面垂直于 x 轴，方向平行于 y 轴。正应力与切应力正负号规定如下：正面上与坐标轴正方向一致为正，相反为负；负面上与坐标轴正方向一致为负，相反为正。正应力也简单记作拉为正、压为负。图 1-1 的单元体上，各面上的应力分量均为正。根据切应力互等定理，6 个切应力有 3 组互等关系，即 $\tau_{xy}=\tau_{yx}$，$\tau_{xz}=\tau_{zx}$，$\tau_{yz}=\tau_{zy}$。

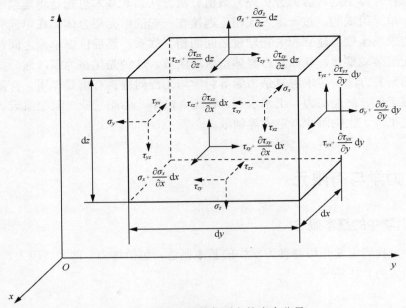

图 1-1 单元体及其各面上的应力分量

物体中某点的应力状态完全可以由 σ_x、σ_y、σ_z、τ_{xy}、τ_{yz}、τ_{zx} 6 个应力分量确定，用应力阵列表示为 $\boldsymbol{\sigma}=[\sigma_x \quad \sigma_y \quad \sigma_z \quad \tau_{xy} \quad \tau_{yz} \quad \tau_{zx}]^{\mathrm{T}}$。

4．应变

应变反映弹性体在外力作用下，其内部各部分发生变形的程度。变形可以归结为长度的改变与角度的改变，故有线应变与角应变。各线段单位长度的伸缩称为正应变或线应变；各线段之间直角的改变，用弧度表示，称为切应变或剪应变。正应变用 ε 表示，切应变用 γ 表示，用下标表示应变方向，如 ε_x 表示 x 方向上的线应变，γ_{xy} 表示 x、y 两方向的线段之间的直角改变量。正应变以伸长为正，缩短为负；切应变以直角变小为正，变大为负。正应变与切应变都是无量纲的量。由切应力互等和胡克定律，得到切应变也是两两互等的，即 $\gamma_{xy}=\gamma_{yx}$，$\gamma_{xz}=\gamma_{zx}$，$\gamma_{yz}=\gamma_{zy}$。

物体中某点的变形状态可用 ε_x、ε_y、ε_z、γ_{xy}、γ_{yz}、γ_{zx} 这 6 个应变分量确定，用应变列阵表示为 $\boldsymbol{\varepsilon}=[\varepsilon_x \quad \varepsilon_y \quad \varepsilon_z \quad \gamma_{xy} \quad \gamma_{yz} \quad \gamma_{zx}]^{\mathrm{T}}$。

5．位移

位移是指物体受力过程中，物体上各点位置的变化量（位置的移动）。物体内一点（微元体）的位移由刚性位移和弹性位移两部分组成，刚性位移是由其他点的形变引起的位移，弹性位移是本身弹性变形产生的位移，与应变有着确定的几何关系。位移是一个矢量，用 δ 表示，它在空间直角坐标系中，三个坐标方向的位移分量用 u、v、w 表示。位移分量以沿坐标轴正方向为正，沿坐标轴负方向为负。位移及其分量的单位为 m，用一个位移列阵表示为 $\delta=[u \quad v \quad w]^{\mathrm{T}}$。

6. 主应力

主应力指的是物体内某一点的微面积元上剪应力为零时的法向应力。这时，法向量 $n=(n_1,\ n_2,\ n_3)$ 的方向称为这一点的应力主方向。

7. 相当应力

弹性体在外力作用下是否会破坏要通过应力来判断，有限元计算的直接应力结果是各点的 6 个应力分量，其中 3 个主应力是判断该点材料是否破坏的主要参数。对于不同的失效形式，适用不同的强度理论。根据这些强度理论求得某点的相当应力，用以判断该点强度是否足够。下面介绍几种常用的强度理论及其相当应力。

（1）第一强度理论（最大拉应力理论）。当材料发生断裂且受力弹性体内的某点有拉应力存在，即 σ_1 大于零时，可以按照该点最大拉应力 σ_1 是否小于许用应力来判断该点强度是否足够。第一强度理论的相当应力为

$$\sigma_{r1} = \sigma_1 \tag{1-1}$$

（2）第二强度理论（最大拉应变理论）。当材料发生断裂且受力弹性体内的某点没有拉应力存在，即 σ_1 小于零时，可以按照该点最大拉应变是否小于许用值来判断该点强度是否足够。经过变换得到用主应力表示的第二强度理论的相当应力为

$$\sigma_{r2} = \sigma_1 - \mu(\sigma_2 + \sigma_3) \tag{1-2}$$

（3）第三强度理论（最大切应力理论）。当材料发生屈服，受力弹性体内的某点最大切应力大于某一定值时，根据第三强度理论，经过变换得到用主应力表示的相当应力为

$$\sigma_{r3} = \sigma_1 - \sigma_3 \tag{1-3}$$

（4）第四强度理论（最大形状改变比能理论）。当材料发生屈服，受力弹性体内的某点形状改变比能大于某一定值时，根据第四强度理论，经过变换得到用主应力表示的相当应力为

$$\sigma_{r4} = \sqrt{\frac{1}{2}\left[(\sigma_1-\sigma_2)^2+(\sigma_2-\sigma_3)^2+(\sigma_3-\sigma_1)^2\right]} \tag{1-4}$$

（5）莫尔强度理论。对于一些材料，如铸铁、混凝土等，它们的抗拉能力和抗压能力不同，当它们受到剪切作用、发生剪切破坏时，不仅与切应力大小有关，还与剪切面上的正应力有关，遵从莫尔强度理论，其相当应力为

$$\sigma_{r5} = \sigma_1 - \frac{[\sigma^+]}{[\sigma^-]}\sigma_3 \tag{1-5}$$

根据这些强度理论，只要判断某点的相当应力是否小于相应材料的许用应力即可判断该点强度是否足够。

8. 主应变

由单元体 6 个应变分量 ε_x、ε_y、ε_z、γ_{xy}、γ_{yz}、γ_{zx}，可以求出过该点任意方向的线应变和任

意两线段之间角度的改变，表达式如下。

$$\varepsilon_N = l^2\varepsilon_x + m^2\varepsilon_y + n^2\varepsilon_z + lm\gamma_{xy} + mn\gamma_{yz} + nl\gamma_{zx} \tag{1-6}$$

$$\cos\theta' = (1 - \varepsilon_N - \varepsilon_{N1})\cos\theta + 2(ll_1\varepsilon_x + mm_1\varepsilon_y + nn_1\varepsilon_z) + \\ (mn_1 + m_1n)\gamma_{yz} + (nl_1 + n_1l)\gamma_{zx} + (lm_1 + l_1m)\gamma_{xy} \tag{1-7}$$

其中，l、m、n 为过物体内某点 P 的线段 PN 的方向余弦，l_1、m_1、n_1 为过 P 点与 PN 成 θ 角的线段 PN_1 的方向余弦，θ'为物体受力变形后线段 PN 与 PN_1 的夹角，如图 1-2 所示。

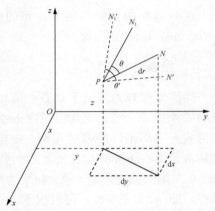

图 1-2　过物体内某点 P 的线段 PN 和 PN_1

进一步分析还可知，物体内任意一点，一定存在 3 个相互垂直的应变主向，这 3 个方向的应变称为主应变。3 个主应变中最大的一个就是该点的最大线应变，3 个主应变中最小的一个就是该点的最小线应变。3 个应变主方向与 3 个应力主方向是重合的，在线弹性范围内，主应力、主应变服从胡克定律（见后续的物理方程）。

1.1.2　弹性力学的基本方程

弹性力学研究弹性体受外力作用或由于温度变化等原因而发生的应力、应变和位移。弹性体占有三维空间，描述弹性体受力和变形的应力、应变、位移等物理量都是三维坐标的函数。

弹性力学基本方程的导出可从三方面分析：静力学方面，建立应力、体力和面力之间的关系；几何学方面，建立应变、位移和边界位移之间的关系；物理学方面，建立应变与应力之间的关系。通过分析分别得到平衡微分方程、几何方程和物理方程，统称为弹性力学基本方程。

1. 平衡微分方程

围绕物体内任意一点，取如图 1-1 所示的一个微小平行六面体，它的 3 组面平行于 3 个坐标面，各边长度都是微量 dx、dy、dz。外力作用下物体处于静力平衡状态，物体内任意一点也处于静力平衡状态，单元体各面上所受应力及单元体受到的体力满足平衡方程。3 个力的平衡方程为

$$\begin{cases} \dfrac{\partial\sigma_x}{\partial x} + \dfrac{\partial\tau_{yx}}{\partial y} + \dfrac{\partial\tau_{zx}}{\partial z} + X = 0 \\[2mm] \dfrac{\partial\sigma_y}{\partial y} + \dfrac{\partial\tau_{zy}}{\partial z} + \dfrac{\partial\tau_{xy}}{\partial x} + Y = 0 \\[2mm] \dfrac{\partial\sigma_z}{\partial z} + \dfrac{\partial\tau_{xz}}{\partial x} + \dfrac{\partial\tau_{yz}}{\partial y} + Z = 0 \end{cases} \tag{1-8}$$

2. 几何方程

如图 1-3 所示，可以列出平面问题中的几何方程：

$$\varepsilon_x = \frac{\partial u}{\partial x}, \quad \varepsilon_y = \frac{\partial v}{\partial y}, \quad \gamma_{xy} = \frac{\partial v}{\partial x} + \frac{\partial u}{\partial y} \tag{1-9}$$

同理可得空间问题的几何方程:

$$\varepsilon_x = \frac{\partial u}{\partial x}, \quad \varepsilon_y = \frac{\partial v}{\partial y}, \quad \varepsilon_z = \frac{\partial w}{\partial z},$$

$$\gamma_{xy} = \frac{\partial v}{\partial x} + \frac{\partial u}{\partial y}, \quad \gamma_{yz} = \frac{\partial w}{\partial y} + \frac{\partial v}{\partial z}, \quad \gamma_{zx} = \frac{\partial u}{\partial z} + \frac{\partial w}{\partial x} \tag{1-10}$$

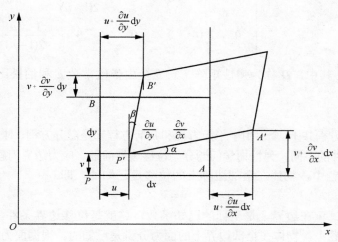

图 1-3　平面应变与位移

3. 物理方程

物理方程体现了应力与应变的关系,也称为本构方程,即

$$\begin{cases} \sigma_x = \dfrac{E}{1+\mu}\left(\dfrac{\mu}{1-2\mu}\theta + \varepsilon_x\right) \\[2mm] \sigma_y = \dfrac{E}{1+\mu}\left(\dfrac{\mu}{1-2\mu}\theta + \varepsilon_y\right) \\[2mm] \sigma_z = \dfrac{E}{1+\mu}\left(\dfrac{\mu}{1-2\mu}\theta + \varepsilon_z\right) \\[2mm] \tau_{xy} = \dfrac{E}{2(1+\mu)}\gamma_{xy} \\[2mm] \tau_{yz} = \dfrac{E}{2(1+\mu)}\gamma_{yz} \\[2mm] \tau_{zx} = \dfrac{E}{2(1+\mu)}\gamma_{zx} \end{cases} \tag{1-11}$$

其中,$\theta = \varepsilon_x + \varepsilon_y + \varepsilon_z$ 为体积应变。

上述各方程均可用矩阵方程表示,如式(1-11)可用矩阵方程表示为

$$
\begin{bmatrix}
\sigma_x \\
\sigma_y \\
\sigma_z \\
\tau_{xy} \\
\tau_{yz} \\
\tau_{zx}
\end{bmatrix}
=
\frac{E(1-\mu)}{(1+\mu)(1-2\mu)}
\begin{bmatrix}
1 & 0 & 0 & 0 & 0 & 0 \\
\dfrac{\mu}{1-\mu} & 1 & 0 & 0 & 0 & 0 \\
\dfrac{\mu}{1-\mu} & \dfrac{\mu}{1-\mu} & 1 & 0 & 0 & 0 \\
0 & 0 & 0 & \dfrac{1-2\mu}{2(1-\mu)} & 0 & 0 \\
0 & 0 & 0 & 0 & \dfrac{1-2\mu}{2(1-\mu)} & 0 \\
0 & 0 & 0 & 0 & 0 & \dfrac{1-2\mu}{2(1-\mu)}
\end{bmatrix}
\begin{bmatrix}
\varepsilon_x \\
\varepsilon_y \\
\varepsilon_z \\
\gamma_{xy} \\
\gamma_{yz} \\
\gamma_{zx}
\end{bmatrix}
\tag{1-12}
$$

简写成 $\boldsymbol{\sigma}=\boldsymbol{D}\boldsymbol{\varepsilon}$。其中，$\boldsymbol{D}$ 称为弹性矩阵，它完全由弹性常数 E 和泊松比 μ 决定。

4．边界条件

弹性力学基本方程共 15 个，由于平衡方程和几何方程都是微分方程，求解定解还需要边界条件。根据边界条件的不同，弹性力学问题分为位移边界问题、应力边界问题和混合边界问题。

在位移边界问题中，物体在全部边界上的位移是已知的，即

$$
u=\overline{u}, \quad v=\overline{v}, \quad w=\overline{w}
$$

其中，$\overline{u}$、$\overline{v}$、$\overline{w}$ 在边界上是坐标的已知函数，这就是位移边界条件。

在应力边界问题中，物体在全部边界上的面力分量是已知的。根据面力分量和应力分量之间的关系，可以把面力已知的条件转换成应力方面的已知条件，这就是所谓的应力边界条件，即

$$
\begin{cases}
l\sigma_x + m\tau_{yx} + n\tau_{zx} = \overline{X} \\
m\sigma_y + n\tau_{zy} + l\tau_{xy} = \overline{Y} \\
n\sigma_z + l\tau_{xz} + m\tau_{yz} = \overline{Z}
\end{cases}
\tag{1-13}
$$

其中，面力分量 $\overline{X}$、$\overline{Y}$、$\overline{Z}$ 在边界上是坐标的已知函数，l、m、n 为边界面外法线方向的方向余弦。

在混合边界问题中，物体的一部分边界具有已知位移，即具有位移边界条件，另一部分边界则具有已知面力，即具有应力边界条件。例如，图 1-4（a）所示的固定铰支和可动铰支处为位移边界条件，DC 边界上分布面力大小为 q，其他边界上应力为零，为面力边界条件，整个问题为混合边界问题。图 1-4（b）中同一边界存在两种边界条件：x 方向位移 $u|_{x=a}=0$；y 方向切应力 $\tau_{xy}|_{x=a}=0$。

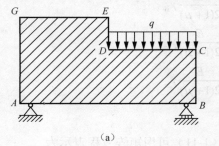

（a）　　　　　　　　　　　　　　　　　　　　（b）

图 1-4　混合边界问题

1.1.3 平面问题的基本理论

任何一个弹性体都是一个空间物体，任何一个实际的弹性力学问题都是空间问题。如果研究的弹性体具有某种特殊形状，并且所受的外力满足一定的条件，就可以把空间问题简化成平面问题。这样处理，分析和计算的工作量将大大减少，而所得的结果仍能满足工程精度要求。

1．平面应力问题

几何特征：一个方向尺寸比另外两个方向尺寸小得多，即 $t \ll a$，$t \ll b$。

受力特征：假设有很薄的等厚平板，在板边上受有平行于板面且不沿厚度变化的面力，同时体力也平行于板面且不沿厚度变化，此类问题就是平面应力问题。

设薄板厚度为 t，以薄板的中面（平分板厚的平面）为 xy 面，z 轴垂直于中面，如图 1-5 所示，因为板面上不受力，所以有

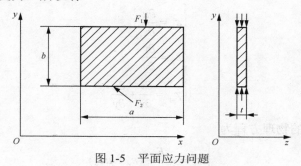

图 1-5　平面应力问题

$$(\sigma_z)_{z=\pm\frac{t}{2}} = 0，(\tau_{zx})_{z=\pm\frac{t}{2}} = 0，(\tau_{zy})_{z=\pm\frac{t}{2}} = 0$$

因为板很薄，外力不沿厚度变化，故可以认为整个薄板的所有点都有

$$\sigma_z = 0，\quad \tau_{zx} = 0，\quad \tau_{zy} = 0$$

由切应力互等关系得 $\tau_{xz} = 0$，$\tau_{yz} = 0$。这样只剩下平行于 xy 面的 3 个应力分量 σ_x、σ_y、$\tau_{xy} = \tau_{yx}$ 非零，所以称为平面应力问题。

因为板很薄，3 个应力分量、3 个应变分量和两个位移分量都可以认为不沿厚度变化，即它们只是 x 和 y 的函数，与 z 无关。

2．平面应变问题

几何特征：一个方向尺寸比另外两个方向尺寸大得多，且沿该方向截面尺寸和形状不变。

受力特征：设有很长的柱形体，在柱侧面上受有平行于横截面且不沿长度变化的面力，同时体力也平行于横截面且不沿长度变化，此类问题就是平面应变问题。

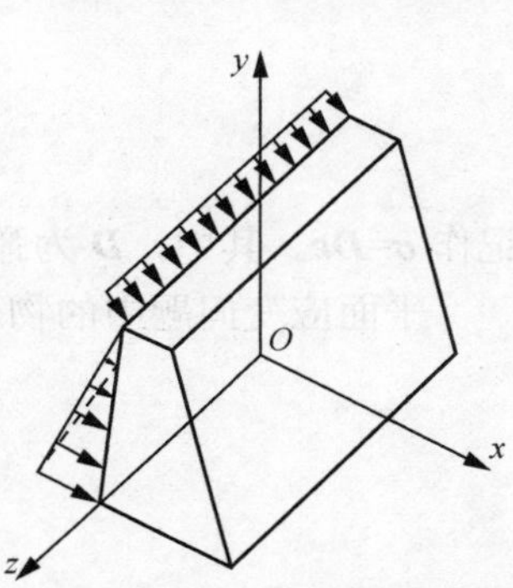

假想该柱体无限长，以任意一横截面为 xy 面，z 轴垂直于 xy 面，如图 1-6 所示，则所有应力分量、应变分量和位移分量

图 1-6　平面应变问题

都不沿 z 方向变化，它们只是 x 和 y 的函数。此外，在这一情况下，由于柱体无限长，任意一横截面都可看作对称面，所有点都只会沿 x 和 y 方向移动，而不会有 z 方向位移，即 $w=0$，

$\varepsilon_z = \gamma_{zx} = \gamma_{zy} = 0$，不为零的应变分量只有 ε_x、ε_y、γ_{xy}，所以称为平面应变问题。

3．平面问题的基本方程

平面应力问题和平面应变问题都只有 8 个独立的未知量 σ_x、σ_y、τ_{xy}、ε_x、ε_y、γ_{xy}、u、v，它们只是 x 和 y 的函数，因此统称平面问题。

平面问题的平衡微分方程为

$$\begin{cases} \dfrac{\partial \sigma_x}{\partial x} + \dfrac{\partial \tau_{yx}}{\partial y} + X = 0 \\[3mm] \dfrac{\partial \sigma_y}{\partial y} + \dfrac{\partial \tau_{xy}}{\partial x} + Y = 0 \end{cases} \tag{1-14}$$

平面问题中的几何方程为

$$\begin{cases} \varepsilon_x = \dfrac{\partial u}{\partial x} \\[3mm] \varepsilon_y = \dfrac{\partial v}{\partial y} \\[3mm] \gamma_{xy} = \dfrac{\partial v}{\partial x} + \dfrac{\partial u}{\partial y} \end{cases} \tag{1-15}$$

平面应力问题中的物理方程为

$$\begin{cases} \sigma_x = \dfrac{E}{1-\mu^2}(\varepsilon_x + \mu \varepsilon_y) \\[3mm] \sigma_y = \dfrac{E}{1-\mu^2}(\mu \varepsilon_x + \varepsilon_y) \\[3mm] \tau_{xy} = \dfrac{E}{2(1+\mu)}\gamma_{xy} \end{cases} \tag{1-16}$$

写成矩阵形式为

$$\begin{bmatrix} \sigma_x \\ \sigma_y \\ \tau_{xy} \end{bmatrix} = \dfrac{E}{1-\mu^2} \begin{bmatrix} 1 & \mu & 0 \\ \mu & 1 & 0 \\ 0 & 0 & \dfrac{1-\mu}{2} \end{bmatrix} \begin{bmatrix} \varepsilon_x \\ \varepsilon_y \\ \gamma_{xy} \end{bmatrix} \tag{1-17}$$

记作 $\boldsymbol{\sigma} = \boldsymbol{D}\boldsymbol{\varepsilon}$。其中，$\boldsymbol{D}$ 为弹性矩阵。

平面应变问题中的物理方程为

$$\begin{cases} \sigma_x = \dfrac{E(1-\mu)}{(1+\mu)(1-2\mu)}\left(\varepsilon_x + \dfrac{\mu}{1-\mu}\varepsilon_y\right) \\[3mm] \sigma_y = \dfrac{E(1-\mu)}{(1+\mu)(1-2\mu)}\left(\dfrac{\mu}{1-\mu}\varepsilon_x + \varepsilon_y\right) \\[3mm] \tau_{xy} = \dfrac{E}{2(1+\mu)}\gamma_{xy} = \dfrac{E(1-\mu)}{(1+\mu)(1-2\mu)}\dfrac{1-2\mu}{2(1-\mu)}\gamma_{xy} \end{cases} \tag{1-18}$$

写成矩阵形式为

$$\begin{bmatrix} \sigma_x \\ \sigma_y \\ \tau_{xy} \end{bmatrix} = \frac{E(1-\mu)}{(1+\mu)(1-2\mu)} \begin{bmatrix} 1 & \dfrac{\mu}{1-\mu} & 0 \\ \dfrac{\mu}{1-\mu} & 1 & 0 \\ 0 & 0 & \dfrac{1-2\mu}{2(1-\mu)} \end{bmatrix} \begin{bmatrix} \varepsilon_x \\ \varepsilon_y \\ \gamma_{xy} \end{bmatrix} \qquad (1\text{-}19)$$

同样记作 $\sigma = D\varepsilon$。其中，D 为弹性矩阵。

平面问题的位移边界条件为

$$u = \overline{u}, \quad v = \overline{v} \qquad (1\text{-}20)$$

平面问题的应力边界条件为

$$\begin{cases} l\sigma_x + m\tau_{yx} = \overline{X} \\ m\sigma_y + l\tau_{xy} = \overline{Y} \end{cases} \qquad (1\text{-}21)$$

1.1.4　弹性力学中的能量原理

对于弹性力学基本方程，只要给出边界条件，理论上完全可以解出空间问题 15 个未知量、平面问题 8 个未知量。这种问题在数学上称为微分方程的边值问题。通常有 3 种基本解法，即按应力求解、按位移求解和混合求解。按应力求解以应力分量为基本未知函数，先求应力分量，再求其他未知量，是超静定问题，需要补充变形协调条件。由于位移边界条件不能改用应力分量表达，按应力求解时，弹性力学问题只能包含应力边界条件。按位移求解则以位移分量为基本未知函数，此时应通过物理方程和几何方程将平衡微分方程改用位移分量表达。应力边界条件也可以用位移分量表达，按位移求解时，弹性力学问题可以包括位移边界条件和应力边界条件。混合法就是以一部分应力分量为基本未知量，再以一部分位移分量为基本未知量，既建立变形协调方程，又建立内力平衡方程，最后加以求解。不管用哪种方法，工程实际中提出的弹性力学问题，能求得解析解的极其有限，多数还要用数值方法求解。

弹性力学的变分解法属于能量法，是与微分方程边值问题完全等价的方法，将弹性力学问题归结为能量的极值问题。能量表达成位移分量的函数，位移本身又是坐标的函数，因此能量是函数的函数，称为泛函。变分法就是研究泛函的极值问题。

1. 虚功原理

弹性体在外力作用下发生变形，外力对弹性体做功，若不考虑变形中的热量损失、弹性体的动能以及外界阻尼，则外力功将全部转换为储存于弹性体内的位能——应变能。把虚功原理应用于连续弹性体，则可表述为：弹性体在外力作用下处于平衡状态，外力在弹性体所能发生的任何一组虚位移上所做虚功的代数和等于弹性体所储存的虚应变能。

弹性体某位置处在外力作用下实际发生的位移分量 u、v、w，既满足位移分量表达的平衡微分方程，又满足边界条件以及用位移分量表达的应力边界条件。假想这些位移分量发生了边界条件所允许的微小改变，即所谓虚位移或位移变分 δu、δv、δw 成为 $u' = u + \delta u$，

$v' = v + \delta v$，　$w' = w + \delta w$，则外力在虚位移上所做的虚功为

$$\delta W = \iiint_V (X\delta u + Y\delta v + Z\delta w)\mathrm{d}V + \iint_A (\overline{X}\delta u + \overline{Y}\delta v + \overline{Z}\delta w)\mathrm{d}A$$

当弹性体发生虚位移后，虚应变能 δU 为应力在虚位移引起的虚应变上所做的虚功。

$$\delta U = \iiint_V (\sigma_x \delta\varepsilon_x + \sigma_y \delta\varepsilon_y + \sigma_z \delta\varepsilon_z + \tau_{xy}\delta\gamma_{xy} + \tau_{yz}\delta\gamma_{yz} + \tau_{zx}\delta\gamma_{zx})\mathrm{d}V$$

假定在发生虚位移的过程中，没有其他形式的能量损失，依据能量守恒定理，应变能的增加等于外力在虚位移上所做的功，即虚应变能等于外力虚功。这就是连续弹性体的虚功原理（或称虚位移原理）。

$$\delta U = \delta W \tag{1-22}$$

虚功原理（虚功方程）可具体表示为

$$\iiint_V (\sigma_x \delta\varepsilon_x + \sigma_y \delta\varepsilon_y + \sigma_z \delta\varepsilon_z + \tau_{xy}\delta\gamma_{xy} + \tau_{yz}\delta\gamma_{yz} + \tau_{zx}\delta\gamma_{zx})\mathrm{d}V$$
$$= \iiint_V (X\delta u + Y\delta v + Z\delta w)\mathrm{d}V + \iint_A (\overline{X}\delta u + \overline{Y}\delta v + \overline{Z}\delta w)\mathrm{d}A \tag{1-23}$$

也可以写成矩阵形式，即

$$\iiint \left[\delta^*\right]^{\mathrm{T}}[F_{\mathrm{b}}]\mathrm{d}V + \iint \left[\delta^*\right]^{\mathrm{T}}[F_{\mathrm{N}}]\mathrm{d}A = \iiint \left[\varepsilon^*\right]^{\mathrm{T}}[\sigma]\mathrm{d}V \tag{1-24}$$

其中，$[\delta^*]$ 为虚位移列阵，$[F_{\mathrm{b}}]$ 为体力列阵，$[F_{\mathrm{N}}]$ 为面力列阵，$[\varepsilon^*]$ 为虚应变列阵，$[\sigma]$ 为应力列阵。

2．最小势能原理

外力从位移状态 $d(u,v,w)$ 退回到无位移的初始状态时所做的功，称为外力势能，记为 E。弹性体在这个退回过程中，内部产生变形势能（应变能），记为 U。

$$E = -\iiint_V (Xu + Yv + Zw)\mathrm{d}V - \iint_A (\overline{X}u + \overline{Y}v + \overline{Z}w)\mathrm{d}A \tag{1-25}$$

$$U = \frac{1}{2}\iiint_V (\sigma_x \delta\varepsilon_x + \sigma_y \delta\varepsilon_y + \sigma_z \delta\varepsilon_z + \tau_{xy}\delta\gamma_{xy} + \tau_{yz}\delta\gamma_{yz} + \tau_{zx}\delta\gamma_{zx})\mathrm{d}V \tag{1-26}$$

变形势能和外力势能的总和称为总势能 Π，$\Pi = E + U$。从前面的虚功原理看到，位移状态 d 为真实位移状态的充分必要条件是：对应位移 d 的总势能一阶变分为零，即对应位移 d 的总势能取驻值。满足位移边界条件的所有位移中，实际发生的位移使弹性体的势能最小，这就是最小势能原理。

$$\delta\Pi = \delta(E + U) = 0 \tag{1-27}$$

对比虚功原理与最小势能原理，可知二者是完全等价的，一个用功的形式表达，另一个以能的形式表达。通过运算，可以由它们导出平衡微分方程和应力边界条件。

1.1.5　弹性力学有限元法

弹性力学中的三大类变量为位移、应变和应力，三大类方程是平衡方程、几何方程和物理方程。一般求解弹性力学问题的方法包括以位移为基本未知量的位移法，以应力为基本未知量，通过假设应力函数进行求解的逆解法和半逆解法。一般来说，能够直接进行解析求解的弹性力

学问题相当少，而绝大多数弹性力学问题的求解需要借助于数值解法。有限元法为偏微分方程（组）提供了有效的数值近似求解手段，是数值求解弹性力学问题的重要途径。目前，大多数商业有限元软件在对弹性力学问题的分析中采用了按位移求解的方法。

有限元分析的基本步骤主要包括前处理、求解和后处理三个阶段。前处理阶段是将问题的求解域离散成有限个结点和单元，以结点的某些物理量作为基本未知量（在弹性力学问题中，一般是结点的位移），对单元进行分析，构造描述单元物理属性的形函数，描述每个单元的解答并建立起单元刚度矩阵，组装单元，形成总体刚度矩阵，并施加载荷、边界条件和初值条件；求解阶段一般是求解大型稀疏线性方程组，得到各个结点的位移值；后处理阶段是在得到结点的位移值后，进一步计算应力、应变、主应力、相当应力等，例如考虑屈服的强度问题中所需的 von Mises 应力等。下面通过一个简单的实例向读者逐步说明有限元求解的各个具体步骤。

假设有一个如图 1-7 所示的变截面直杆，其一端承受 10kN 集中力，上端的横截面积为 $100mm^2$，下端的横截面积为 50 mm^2，杆的长度为 1m，弹性模量为 $E=200GPa$，利用有限元法分析沿杆长度方向上不同点变形的大小及其轴向应力（忽略杆件的自重）。

1. 前处理阶段

（1）单元离散。离散化为有限个结点和单元，简单起见，我们将变截面杆离散化为 4 个单元、5 个结点，如图 1-8（a）所示（说明：理论上离散的结点和单元数越多，结果可能越精确，但带来的计算量也随之增大）。

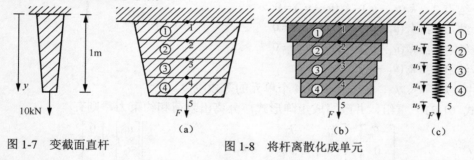

图 1-7　变截面直杆　　　图 1-8　将杆离散化成单元

（2）材料力学描述。假定一个近似描述单元特性的解。对于横截面积为 A，长度为 l，弹性模量为 E 的等截面直杆，在受到轴向力 F 的作用下且材料处于线弹性阶段时，由材料力学可知：

$$\sigma = E\varepsilon = E\frac{\Delta l}{l} \tag{1-28}$$

$$\sigma = \frac{F_N}{A} = \frac{F}{A} \tag{1-29}$$

其中，σ 是杆件横截面的正应力，ε 是杆件横截面的正应变，Δl 是杆件的伸长量，F_N 是横截面上的轴向内力。

类比线性弹簧的控制方程 $F=kx$，将方程式（1-28）和式（1-29）合并为

$$F = \frac{EA}{l}\Delta l \tag{1-30}$$

取等效刚度 $k_{eq} = \dfrac{EA}{l}$。由于直杆在 y 方向上横截面积是有变化的，作为近似，可以将该杆件看作一系列受到轴向载荷作用的具有不同横截面积的阶梯杆，如图 1-8（b）所示，亦可以看作由 4 根具有不同等效刚度的弹簧串联而成的模型，如图 1-8（c）所示。

设第 i 个结点的位移是 u，结点 1 的约束力为 F_R，对各个结点进行受力分析，如图 1-9 所示。建立平衡方程如下：

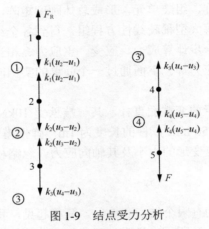

图 1-9　结点受力分析

$$\begin{cases} \text{结点 1：} & F_R - k_1(u_2 - u_1) = 0 \\ \text{结点 2：} & k_1(u_2 - u_1) - k_2(u_3 - u_2) = 0 \\ \text{结点 3：} & k_2(u_3 - u_2) - k_3(u_4 - u_3) = 0 \\ \text{结点 4：} & k_3(u_4 - u_3) - k_4(u_5 - u_4) = 0 \\ \text{结点 5：} & k_4(u_5 - u_4) - F = 0 \end{cases} \tag{1-31}$$

其中，k_1、k_2、k_3、k_4 分别表示 4 个单元的等效刚度。

将式（1-31）重组，并改写成矩阵形式，分离出载荷和约束力，则有

$$\begin{bmatrix} -F_R \\ 0 \\ 0 \\ 0 \\ 0 \end{bmatrix} = \begin{bmatrix} k_1 & -k_1 & & & \\ -k_1 & k_1 + k_2 & -k_2 & & \\ & -k_2 & k_2 + k_3 & -k_3 & \\ & & -k_3 & k_3 + k_4 & -k_4 \\ & & & -k_4 & k_4 \end{bmatrix} \begin{bmatrix} u_1 \\ u_2 \\ u_3 \\ u_4 \\ u_5 \end{bmatrix} - \begin{bmatrix} 0 \\ 0 \\ 0 \\ 0 \\ F \end{bmatrix} \tag{1-32}$$

为了不同时考虑未知的约束力和位移，我们将已知结点 1 的零位移，即用 $u_1 = 0$ 取代方程式（1-32）的第一行，将式（1-32）改写为

$$\begin{bmatrix} 1 & & & & \\ -k_1 & k_1 + k_2 & -k_2 & & \\ & -k_2 & k_2 + k_3 & -k_3 & \\ & & -k_3 & k_3 + k_4 & -k_4 \\ & & & -k_4 & k_4 \end{bmatrix} \begin{bmatrix} u_1 \\ u_2 \\ u_3 \\ u_4 \\ u_5 \end{bmatrix} = \begin{bmatrix} 0 \\ 0 \\ 0 \\ 0 \\ F \end{bmatrix} \tag{1-33}$$

式（1-33）也可表示为

$$KU = F \tag{1-34}$$

其中，K 是系统的整体刚度矩阵，U 是结点位移矩阵，F 是载荷矩阵。式（1-33）中的 5 个方程包含 5 个未知量，可以求出全部的结点位移，然后可以利用式（1-32）求出约束力。

（3）单元刚度矩阵。前述方法直接求出了系统的整体刚度矩阵，若分析其中的一个单元，则会发现这种单元只有轴向力的作用，对任一结点只有一个轴向位移。考虑弹簧单元内力和位移的关系，根据图 1-10 所示第 i 个结点和第 $i+1$ 个结点的单元内力 f_i 和 f_{i+1}，有

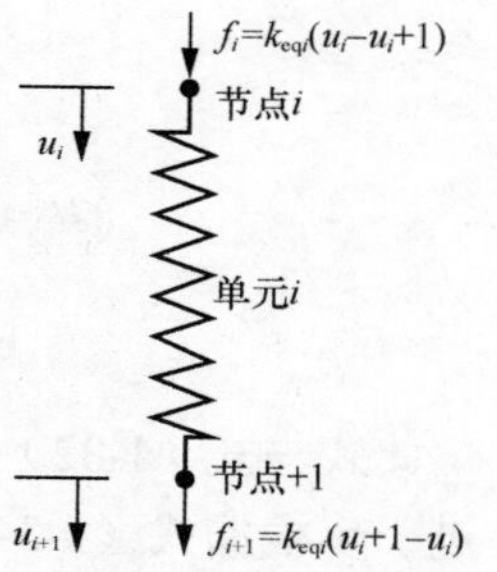

$$\begin{bmatrix} f_i \\ f_{i+1} \end{bmatrix} = \begin{bmatrix} k_{eqi} & -k_{eqi} \\ -k_{eqi} & k_{eqi} \end{bmatrix} \begin{bmatrix} u_i \\ u_{i+1} \end{bmatrix} \tag{1-35}$$

图 1-10 弹簧单元

列向量 $f = \begin{bmatrix} f_i & f_{i+1} \end{bmatrix}^{\mathrm{T}}$ 称为单元的结点力向量，矩阵 $k = \begin{bmatrix} k_{eqi} & -k_{eqi} \\ -k_{eqi} & k_{eqi} \end{bmatrix}$ 称为单元刚度矩阵，

列向量 $u = \begin{bmatrix} u_i & u_{i+1} \end{bmatrix}^{\mathrm{T}}$ 称为单元的结点位移列阵。这三者亦有如下关系：

$$ku = f \tag{1-36}$$

（4）单元组装。将式（1-35）所描述的单元刚度方程应用到所有单元，并将它们组合成整体刚度矩阵 K。以单元②为例，该单元连接结点 2 和结点 3，因此 $k^{②} = \begin{bmatrix} k_2 & -k_2 \\ -k_2 & k_2 \end{bmatrix}$。用 $k^{(2G)}$ 表示单元②进行扩展后的矩阵，用以进行单元刚度矩阵的组装，也能够清晰地看出单元②在整体刚度矩阵中的位置：

$$k^{(2G)} = \begin{bmatrix} 0 & 0 & 0 & 0 & 0 \\ 0 & k_2 & -k_2 & 0 & 0 \\ 0 & -k_2 & k_2 & 0 & 0 \\ 0 & 0 & 0 & 0 & 0 \\ 0 & 0 & 0 & 0 & 0 \end{bmatrix} \begin{matrix} u_1 \\ u_2 \\ u_3 \\ u_4 \\ u_5 \end{matrix}$$

通过在单元刚度矩阵的右边列上结点位移，可以帮助观察该结点对临近单元的影响。同样可以写出单元③扩展后的矩阵：

$$k^{(3G)} = \begin{bmatrix} 0 & 0 & 0 & 0 & 0 \\ 0 & 0 & 0 & 0 & 0 \\ 0 & 0 & k_3 & -k_3 & 0 \\ 0 & 0 & -k_3 & k_3 & 0 \\ 0 & 0 & 0 & 0 & 0 \end{bmatrix} \begin{matrix} u_1 \\ u_2 \\ u_3 \\ u_4 \\ u_5 \end{matrix}$$

将各个单元在整体刚度矩阵中的位置进行组合，即对扩展后的矩阵相加，得到最后的整体刚度矩阵 K：

$$K = k^{(1G)} + k^{(2G)} + \cdots = \sum_{i=1}^{n} k^{(iG)} \tag{1-37}$$

其中，n 表示单元的总数，这里 $n=4$。

因此，整体刚度矩阵可显式地写为

$$K = \begin{bmatrix} k_1 & -k_1 & & & \\ -k_1 & k_1 + k_2 & -k_2 & & \\ & -k_2 & k_2 + k_3 & -k_3 & \\ & & -k_3 & k_3 + k_4 & -k_4 \\ & & & -k_4 & k_4 \end{bmatrix} \tag{1-38}$$

此式与式（1-32）的刚度矩阵一样。有了整体刚度矩阵以后，我们就可以施加边界条件，并进一步根据式（1-34）进行求解。

2．求解阶段：求解线性方程组

假定各单元的长度相等，并以单元的平均横截面积作为单元的计算截面面积，计算等效刚度 $k_{eqi} = \dfrac{EA_i}{l_i}$。各单元属性见表 1-1。

表 1-1　　　　　　　　　　　　　　　单元属性

单元号	结点号	平均横截面积 A_i/mm^2	长度 l_i/mm	等效刚度 $k_{eqi}/\mathrm{N \cdot mm}^{-1}$
1	1、2	93.75	250	75 000
2	2、3	81.25	250	65 000
3	3、4	68.75	250	55 000
4	4、5	56.25	250	45 000

根据式（1-38）算出整体刚度矩阵，有

$$K = 10^3 \times \begin{bmatrix} 75 & -75 & & & \\ -75 & 75+65 & -65 & & \\ & -65 & 65+55 & -55 & \\ & & -55 & 55+45 & -45 \\ & & & -45 & 45 \end{bmatrix}$$

$$= 10^3 \times \begin{bmatrix} 75 & -75 & & & \\ -75 & 140 & -65 & & \\ & -65 & 120 & -55 & \\ & & -55 & 100 & -45 \\ & & & -45 & 45 \end{bmatrix}$$

引入边界条件 $u_1 = 0$，$F = 10 \times 10^3 \mathrm{N}$，根据式（1-33），有

$$10^3 \times \begin{bmatrix} 1 & & & & \\ -75 & 140 & -65 & & \\ & -65 & 120 & -55 & \\ & & -55 & 100 & -45 \\ & & & -45 & 45 \end{bmatrix} \begin{bmatrix} u_1 = 0 \\ u_2 \\ u_3 \\ u_4 \\ u_5 \end{bmatrix} = 10^3 \times \begin{bmatrix} 0 \\ 0 \\ 0 \\ 0 \\ 10 \end{bmatrix}$$

划去第一行和第一列，只需要求解 4×4 的矩阵方程：

$$
\begin{bmatrix} 140 & -65 & & \\ -65 & 120 & -55 & \\ & -55 & 100 & -45 \\ & & -45 & 45 \end{bmatrix} \begin{bmatrix} u_2 \\ u_3 \\ u_4 \\ u_5 \end{bmatrix} = \begin{bmatrix} 0 \\ 0 \\ 0 \\ 10 \end{bmatrix}
$$

解得：u_2=0.133 333 mm，u_3=0.287 179 mm，u_4=0.468 998 mm，u_5=0.691 220 mm。

3．后处理阶段：求出应力和约束力

每个单元的平均应力可按式（1-39）计算：

$$
\sigma^{(i)} = \frac{f}{A_i} = \frac{k_{\mathrm{eq}i}(u_{i+1} - u_i)}{A_i} \tag{1-39}
$$

代入位移计算结果后，求得

$$
\sigma^{(1)} = 106.67 \text{ MPa}, \quad \sigma^{(2)} = 123.08 \text{ MPa}, \quad \sigma^{(3)} = 145.46 \text{ MPa}, \quad \sigma^{(4)} = 177.78 \text{ MPa}
$$

无论在何处截断杆件，截面的内力都是 F_N=10 000 N，因此对于每个单元，可以利用已知材料力学公式 $\sigma^{(i)} = \dfrac{F_N}{A_i}$ 进行验证。结果表明，通过位移信息计算得到的单元应力和采用材料力学公式计算得到的单元应力完全相同，因此就本问题而言，位移计算是正确的。同样也可将结果代入式（1-32），求出约束力 F_R=10 000 N=10kN，显然该结果与整体平衡条件相符。

说明：这里计算的应力是单元的平均应力，并不是指结点的应力，在有限元法中，经常把与结点相关联的单元的应力进行平均作为结点的应力值。

1.1.6 平面问题的单元构造

杆、梁单元一般可以根据其构件之间的连接进行"自然离散化"，而对于连续变形体，需要在对象的几何域上按照分析的需要，采用"人工布置"结点和划分单元的方式进行有限元建模。这种离散方法称为"逼近性离散"，如图 1-11 所示。

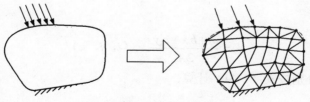

图 1-11　逼近性离散

在单元的划分过程中，要求单元之间仅在结点处连接，外载荷将被等效作用到结点上，同时假设单元内部的几何和物理特性是均匀的，这样就把原先连续体的无限自由度问题转变成了近似的有限多个自由度问题。对于弹性力学平面问题而言，用一个全局的位移函数表示整个结构的变形，对于复杂结构几乎是不可能的。但是对于每个单元，采用其结点位移进行插值来构造比较简单的函数，近似表达单元的真实位移，这是简单易行的。当结构被划分成足够多的单元后，把各单元的位移连接起来，就可以近似地表示整个区域的真实位移。

在平面问题的有限元处理中，最常见的单元是 3 结点三角形平面单元，如图 1-12 所示。这种单元共有 3 个结点、6 个自由度，对应的有 6 个结点力。单元的结点位移列阵可以表示

为 $\boldsymbol{u}^{\mathrm{T}}=[u_{ix}\quad u_{iy}\quad u_{jx}\quad u_{jy}\quad u_{kx}\quad u_{ky}]^{\mathrm{T}}$，单元的结点力列阵可以表示为 $\boldsymbol{f}^{\mathrm{T}}=[f_{ix}\quad f_{iy}\quad f_{jx}\quad f_{jy}\quad f_{kx}\quad f_{ky}]^{\mathrm{T}}$。若单元承受分布载荷，可将其等效到结点上。

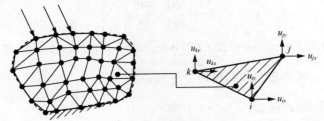

图 1-12　3 结点三角形平面单元

1. 单元的位移模式

从单元的结点位移可以看出，x、y 方向上的位移场 $u(x,y)$、$v(x,y)$ 可分别由 3 个结点的 x 和 y 方向位移确定，因此分别假设单元中各个方向的位移模式为

$$\begin{cases} u(x,y)=a_1+a_2x+a_3y \\ v(x,y)=a_4+a_5x+a_6y \end{cases} \tag{1-40}$$

其中，$a_1\sim a_6$ 是待定系数。单元的结点条件为

$$u_{ix}=a_1+a_2x_i+a_3y_i,\quad u_{jx}=a_1+a_2x_j+a_3y_j,\quad u_{kx}=a_1+a_2x_k+a_3y_k$$
$$u_{iy}=a_4+a_5x_i+a_6y_i,\quad u_{jy}=a_4+a_5x_j+a_6y_j,\quad u_{ky}=a_4+a_5x_k+a_6y_k \tag{1-41}$$

当已知各结点的位移时，上面的 6 个方程可以求解 6 个未知量，计算出 $a_1\sim a_6$，并将其回代入式（1-40），经整理，可写成形函数和结点位移向量的乘积形式：

$$u=N_iu_{ix}+N_ju_{jx}+N_ku_{kx}$$
$$v=N_iu_{iy}+N_ju_{jy}+N_ku_{ky} \tag{1-42}$$

其中，形函数为

$$N_i=\frac{a_i+b_ix+c_iy}{2A}\qquad (i,\ j,\ k) \tag{1-43}$$

系数 a_i、b_i、c_i 分别按式（1-44）计算：

$$\begin{cases} a_i=x_iy_k-x_ky_j \\ b_i=y_j-y_k\qquad (i,\ j,\ k) \\ c_i=-(x_j-x_k) \end{cases} \tag{1-44}$$

假设 A 是单元的面积，有

$$A=\frac{1}{2}\begin{vmatrix} 1 & x_i & y_i \\ 1 & x_j & y_j \\ 1 & x_k & y_k \end{vmatrix} \tag{1-45}$$

为了保证面积为正，我们规定结点 i、j、k 的次序按逆时针排列，如图 1-12 所示。将式（1-42）写成矩阵形式，有

$$\begin{bmatrix} u \\ v \end{bmatrix} = \begin{bmatrix} N_i & 0 & N_j & 0 & N_k & 0 \\ 0 & N_i & 0 & N_j & 0 & N_k \end{bmatrix} \begin{bmatrix} u_{ix} \\ u_{iy} \\ u_{jx} \\ u_{jy} \\ u_{kx} \\ u_{ky} \end{bmatrix} \tag{1-46}$$

$$= \begin{bmatrix} \boldsymbol{IN}_i & \boldsymbol{IN}_j & \boldsymbol{IN}_k \end{bmatrix} \begin{bmatrix} u_i \\ u_j \\ u_k \end{bmatrix} = \boldsymbol{Nu}^e$$

其中，$\boldsymbol{N}$ 是形函数矩阵，$\boldsymbol{I}$ 是二阶单位矩阵，$\boldsymbol{u}^e$ 是单元结点位移向量。对于形函数，同样具有单位分解的特性，即单元中任意点的形函数之和为 1；形函数在其对应的结点上值为 1，在其他点为 0。例如，在结点 i 上，N_i=1；在结点 j、k 上，N_i=0。对于 N_j 和 N_k 也有同样的性质，这是由插值函数的基本性质所决定的。

在有限元法中，位移模式决定计算误差。载荷的移置以及应力矩阵、刚度矩阵的建立都依赖于位移模式。为了正确反映弹性体中的真实位移形态，位移模式需要满足完备性条件和连续性条件。完备性条件要求位移模式能够反映单元的刚体位移。每个单元的位移不仅包含本单元变形引起的位移，还包括研究对象移动、转动引起的和变形无关的刚体位移，因此位移模式中必须要反映单元的刚体位移。另外，完备性条件还要求位移模式能反映单元的常量应变，每个单元的应变包括与该单元中各点坐标位置无关的应变，即所有点都相同的常量应变。随着单元尺寸的变小，各个点的应变趋于相等，也就意味着单元的变形趋于均匀，常量应变就成为应变的主要部分，这就能保证单元划分逐步增加的情况下，结果趋于真实解。连续性条件则是要求相邻单元在它们的公共结点、公共边上具有相同的位移。

2. 应力转换矩阵和单元刚度矩阵

有了单元位移模式，根据几何方程可求出应变：

$$\boldsymbol{\varepsilon} = \begin{bmatrix} \varepsilon_x \\ \varepsilon_y \\ \gamma_{xy} \end{bmatrix} = \begin{bmatrix} \dfrac{\partial u}{\partial x} \\ \dfrac{\partial v}{\partial y} \\ \dfrac{\partial u}{\partial y} + \dfrac{\partial v}{\partial x} \end{bmatrix} = \begin{bmatrix} \dfrac{\partial}{\partial x} & 0 \\ 0 & \dfrac{\partial}{\partial y} \\ \dfrac{\partial}{\partial y} & \dfrac{\partial}{\partial x} \end{bmatrix} \begin{bmatrix} u \\ v \end{bmatrix} = \boldsymbol{Lu} \tag{1-47}$$

把形函数表示的位移模式代入式（1-47），则有

$$\boldsymbol{\varepsilon} = \boldsymbol{Lu} = \boldsymbol{LNu}^e = \boldsymbol{L}[\boldsymbol{IN}_i \quad \boldsymbol{IN}_j \quad \boldsymbol{IN}_k]\boldsymbol{u}^e = [\boldsymbol{B}_i \quad \boldsymbol{B}_j \quad \boldsymbol{B}_k]\boldsymbol{u}^e = \boldsymbol{Bu}^e \tag{1-48}$$

其中，矩阵 $\boldsymbol{L}$ 是算子矩阵，而矩阵 $\boldsymbol{B}$ 是应变位移矩阵。式（1-43）表明形函数是关于 x、y 的一次函数，在求一次偏导以后，其结果就为常数，容易算出：

$$\boldsymbol{B} = \frac{1}{2A} \begin{bmatrix} b_i & 0 & b_j & 0 & b_k & 0 \\ 0 & c_i & 0 & c_j & 0 & c_k \\ c_i & b_i & c_j & b_j & c_k & b_k \end{bmatrix} \tag{1-49}$$

由式（1-44）可知，对于位置确定的单元，其面积 A 以及各个系数均只和结点的坐标位置有关，所以应变矩阵中的各个元素都是常量。可见，应变 $\boldsymbol{\varepsilon}$ 的各分量也是常量。所以，3 结点三角形平面单元内部各点的应变均相等，它是常应变单元。

根据物理方程，考虑平面应力问题，有

$$\boldsymbol{\sigma} = \begin{bmatrix} \sigma_x \\ \sigma_y \\ \tau_{xy} \end{bmatrix} = \boldsymbol{D\varepsilon} = \frac{E}{1-\mu^2} \begin{bmatrix} 1 & \mu & 0 \\ \mu & 1 & 0 \\ 0 & 0 & \frac{1-\mu}{2} \end{bmatrix} \begin{bmatrix} \varepsilon_x \\ \varepsilon_y \\ \gamma_{xy} \end{bmatrix} \tag{1-50}$$

其中，μ 是材料的泊松比。

对于平面应变问题，只需要将弹性模量 E 替换为 $\frac{E}{1-\mu^2}$，将泊松比 μ 替换为 $\frac{\mu}{1-\mu}$ 即可。

根据式（1-48），应力矩阵可进一步写为

$$\boldsymbol{\sigma} = \boldsymbol{D\varepsilon} = \boldsymbol{DBu}^{\mathrm{e}} = \boldsymbol{Su}^{\mathrm{e}} \tag{1-51}$$

其中，$\boldsymbol{S}$ 矩阵即为应力位移矩阵。对于某种弹性模量和泊松比确定的材料，$\boldsymbol{D}$ 是常量矩阵，那么 $\boldsymbol{S}$ 矩阵也是常量矩阵，所以在每一个单元中应力分量也是常量。相邻单元一般不具有相同的应力，在它们的公共边上应力具有突变。但是，随着单元的逐步减小，这种突变将急剧变小，并不妨碍有限元法的解答收敛于正确解答。

通过虚功原理，可以推出 3 结点三角形平面单元的单元刚度矩阵为

$$\boldsymbol{k}^{\mathrm{e}} = \boldsymbol{B}^{\mathrm{T}}\boldsymbol{DB}tA = \begin{bmatrix} \boldsymbol{k}_{ii} & \boldsymbol{k}_{ij} & \boldsymbol{k}_{ik} \\ \boldsymbol{k}_{ji} & \boldsymbol{k}_{jj} & \boldsymbol{k}_{jk} \\ \boldsymbol{k}_{ki} & \boldsymbol{k}_{kj} & \boldsymbol{k}_{kk} \end{bmatrix} \tag{1-52}$$

其中，t 是单元的厚度，其他符号含义同前。式中的 $\boldsymbol{k}_{rs}(r=i,j,k;s=i,j,k)$ 是 2×2 的矩阵，可通过式（1-53）计算：

$$\boldsymbol{k}_{rs} = \frac{Et}{4(1-\mu^2)A} \begin{bmatrix} b_r b_s + \frac{1-\mu}{2}c_r c_s & \mu b_r c_s + \frac{1-\mu}{2}c_r b_s \\ \mu c_r b_s + \frac{1-\mu}{2}b_r c_s & c_r c_s + \frac{1-\mu}{2}b_r b_s \end{bmatrix} (r=i,j,k;s=i,j,k) \tag{1-53}$$

对于平面应变问题，只需要将弹性模量 E 替换为 $\frac{E}{1-\mu^2}$，将泊松比 μ 替换为 $\frac{\mu}{1-\mu}$ 即可。

同样也有单元刚度方程 $\boldsymbol{f}^{\mathrm{e}} = \boldsymbol{k}^{\mathrm{e}}\boldsymbol{u}^{\mathrm{e}}$，将其展开，有

$$\boldsymbol{f}^{\mathrm{e}} = \begin{bmatrix} f_{ix} \\ f_{iy} \\ f_{jx} \\ f_{jy} \\ f_{kx} \\ f_{ky} \end{bmatrix} = \begin{bmatrix} k_{ii}^{xx} & k_{ii}^{xy} & k_{ij}^{xx} & k_{ij}^{xy} & k_{ik}^{xx} & k_{ik}^{xy} \\ k_{ii}^{yx} & k_{ii}^{yy} & k_{ij}^{yx} & k_{ij}^{yy} & k_{ik}^{yx} & k_{ik}^{yy} \\ k_{ji}^{xx} & k_{ji}^{xy} & k_{jj}^{xx} & k_{jj}^{xy} & k_{jk}^{xx} & k_{jk}^{xy} \\ k_{ji}^{yx} & k_{ji}^{yy} & k_{jj}^{yx} & k_{jj}^{yy} & k_{jk}^{yx} & k_{jk}^{yy} \\ k_{ki}^{xx} & k_{ki}^{xy} & k_{kj}^{xx} & k_{kj}^{xy} & k_{kk}^{xx} & k_{kk}^{xy} \\ k_{ki}^{yx} & k_{ki}^{yy} & k_{kj}^{yx} & k_{kj}^{yy} & k_{kk}^{yx} & k_{kk}^{yy} \end{bmatrix} \begin{bmatrix} u_{ix} \\ u_{iy} \\ u_{jx} \\ u_{jy} \\ u_{kx} \\ u_{ky} \end{bmatrix} \tag{1-54}$$

单元刚度矩阵具有如下性质。

（1）刚性，单元刚度矩阵描述了单元的刚度特性，即描述了单元受到外力作用时的应变和应力的关系。单元刚度矩阵越大，能够承受越大的力和扭矩。

（2）对称性，即 $k_{ij}^{yx} = k_{ji}^{xy}$。

（3）奇异性，即 $|\boldsymbol{k}^e|=0$。单元刚度矩阵的奇异性表明，给定了单元结点载荷列阵，不能得出单元位移列阵，因为即使它满足平衡条件，单元还可以有任意的刚体位移。

（4）主元素恒为正，即单元刚度矩阵的对角线上的元素恒为正。

其他类型的单元刚度矩阵也具有上述性质，对于线性位移模式的三角形单元，可以证明两个相似三角形单元具有相同的单元刚度矩阵；单元水平或竖向移动不会改变刚度矩阵的数值。这种性质使得将求解域划分成相似三角形的单元，只需要计算一次单元刚度矩阵即可。

3．等效结点载荷

对于作用在单元内部的体力和边界上的分布面力，需要将它们移置到结点上成为结点载荷。这种移置必须按照静力等效的原则来进行。所谓静力等效，是指原载荷与结点载荷在任何虚位移上的虚功相等。在一定的位移模式下，这种移置的结果是唯一的。对于线性位移模式的 3 结点三角形平面单元，静力等效意味着原载荷（体力、面力）与结点载荷向任意一点简化得到的主矢和主矩都相等。

设单元在坐标为 (x, y) 的任意一点处受到集中力 $\boldsymbol{P}$ 的作用，如图 1-13 所示，可以将 $\boldsymbol{P}$ 表示为 $\boldsymbol{P} = \begin{bmatrix} P_x & P_y \end{bmatrix}^T$，等效结点载荷用 $\boldsymbol{R}^e = \begin{bmatrix} R_{ix} & R_{iy} & R_{jx} & R_{jy} & R_{kx} & R_{ky} \end{bmatrix}^T$ 表示，根据静力等效，可导出

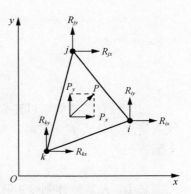

图 1-13　三角形单元载荷移置

$$\boldsymbol{R}^e = \boldsymbol{N}^T \boldsymbol{P} \tag{1-55}$$

其中，$\boldsymbol{N}$ 是形函数矩阵。将其展开，有

$$\boldsymbol{R}^e = \begin{bmatrix} R_{ix} & R_{iy} & R_{jx} & R_{jy} & R_{kx} & R_{ky} \end{bmatrix}^T$$

$$= \begin{bmatrix} N_i P_x & N_i P_y & N_j P_x & N_j P_y & N_k P_x & N_k P_y \end{bmatrix}^T \tag{1-56}$$

若单元上受到分布体力 $\boldsymbol{f} = \begin{bmatrix} f_x & f_y \end{bmatrix}^T$ 的作用，则单元结点载荷列阵：

$$\boldsymbol{R}^e = \iint\limits_{\Omega_e} \boldsymbol{N}^T \boldsymbol{f} t \mathrm{d}x \mathrm{d}y \tag{1-57}$$

其中，Ω_e 是单元所覆盖的求解域。

若上述单元的 ij 边上有分布面力 $\overline{\boldsymbol{f}} = \begin{bmatrix} \overline{f_x} & \overline{f_y} \end{bmatrix}^T$ 作用，则

$$\boldsymbol{R}^e = \int\limits_{ij} \boldsymbol{N}^T \overline{\boldsymbol{f}} t \mathrm{d}s \tag{1-58}$$

4．结构的整体分析和支配方程

有限元网格中任取一个结点 i，如图 1-14 所示，该结点受到环绕该结点的单元对它的作用力（内力）f_i，这些作用力与各单元的结点力等值反向。另外，该结点上还有从环绕该结点的那些单元上移置过来的等效结点荷载（外力）R_i。根据平衡关系，有

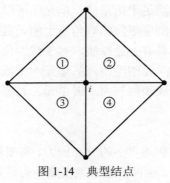

图 1-14　典型结点

$$\sum_e f_i = \sum_e R_i \tag{1-59}$$

对于所有结点均可以建立这样的方程，若有 n 个结点，平面问题就有 $2n$ 个这样的方程。代入结点力公式 $f^e = k^e u^e$，可得关于结点位移 u 的 $2n$ 个线性代数方程组，即整体的有限元支配方程：

$$Ku = F \tag{1-60}$$

其中，K 是整体刚度矩阵，其拼装组合方式与杆、梁单元类似，u 为整体结点位移列阵，F 是整体载荷列阵。整体刚度矩阵有对称性、奇异性、稀疏性的特点。如果结点、单元合理编号，整体刚度矩阵就具有非零元素带状分布的特点，即非零元素集中在以主对角线为中心的一条带状区域。每行的第一个非零元素到主元素之间的元素个数称为半带宽。半带宽越小，计算机求解的效率越高。

5．三角形单元分析实例

悬臂深梁如图 1-15（a）所示，已知右端面作用有均布拉力，其合力为 P。若按照图 1-15（b）的方式离散化为 2 个单元、4 个结点，设泊松比 $\mu=1/3$，厚度为 t，求结点位移。

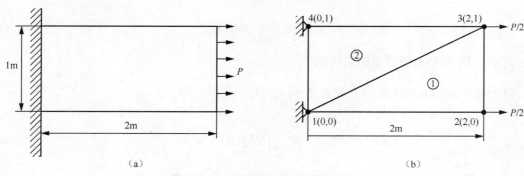

（a）　　　　　　　　　　　　　（b）

图 1-15　3 结点三角形平面单元实例

考虑单元①，与结点 1、2、3 关联，取 i、j、k 分别为 1、2、3。求出各系数 b_i (i, j, k)，c_i (i, j, k)。

$$b_i = y_j - y_k = -1, b_j = y_k - y_i = 1, b_k = y_i - y_j = 0$$
$$c_i = -(x_j - x_k) = 0, c_j = -(x_k - x_i) = -2, c_k = -(x_i - x_j) = 2$$

单元面积 $A=1\text{m}^2$。

本实例属于平面应力问题，根据式（1-52）、式（1-53），算出单元刚度矩阵中的各个元素，可得

$$
k^{①} = \begin{bmatrix} k_{11}^{①} & k_{12}^{①} & k_{13}^{①} \\ k_{21}^{①} & k_{22}^{①} & k_{23}^{①} \\ k_{31}^{①} & k_{32}^{①} & k_{33}^{①} \end{bmatrix} = \frac{3Et}{32} \begin{bmatrix} 3 & 0 & -3 & 2 & 0 & -2 \\ 0 & 1 & 2 & -1 & -2 & 0 \\ -3 & 2 & 7 & -4 & -4 & 2 \\ 2 & -1 & -4 & 13 & 2 & -12 \\ 0 & -2 & -4 & 2 & 4 & 0 \\ -2 & 0 & 2 & -12 & 0 & 12 \end{bmatrix}
$$

同理，单元②与结点 1、3、4 关联，取 i、j、k 分别为 1、3、4。算出单元刚度矩阵，即

$$
k^{②} = \begin{bmatrix} k_{11}^{②} & k_{13}^{②} & k_{14}^{②} \\ k_{31}^{②} & k_{33}^{②} & k_{34}^{②} \\ k_{41}^{②} & k_{43}^{②} & k_{44}^{②} \end{bmatrix} = \frac{3Et}{32} \begin{bmatrix} 4 & 0 & 0 & -2 & -4 & 2 \\ 0 & 12 & -2 & 0 & 2 & -12 \\ 0 & -2 & 3 & 0 & -3 & 2 \\ -2 & 0 & 0 & 1 & 2 & -1 \\ -4 & 2 & -3 & 2 & 7 & -4 \\ 0 & 12 & 2 & -1 & -4 & 13 \end{bmatrix}
$$

拼装为整体刚度矩阵，即

$$
K = \begin{bmatrix} k_{11}^{①}+k_{11}^{②} & k_{12}^{①} & k_{13}^{①}+k_{13}^{②} & k_{14}^{②} \\ k_{12}^{①} & k_{22}^{①} & k_{23}^{①} & 0 \\ k_{13}^{①}+k_{13}^{②} & k_{23}^{①} & k_{33}^{①}+k_{33}^{②} & k_{34}^{②} \\ k_{14}^{②} & 0 & k_{34}^{②} & k_{44}^{②} \end{bmatrix} = \frac{3Et}{32} \begin{bmatrix} 7 & 0 & -3 & 2 & 0 & -4 & -4 & 2 \\ 0 & 13 & 2 & -1 & -4 & 0 & 2 & -12 \\ -3 & 2 & 7 & -4 & -4 & 2 & 0 & 0 \\ 2 & -1 & -4 & 13 & 2 & -12 & 0 & 0 \\ 0 & -4 & -4 & 2 & 7 & 0 & -3 & 2 \\ -4 & 0 & 2 & -12 & 0 & 13 & 2 & -1 \\ -4 & 2 & 0 & 0 & -3 & 2 & 7 & -4 \\ 2 & -12 & 0 & 0 & 2 & -1 & -4 & 13 \end{bmatrix}
$$

则载荷阵列为

$$
F = \begin{bmatrix} F_{1x} & F_{1y} & F_{2x} & F_{2y} & F_{3x} & F_{3y} & F_{4x} & F_{4y} \end{bmatrix}^{\text{T}} = \begin{bmatrix} F_{1x} & F_{1y} & \dfrac{P}{2} & 0 & \dfrac{P}{2} & 0 & F_{4x} & F_{4y} \end{bmatrix}^{\text{T}}
$$

其中，F_{1x}、F_{1y}、F_{4x}、F_{4y} 实际上是作用在结点 1 和结点 4 上的约束力分量。

根据整体有限元支配方程 $Ku=F$，有

$$\frac{3Et}{32}\begin{bmatrix} 7 & 0 & -3 & 2 & 0 & -4 & -4 & 2 \\ 0 & 13 & 2 & -1 & -4 & 0 & 2 & -12 \\ -3 & 2 & 7 & -4 & -4 & 2 & 0 & 0 \\ 2 & -1 & -4 & 13 & 2 & 12 & 0 & 0 \\ 0 & -4 & -4 & 2 & 7 & 0 & -3 & 2 \\ -4 & 0 & 2 & -12 & 0 & 13 & 2 & -1 \\ -4 & 2 & 0 & 0 & -3 & 2 & 7 & -4 \\ 2 & -12 & 0 & 0 & 2 & -1 & -4 & 13 \end{bmatrix}\begin{bmatrix} u_{1x} \\ u_{1y} \\ u_{2x} \\ u_{2y} \\ u_{3x} \\ u_{3y} \\ u_{4x} \\ u_{4y} \end{bmatrix}=\begin{bmatrix} F_{1x} \\ F_{1y} \\ P/2 \\ 0 \\ P/2 \\ 0 \\ F_{4x} \\ F_{4y} \end{bmatrix}$$

考虑边界条件 $u_{1x}=u_{1y}=u_{4x}=u_{4y}=0$，划去支配方程的第 1、2、7、8 行和第 1、2、7、8 列，处理后得到

$$\frac{3Et}{32}\begin{bmatrix} 7 & -4 & -4 & 2 \\ -4 & 13 & 2 & -12 \\ -4 & 2 & 7 & 0 \\ 2 & -12 & 0 & 13 \end{bmatrix}\begin{bmatrix} u_{2x} \\ u_{2y} \\ u_{3x} \\ u_{3y} \end{bmatrix}=\begin{bmatrix} P/2 \\ 0 \\ P/2 \\ 0 \end{bmatrix}$$

解此矩阵方程，可得

$$\begin{bmatrix} u_{2x} & u_{2y} & u_{3x} & u_{3y} \end{bmatrix}^{\mathrm{T}}=\frac{P}{Et}\begin{bmatrix} 1.980 & 0.333 & 1.800 & 0 \end{bmatrix}^{\mathrm{T}}$$

6．4 结点矩形单元和 6 结点三角形单元

3 结点三角形平面单元是有限元法中最早提出的单元，其适应边界能力强，但由于其是常应力单元，因此单元内的应变和应力都是常量，精度相对较低。

图 1-16 所示的矩形单元也是最基本的单元，它有 4 个结点、8 个自由度。考虑单元的结点位移，x 方向的位移场 $u(x,y)$ 可以由该方向上的 4 个结点位移 u_{1x}、u_{2x}、u_{3x}、u_{4x} 来确定，而 y 方向的位移场 $v(x,y)$ 可以由该方向上的 4 个结点位移 u_{1y}、u_{2y}、u_{3y}、u_{4y} 来确定。其位移模式为

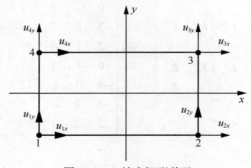

图 1-16　4 结点矩形单元

$$\begin{cases} u(x,y)=a_1+a_2x+a_3y+a_4xy \\ v(x,y)=a_5+a_6x+a_7y+a_8xy \end{cases}$$

$$(1\text{-}61)$$

在单元边界上，当 x 或 y 是一个常量时，对于单元的每一条边，位移是线性变化的，所以也称为双线性单元。在单元内部，由于存在 xy 的乘积项，位移是非线性变化的。根据平面问题的几何方程，应变是位移的一阶导数，如 $\varepsilon_x = \dfrac{\partial u}{\partial x} = a_2 + a_4 y$；应力和应变是线性关系，所以 4 结点矩形单元的应变模式和应力模式是一次线性变化的，其单元内部的应力不再是常量。虽然相邻的矩形单元在公共边界处的应力也有差异，但这种差异较小。在整理应力结果时，采用绕结点平均法，即将环绕某一结点的各单元在该结点处的应力求平均，用来代表该结点处的应力，这种方法的表征性较好。但是，矩形单元也存在比较明显的缺陷，它不能适应曲线边界或斜线边界，也不便在不同部位采用不同大小的单元。为了弥补这种缺陷，我们可以混合使用矩形单元和三角形单元。

在三角形单元的 3 条边上各增设一个结点，这样每个单元就有 6 个结点、12 个自由度，可以采用二次完全多项式的位移模式。由于应变是位移的一阶导数，而应力与应变是线性关系，因此单元中的应力按照线性变化，能够更好地反映弹性体中应力的变化。在结点数目大致相同的情况下，其精度远高于 3 结点三角形单元。但是 6 结点三角形单元对于非均匀性及曲线边界的适应性却不如简单三角形单元，而且由于一个结点的平衡方程涉及较多的结点位移，整体刚度矩阵的带宽较大。

限于篇幅，这里不对 4 结点矩形单元和 6 结点三角形单元的单元构造做具体的推导和描述，有兴趣的读者可参阅相关教材和参考书。

7．轴对称单元

在柱坐标下，轴对称问题中的一些非对称力学变量都为 0，其三大类力学变量如下所示。

位移：$\boldsymbol{u} = \left[u_r, w \right]^{\mathrm{T}}, u_\theta = 0$

应变：$\boldsymbol{\varepsilon} = \left[\varepsilon_{rr} \quad \varepsilon_{\theta\theta} \quad \varepsilon_{zz} \quad \gamma_{rz} \right]^{\mathrm{T}}, \gamma_{r\theta} = 0, \gamma_{\theta z} = 0$

应力：$\boldsymbol{\sigma} = \left[\sigma_{rr} \quad \sigma_{\theta\theta} \quad \sigma_{zz} \quad \tau_{rz} \right]^{\mathrm{T}}, \tau_{r\theta} = 0, \tau_{\theta z} = 0$

在轴对称问题中，以上这些变量都只和坐标 r、z 有关，与 θ 无关。对于轴对称问题的有限元离散，在每一个截面，它的单元形状与一般的平面问题相同，但需要注意的是，轴对称问题的单元都是环形单元，如图 1-17 所示。

8．等参数单元

三角形单元能够应用于曲折的几何边界，但其精度较低；矩形单元虽然精度较高，但其适应性较差，不便使用在曲线边界和非正交的直线边界。因此，需要采用一些具有斜边的四边形单元。任意四边形单元可以通过已有的 4 结点矩形单元进行坐标映射的方式来获得，我们将这种通过坐标映射的方式构造的单元称为参数单元。

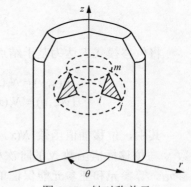

图 1-17 轴对称单元

在全局坐标系 Oxy 下的 4 结点四边形单元的坐标称为物理坐标；其映射母单元是 4 结点矩形单元，称为基准单元；采用坐标系 $O\xi\eta$，称为基准坐标，如图 1-18 所示。

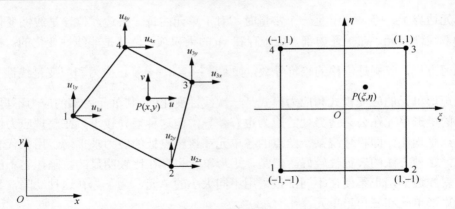

图 1-18　单元映射

设两个坐标系的坐标映射为

$$\begin{cases} x = x(\xi, \eta) \\ y = y(\xi, \eta) \end{cases} \tag{1-62}$$

基准坐标中的一点对应于物理坐标中的一个相应点，4 个角点的结点映射条件为

$$\begin{cases} x_i = x(\xi_i, \eta_i) \\ y_i = y(\xi_i, \eta_i) \end{cases} \quad (i = 1, 2, 3, 4) \tag{1-63}$$

每一个方向有 4 个结点条件，可利用包含 4 个待定系数的多项式来建立映射关系，即

$$\begin{cases} x = a_1 + a_2\xi + a_3\eta + a_4\xi\eta \\ y = a_5 + a_6\xi + a_7\eta + a_8\xi\eta \end{cases} \tag{1-64}$$

将式（1-63）代入式（1-64），可以求出待定系数 $a_1 \sim a_8$。将各系数回代入式（1-64），并参照位移模式以形函数和结点位移乘积的模式进行改写，有

$$\begin{cases} x(\xi, \eta) = \widetilde{N_1}(\xi, \eta)x_1 + \widetilde{N_2}(\xi, \eta)x_2 + \widetilde{N_3}(\xi, \eta)x_3 + \widetilde{N_4}(\xi, \eta)x_4 \\ y(\xi, \eta) = \widetilde{N_1}(\xi, \eta)y_1 + \widetilde{N_2}(\xi, \eta)y_2 + \widetilde{N_3}(\xi, \eta)y_3 + \widetilde{N_4}(\xi, \eta)y_4 \end{cases} \tag{1-65}$$

其中，$\widetilde{N}$ 称为几何形状插值函数，具体为

$$\widetilde{N_i} = \frac{1}{4}(1 + \xi_i\xi)(1 + \eta_i\eta) \quad (i = 1, 2, 3, 4) \tag{1-66}$$

将位移模式表达为基于结点位移的显式表达，即

$$\begin{cases} u(x, y) = N_1(x, y)u_{1x} + N_2(x, y)u_{2x} + N_3(x, y)u_{3x} + N_4(x, y)u_{4x} \\ v(\xi, \eta) = N_1(x, y)u_{1y} + N_2(x, y)u_{2y} + N_3(x, y)u_{3y} + N_4(x, y)u_{4y} \end{cases} \tag{1-67}$$

其中，位移插值函数 $N(x, y)$ 也可根据式（1-64）改写为 $N(\xi, \eta)$。如果几何形状插值函数 $\widetilde{N}$ 与位移插值函数 N 的阶次相同，则这种单元称为等参元；若 $\widetilde{N}$ 的阶次小于 N，则称为亚参元。等参元和亚参元能保证单元的收敛。若 $\widetilde{N}$ 的阶次大于 N，则称为超参元，超参元不能保证单元的收敛。

限于篇幅，这里仅介绍参数单元的基本思路，构造参数单元的单元刚度矩阵、载荷列阵需要用到坐标系之间的偏导数变换，还要利用坐标系之间的雅可比矩阵，同时在计算的过程中需要用到勒让德-高斯求积。具体推导请读者参阅相关教材和参考书。

1.1.7　动力学分析简介

动力学分析是用来确定惯性和阻尼起作用时结构或构件动力学特性的响应技术，其特性一般包括如下几个方面：①振动特性，包括结构的振动方式与振动频率；②载荷随周期性变化的响应效应，主要是指施加周期性变化的载荷时结构的位移和应力的响应情况；③周期振动或者随机载荷的效应，主要是指结构受周期性载荷或者随机载荷时的变化规律。

结构动力学分析有如下类型。

1．模态分析

在设计工程结构或机器部件的振动特性时，设计人员需要进行模态分析，即确定承受动态载荷结构设计中的重要参数（固有频率和振型），同时也可以此作为瞬态动力学分析、谐响应分析等其他动力学分析的基础。

模态分析最终目标是识别系统的模态参数，为结构系统的振动特性分析、振动故障诊断和预报以及结构动力学特性的优化设计提供依据。

模态分析通常求解如下方程：

$$(\boldsymbol{K} - \omega^2 \boldsymbol{M})\boldsymbol{u} = 0 \tag{1-68}$$

其中，$\boldsymbol{K}$ 为刚度矩阵，$\boldsymbol{M}$ 为质量矩阵，$\boldsymbol{u}$ 为固有模态位移矢量，$\omega = 2\pi f$ 是角频率。

模态问题求解的方法有雅克比法、Givens 法、Householder 法、对分法、逆迭代法、QR法、子控件法、兰索斯法等。

2．谐响应分析

谐响应分析是用于确定线性结构在承受随时间按正弦（简谐）规律变化的载荷时稳态响应的一种技术，旨在计算结构在几种频率下的响应，并得到一些响应值对频率的曲线。该技术只计算结构的稳态受迫振动，不考虑结构激励开始时的瞬态振动。通过谐响应分析，设计人员能预测结构的持续动力特性，从而验证其设计是否能够克服疲劳、共振及其他受迫振动引起的有害因素。

3．瞬态动力学分析

瞬态动力学分析（也称时间历程分析）是用于确定承受任意的随时间变化载荷的动力学响应的一种求解问题的方法，可用于分析确定结构在稳态载荷、瞬态载荷和简谐载荷的任意组合作用下随时间变化的位移、应变、应力及力。

瞬态动力学分析通常求解如下方程：

$$\boldsymbol{M}\ddot{\boldsymbol{u}} + \boldsymbol{C}\dot{\boldsymbol{u}} + \boldsymbol{K}\boldsymbol{u} = \boldsymbol{F} \tag{1-69}$$

其中，$\boldsymbol{K}$ 为刚度矩阵，$\boldsymbol{M}$ 为质量矩阵，$\boldsymbol{u}$ 为位移矢量，$\boldsymbol{C}$ 为阻尼系数矩阵（通常表示为比例阻尼，即质量矩阵和刚度矩阵的比例，$\boldsymbol{C} = c_K \boldsymbol{K} + c_M \boldsymbol{M}$）。

瞬态动力学问题的求解方法有中心差分法、纽马克法等。

1.1.8　有限元分析中的若干问题

有限元模型是有限元程序可以处理的对象，是对实际结构的合理模拟。有限元模型一方面要保证力学的完整性，另一方面要保证计算的有效性。也就是说，建立的有限元模型既要承载完整的力学信息，尽可能真实地反映实际情况，又要保证计算机可以快速计算。

在开始建立有限元模型之前，设计人员需要对要解决的问题有透彻的认识，理解问题的力学本质，弄清楚结构几何特征、所受载荷性质、结构材料特性，初步估计响应情况。此外，设计人员需要根据力学概念，分析判断研究对象属于哪一类性质的问题，是线性问题还是非线性问题，是静力问题还是动力问题。

线性问题是指受力与变形成正比关系，例如，做出连续性、均匀性、线弹性、各向同性、小变形等基本假设，最后得出的结构刚度为常量，这就属于线性问题。非线性问题是指受力与变形不成正比关系，引起非线性的因素主要有 3 种。一是材料本身的刚度随变形而变化，如一般低碳钢受力比较小时，受力与变形呈线弹性关系，受力较大发生屈服时刚度很小，进入强化阶段具有一定刚度但小于线弹性阶段，这类问题称为材料非线性问题。二是结构在载荷作用下发生过大变形，结构形状影响刚度，这类问题称为几何非线性问题。当物体变形的大小与物体某个几何尺寸可以相比拟时，应按大变形来处理；当应变量大于 0.3 时，应按大应变问题处理。大变形、大应变问题都属于几何非线性问题。三是状态非线性，如结构中两零件为接触关系，随着受力变形，接触位置、接触面积都可能发生变化，接触刚度当然也会发生变化，即状态改变影响刚度，这类问题称为状态非线性问题。

静力问题是指所有变量和关系式都与时间无关，只要任一变量或关系式与时间有关，即属于动力问题。作为动力问题，若要计算结构的固有特性，则属于模态分析；若要计算在随时间变化的载荷的作用下结构各结点随时间变化的位移、速度、加速度及应力等，则属于瞬态响应分析；若要计算在随时间按照正弦或余弦规律变化的载荷的作用下结构的稳态响应，则属于谐响应分析，分析目的在于得到结构在不同频率简谐载荷的作用下响应与频率的关系；若要计算结构在某载荷谱作用下的位移、应力等，则属于谱响应分析，载荷谱可以是位移、速度、加速度或力随频率变化的关系图，谱分析主要用于确定结构对随机载荷或随时间变化载荷（如地震、风载荷等）的动力响应情况，可代替瞬态响应分析。

建模前，设计人员还要根据物体的形状和受力情况，判断是一维问题、二维问题还是三维问题，有无对称性、反对称性或周期对称等可利用。这是一个把工程问题进行力学建模的过程。有了准确的力学模型，有限元建模就有了基础。有限元建模过程包括选择单元类型、确定单元的尺寸大小、保证网格划分质量、定义材料和单元特性、处理载荷和边界条件、确定计算方法和控制参数、求解、输出结果等。如果计算结果揭示了事物的内在规律，说明有限元模型和实际物理模型的力学性能是一致的，那么所建的模型就是个好模型。如果计算结果不符合实际情况或者计算进行不下去，那么可能出现单元类型不对、网格数量太少、材料模型错误、约束和载荷的施加方式不对、接触定义有问题、网格质量差、计算方法不对等问题，建模过程中的每个因素都可能造成计算结果错误或计算困难。针对工程问题，利用有限元分析方法，要想得到一个实用的计算结果，准确建模是关键。

1．有限元建模的准则

有限元建模的准则是根据工程分析的精度要求，建立合适的、能模拟实际结构的有限元模型。要使分析结果有足够的精度，所建立的有限元模型必须在能量上与原连续系统等价。有限元模型具体应满足下述准则。

（1）满足平衡条件。结构的整体和任意一单元在结点上都必须保持静力平衡。

（2）满足变形协调条件。交汇于一个结点上的各单元在受力变形后也必须保持交汇于同一结点。

（3）满足边界条件和材料的本构关系。边界条件包括整个结构的边界条件和单元间的边界条件。

（4）符合刚度等价原则。有限元模型的抗拉压、抗弯曲、抗扭转、抗剪切刚度应尽可能与原来结构等价。

（5）认真选取单元，包括单元类型、形状、阶次，使其能够很好地模拟几何形状、反映受力和变形情况。单元类型有杆单元、梁单元、平面单元、板单元、空间单元等，空间块体又分四面体块单元或六面体块单元，六面体块单元又分八结点六面体或二十结点六面体等。选取单元时应综合考虑结构的类型、形状特征、应力和变形特点、精度要求和硬件条件等因素。

（6）应根据结构特点、应力分布情况、单元的性质、精度要求及其计算量的大小等仔细划分计算网格。

（7）在几何上要尽可能地逼近真实的结构体，其中特别要注意曲线与曲面的逼近问题。

（8）仔细处理载荷模型，正确生成结点力，同时载荷的简化不应该跨越主要的受力构件。

（9）质量的堆积应该满足质心及惯性矩等效要求。

（10）超单元的划分尽可能单级化并使剩余结构最小。

2．边界条件的处理

对于基于位移模式的有限元法，在结构的边界上必须严格满足已知的位移约束条件。例如，弹性体某位置处有固定支撑，这些边界上的位移、转角等于零，如图 1-19（a）所示，$u_A = v_A = \theta_A = 0$，图 1-19（b）中，$u_A = v_A = v_B = 0$；或者弹性体某位置处位移或转角有已知值，如图 1-19（c）中，$v_C = -\Delta$，计算模型必须让它能实现这一点。

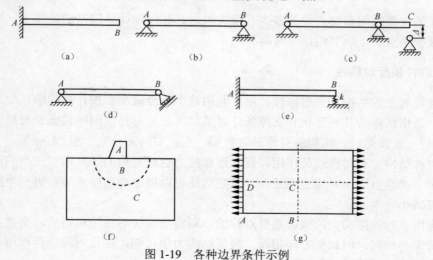

图 1-19　各种边界条件示例

有时边界支撑不是沿坐标方向，称为斜支撑，如图 1-19（d）所示，可以设定与整体坐标不一致的结点坐标方向来实现。还有的约束是单向的，例如，绳索只能承受拉力，光滑支撑面只能提供压力，这就需要按非线性对待。

当边界与另一弹性体相连，构成弹性边界时，我们可分两种情况处理。如果弹性体对边界点的支撑刚度已知，那么可将它的作用简化成弹簧，在此结点上加一弹簧单元，如图 1-19（e）所示。如果弹性体对边界点的支撑刚度不清楚，那么可将此弹性体的一部分划出来和结构连在一起进行分析，所划区域的大小视其有影响的区域大小而定，如图 1-19（f）所示。

如果整个结构存在刚体位移，就无法进行静力分析、动力分析。为此，我们必须根据实际结构的边界位移约束情况，对模型的某些结点施加约束，消除结构的刚体位移影响。对于平面问题，应消去结构的两个平移自由度、一个转动自由度；对于三维问题，须消去 3 个平移自由度、3 个转动自由度。此外，要保证这些消除模型刚体位移的约束施加得当，如果不恰当，就会产生不真实的支反力，改变了原结构的受力状态和边界条件，从而得到错误的结果。例如，在图 1-19（g）中根据对称性，C 点两方向位移均为零，因此对 C 点施加约束是适当的。若把点 A、B、D 的两方向位移指定为零，则与实际情况不符。

3．连接条件的处理

复杂结构通常由杆、梁、板、壳及二维体、三维体等多种形式的构件组成。由于构件中各组件之间的自由度个数不匹配，因此在梁和二维体、板、壳和三维体的连接处必须妥善加以处理，否则模型会失真，得不到正确的计算结果。

在复杂结构中，我们还能遇到各种各样其他的连接关系，只要将这些连接关系彻底弄清楚，就能写出相应的位移约束关系式，这些关系式为构件间复杂的连接条件，需要在计算中使程序严格满足这些条件。

应当指出，在不少的实用结构有限元分析程序中，已为用户提供输入连接条件的接口，用户只需严格遵守用户使用规定，程序将自动处理自由度之间的用户所规定的位移约束条件。

1.1.9　减小解题规模的常用措施

有限元的计算时间和结点数的多少有很大关系。在保证计算精度的条件下，用户应采用各种手段减少结点数，以节约计算时间和成本。

1．对称性和反对称性

如果计算对象的结构具有对称性，就可利用这个特点减少参加计算的结点数。所谓结构的对称性，是指结构的几何形状和支撑条件对某轴（面）对称，同时截面和材料性质也对称于此轴（面）。也就是说，结构绕对称轴对折后，左、右两部分完全重合。

如果对称结构上有对称载荷作用，则变形和应力也是对称的。只需取一半的结构建模即可，对称轴上的结点给出对称边界条件，算完后还可以根据对称性扩展出另一半结果。这样解题规模可减小一半。

如果作用在对称结构上的载荷是反对称的，即将结构绕对称轴对折后，两载荷的作用点重合，载荷大小相同，但载荷方向相反。根据结构力学可知，在反对称载荷作用下，结构的位移及应力都将反对称于对称轴。

在常用的商业有限元软件中，只要用户给出对称或反对称条件，程序会自动加上相应的位移约束。

2．周期性条件

有些结构可以划分为若干形状完全相同的子结构，当任意一子结构绕对称轴旋转一定角度时，该子结构的形状将与其他子结构完全重合，这种结构称为循环对称结构或周期对称结构。工程中常见的风扇叶片、花键、螺旋桨、齿轮、法兰等都是周期对称结构。如果结构所受载荷和位移的约束也是周期对称的，且各子结构材料和物理特性也完全相同，则应力和变形关于同一轴周期对称。若所受载荷不是周期对称的，如齿轮、法兰，则不属于周期对称问题。对于周期对称问题，计算时可以只取一个子结构进行分析。注意：在取一个子结构时，应使应力集中区域在子结构内部而不在边界。

另外，还有一种周期对称结构可以看作由一个子结构沿某一方向多次重复得到，称为重复对称结构。如果结构所受载荷和约束同样满足重复对称条件，与循环对称类似，那么只需要模拟和分析一个子结构即可。

3．降维处理和几何简化

对于一个复杂的工程构件，设计人员可以根据其在几何学、力学或传热学上的特点，进行降维处理。对于一个三维物体，如果可以忽略某些几何上的细节或次要因素，就能按照二维问题来处理。例如螺纹连接结构中，由于螺纹升角很小，可认为螺纹牙的受力在周向是相同的，从而近似看作轴对称结构。一个二维问题，若能近似地看作一维问题，就尽量当作一维问题计算。维数降低，计算量将大大降低。例如，齿轮、连杆、径向轴承等许多零件的结构计算都可以近似作为平面问题。在复杂的结构计算中，应尽量减少按三维问题处理的部分。

此外，某些零件上会有许多小圆孔、小圆角、小凸台、浅沟槽等几何细节，细节的存在将影响网格的大小、数量及分布。因为在自动划分网格时，一段直线或曲线至少划分一个单元边，一个平面或曲面至少划分一个单元面，一个圆最少也要 3 个单元边来离散，所以细节将限制网格的大小。另外，单元由密到疏应该平缓过渡，这也会影响整个模型的网格数量和分布。但细节的取舍要遵循两条原则：一是细节处应力的大小，只要这些不是位于应力峰值区域中分析的要害部位，根据圣维南原理就可以将其忽略；二是与分析的内容也有关系，一般情况下，由于细节会影响应力的大小及分布，静应力、动应力计算中要注意细节的影响，而结构的固有频率和模态振型主要取决于质量分布和刚度，因此计算固有特性时就可以少考虑细节。

现代机械设计中进行力学计算的目的，往往在于求出结构最大承载能力或结构最薄弱区域，这些处理方法虽然会带来一定的误差，但一般都能满足工程上的设计要求，而计算成本却能大大降低。如果对个别部位分析后不能满意，则可将这块单独取出再作细致分析。

4．子结构技术

当计算的结构比较复杂时，整体刚度矩阵的阶数往往会很大，从而超出计算机容量，这时可以考虑一小块一小块地来计算，最后再将各子块边界结点归结在一起，这就是子结构分析法。

子结构方法还可以用在需要局部精确分析的场合，如应力集中位置、局部发生塑性变形需要进行非线性分析的地方、设计可能改变的局部等，设计人员可以只重复计算部分结构，节约计算时间和计算成本。

子结构分析法的基本思路：①几何分割；②子结构离散；③定义边界自由度；④凝聚内部自由度；⑤子结构集成；⑥求解整体模型；⑦回代。现有大型有限元程序一般包括子结构法的内容，用户根据需要调用即可。

5．线性近似化

在工程上，我们常常将一些呈微弱非线性的问题当作线性问题来处理，所得结果既能满足工程要求，又可降低成本。例如，许多混凝土结构（水坝、高层建筑、冷却塔、桥梁、大型机电设备地基等）实际上都是非线性结构，其非线性现象较弱，初步分析时，常看作线性结构。只有当分析其破坏形态时，才按非线性考虑。

6．多种载荷工况的合并处理

有时我们要对一个结构进行多种载荷工况的分析，如果每一种工况都作为一个新的问题重新分析一次，则计算量会很大，也没有必要。对于上述情况，用户可以将每一种载荷矢量 $\{R_i\}$ 合并成载荷矩阵 R，一起进行求解。方程系数只需进行一次三角分解，计算量就会大大降低。对于线性问题，用户还可以先解出某些标准载荷模式 $\{R_a\}$、$\{R_b\}$、$\{R_c\}$ 下的解 $\{u_a\}$、$\{u_b\}$、$\{u_c\}$，若其他载荷模式可以写成这些载荷的线性组合 $\{R\} = a\{R_a\} + b\{R_b\} + c\{R_c\}$，则它对应的解也是这些解的线性组合，即 $\{u\} = a\{u_a\} + b\{u_b\} + c\{u_c\}$，其中 a、b、c 为线性组合系数。

7．结点编号的优化

有限元计算需要输入和存储大量信息，计算量也非常大，这就要求编程人员探索减少存储量、减少运算次数的方法。

有限元算法计算量大致与总体刚度带宽的平方成正比。为了减少存储量，我们可以根据总体刚度矩阵具有对称性、稀疏性、带状分布等特点，采用一种名为"半带存储"的技术，即只存储总体刚度矩阵中沿主对角线非零元素的一半的数据。对同一个模型，如果按不同的次序对各结点进行编号，那么得到的总体刚度矩阵形式是不同的，半带宽也不一样，相应存储量也就不同。

1.2　流体力学基础

本节主要介绍流体力学中的一些基本概念。

1．流体的连续介质模型

（1）流体质点。几何尺寸同流动空间相比是极小量，又含有大量分子的微元体。

（2）连续介质。质点连续地充满所占空间的流体或固体。

（3）连续介质模型。连续介质的所有物理量都是空间坐标和时间的连续函数的一种假设模型，可表示为 $u = u(t, x, y, z)$。

2．流体的性质

（1）惯性。流体不受外力作用时，保持其原有运动状态的属性。惯性与质量有关，质量越大，惯性就越大。单位体积流体的质量称为密度，以 ρ 表示，单位是 kg/m^3。对于均质流体，设其体积为 V，质量为 m，则密度为 $\rho = \dfrac{m}{V}$。对于非均质流体，密度随点而异。

（2）压缩性。作用在流体上的压力变化可引起流体的体积变化或密度变化，这一现象称为流体的可压缩性。压缩性可用体积压缩率 k 来量度，即

$$k = -\frac{\mathrm{d}V/V}{\mathrm{d}p} = \frac{\mathrm{d}\rho/\rho}{\mathrm{d}p} \tag{1-70}$$

其中，p 为外部压强。

在研究流体流动过程中，若考虑流体的压缩性，则称之为可压缩流动，该流体称为可压缩流体，如高速流动的气体。若不考虑流体的压缩性，则称之为不可压缩流动，该流体称为不可压缩流体，如水、油等。

（3）黏性。在运动的状态下，流体所产生的抵抗剪切变形的性质。黏性大小用黏度来量度。流体的黏度是由流动流体的内聚力和分子的动量交换所引起的。黏度有动力黏度 μ 和运动黏度 ν 之分。动力黏度由牛顿内摩擦定律导出，即

$$\tau = \mu \frac{\mathrm{d}u}{\mathrm{d}y} \tag{1-71}$$

其中，τ 表示切应力，单位为 Pa；μ 表示动力黏度，单位为 Pa·s；$\mathrm{d}u/\mathrm{d}y$ 表示流体的速度梯度。

运动黏度与动力黏度的关系为

$$\nu = \frac{\mu}{\rho} \tag{1-72}$$

其中，ν 为运动黏度，单位为 m^2/s。

在研究流体流动过程中，若考虑流体的黏性，则称之为黏性流动，相应的流体称为黏性流体；若不考虑流体的黏性，则称之为理想流体的流动，相应的流体称为理想流体。

根据是否满足牛顿内摩擦定律，流体可以分为牛顿流体和非牛顿流体。牛顿流体严格满足牛顿内摩擦定律且 μ 保持为常数。非牛顿流体的切应力与速度梯度不成正比，一般又分为塑性流体、假塑性流体和胀塑性流体。

3. 流体力学中的力与压强

（1）质量力。质量力是与流体微团质量大小有关并且集中在微团质量中心的力。在重力场中有重力 mg；直线运动时，有惯性力 ma。质量力是一个矢量，一般用单位质量所具有的质量力来表示，其形式如下：

$$\boldsymbol{f} = f_x\boldsymbol{i} + f_y\boldsymbol{j} + f_z\boldsymbol{k} \tag{1-73}$$

其中，$\boldsymbol{i}$、$\boldsymbol{j}$、$\boldsymbol{k}$ 分别为 x、y、z 轴方向的单位矢量。

（2）表面力。表面力是大小与表面面积有关而且分布作用在流体表面上的力。表面力按其作用方向可以分为两种：一是沿表面内法线方向的压力，称为正压力；另一种是沿表面切向的摩擦力，称为切向力。

对于理想流体的流动，流体质点只受到正压力，没有切向力。对于黏性流体流动，流体质点所受到的作用力既有正压力，也有切向力。

作用在静止流体上的表面力只有沿表面内法线方向的正压力。单位面积上所受到的表面力称为这一点处的静压强。静压强具有两个特征：①静压强的方向垂直指向作用面；②流场

内一点处静压强的大小与方向无关。

（3）液体的表面张力。在液体表面，界面上液体间的相互作用力为张力，液体表面有自动收缩的趋势，收缩的液面存在与该处液面相切的拉力。正是这种力的存在，使弯曲液面内外出现压强差以及常见的毛细现象等。

实验表明，表面张力大小 T 与液面的截线长度 L 成正比，即

$$T = \sigma L \tag{1-74}$$

其中，σ 称为表面张力系数，它表示液面上单位长度截线上的表面张力，其大小由液体性质与接触相温度、压力等决定，其单位为 N/m。

（4）相对压强、绝对压强及真空度。标准大气压的压强是 101 325Pa（760mmHg），它是压强的一个单位，记作 atm。若压强大于大气压，则以此压强为计算基准得到的压强称为相对压强，也称表压强，通常用 p_r 表示。若压强小于大气压，则压强低于大气压的值就称为真空度，通常用 p_v 表示。如以压强 0Pa 为计算的基准，则这个压强就称为绝对压强，通常用 p_s 表示。这三者的关系如下：

$$p_r = p_s - p_{atm} \tag{1-75}$$

$$p_v = p_{atm} - p_s \tag{1-76}$$

在流体力学中，压强都用符号 p 表示，但一般有一个约定：对于液体，压强用相对压强；对于气体，特别是马赫数大于 0.1 的流动，应视为可压缩流，压强用绝对压强。

压强的单位较多，一般用 Pa，也可用单位 bar，还可以用毫米汞柱、毫米水柱，这些单位换算如下：$1Pa = 1N/m^2$；$1bar = 10^5 Pa$；$1atm = 760mmHg = 10.33mH_2O = 101\ 325Pa$。

（5）静压强、动压强和总压强。对于静止状态下的流体，只有静压强。对于流动状态的流体，有静压强、动压强、测压管压强和总压强之分，我们可以从伯努利方程中分析它们的意义。

伯努利方程的物理意义是一条流线上流体质点的机械能守恒。对于理想流体的不可压缩流动，其表达式为

$$\frac{p}{\rho g} + \frac{v^2}{2g} + z = H \tag{1-77}$$

其中，$\frac{p}{\rho g}$ 称为压强水头，也是压能项，为静压强；$\frac{v^2}{2g}$ 称为速度水头，也是动能项；z 称为位置水头，也是重力势能项；这三项之和就是流体质点的总机械能。H 称为总的水头高。

将式（1-77）两边同时乘以 ρg，则有

$$p + \frac{1}{2}\rho v^2 + \rho g z = \rho g H \tag{1-78}$$

其中，P 称为静压强，简称静压；$\frac{1}{2}\rho v^2$ 称为动压强，简称动压；$\rho g H$ 称为总压强，简称总压。对于不考虑重力的流动，总压就是静压和动压之和。

4．定常流动与非定常流动

根据流体流动过程以及流动过程中流体的物理参数是否与时间相关，流动可以分为定常流动与非定常流动。

（1）定常流动。流体流动过程中各物理量均与时间无关。

（2）非定常流动。流体流动过程中某个或某些物理量与时间有关。

5．迹线与流线

常用迹线和流线来描述流体的流动。

（1）迹线。随着时间的变化，空间某一点处的流体质点在流动过程中留下的痕迹称为迹线。在 $t=0$ 时刻，位于空间坐标(a,b,c)处的流体质点，其迹线方程为

$$\begin{cases} \dfrac{\mathrm{d}x}{\mathrm{d}t} = u(a,b,c,t) \\[2mm] \dfrac{\mathrm{d}y}{\mathrm{d}t} = v(a,b,c,t) \\[2mm] \dfrac{\mathrm{d}z}{\mathrm{d}t} = w(a,b,c,t) \end{cases} \tag{1-79}$$

其中，u、v、w 分别为流体质点速度的 3 个分量；x、y、z 为在 t 时刻此流体质点的空间位置。

（2）流线。在同一个时刻，由不同的无数多个流体质点组成的一条曲线，曲线上每一点处的切线与该质点处流体质点的运动方向平行。流场在某一时刻 t 的流线方程为

$$\frac{\mathrm{d}x}{u(x,y,z,t)} = \frac{\mathrm{d}y}{v(x,y,z,t)} = \frac{\mathrm{d}z}{w(x,y,z,t)} \tag{1-80}$$

对于定常流动，流线的形状不随时间变化，而且流体质点的迹线与流线重合。在实际流场中，除驻点或奇点外，流线不能相交，不能突然转折。

6．流量与净通量

（1）流量。单位时间内流过某一控制面的流体体积称为该控制面的流量 Q，其单位为 $\mathrm{m^3/s}$。若单位时间内流过的流体是以质量计算，则称为质量流量 Q_{m}。若不加说明，则"流量"一词泛指体积流量。在曲面控制面上有

$$Q = \iint\limits_{A} v \cdot n \mathrm{d}A \tag{1-81}$$

（2）净通量。在流场中取整个封闭曲面作为控制面 A，封闭曲面内的空间称为控制体。流体经一部分控制面流入控制体，同时也有流体经另一部分控制面从控制体中流出。此时流出的流体减去流入的流体，所得流体称为流过全部封闭控制面 A 的净通量（或净流量），通过式（1-82）计算：

$$q = \oiint\limits_{A} v \cdot n \mathrm{d}A \tag{1-82}$$

对于不可压缩流体来说，流过任意封闭控制面的净通量等于 0。

7．有旋流动与有势流动

由速度分解定理，流体质点的运动可以分解为随同其他质点的平动、自身的旋转运动和自身的变形运动（拉伸变形和剪切变形）。

在流动过程中，若流体质点自身做无旋运动，则称流动是无旋的，也就是有势的，否则就称流动是有旋流动。流体质点的旋度是一个矢量，通常用 ω 表示，其大小为

$$\omega = \frac{1}{2} \begin{vmatrix} i & j & k \\ \dfrac{\partial}{\partial x} & \dfrac{\partial}{\partial y} & \dfrac{\partial}{\partial z} \\ u & v & w \end{vmatrix} \qquad (1-83)$$

若 $\omega = 0$，则称流动为无旋流动，即有势流动，否则就是有旋流动。

ω 与流体的流线或迹线形状无关。黏性流动一般为有旋流动。对于无旋流动，伯努利方程适用于流场中任意两点之间。对于无旋流动（也称为有势流动），存在一个势函数 $\varphi(x,y,z,t)$，满足：

$$V = \mathrm{grad}\,\varphi \qquad (1-84)$$

即

$$u = \frac{\partial \varphi}{\partial x}, v = \frac{\partial \varphi}{\partial y}, w = \frac{\partial \varphi}{\partial z} \qquad (1-85)$$

8. 层流流动与湍流流动

流体的流动分为层流流动和湍流流动。层流流动中流体层与层之间相互没有任何干扰，层与层之间既没有质量的传递，也没有动量的传递；而湍流流动中层与层之间相互有干扰，而且干扰的力度还会随着流动而加大，层与层之间既有质量的传递，又有动量的传递。

判断流动是层流还是湍流，需要看其雷诺数是否超过临界雷诺数。雷诺数的定义为

$$Re = \frac{VL}{\upsilon} \qquad (1-86)$$

其中，V 为截面的平均速度；L 为特征长度；υ 为流体的运动黏度。

对于圆形管内流动，特征长度 L 取圆管的直径 d，即

$$Re = \frac{Vd}{\upsilon} = \frac{\rho V d}{\mu} \qquad (1-87)$$

一般认为临界雷诺数为 2320。当 $Re < 2320$ 时，管中是层流；当 $Re > 2320$ 时，管中是湍流。

对于异型管道内的流动，特征长度取水力直径 d_{H}，则雷诺数的表达式为

$$Re = \frac{Vd_{\mathrm{H}}}{\upsilon} \qquad (1-88)$$

异型管道水力直径的定义为

$$d_{\mathrm{H}} = 4\frac{A}{S} \qquad (1-89)$$

其中，A 为过流断面的面积；S 为过流断面上流体与固体接触的周长。

1.3 CFD 基本模型

流体流动所遵循的物理定律是建立流体运动基本方程组的依据。这些定律主要包括质量守恒、动量守恒、动量矩守恒、能量守恒、热力学第二定律，加上状态方程、本构方程。在实际计算时，还要考虑不同的流态，如层流与湍流。

1.3.1　基本控制方程

1．系统、控制体与常用运算符

在流体力学中，系统是指某一确定流体质点集合的总体。系统以外的环境称为外界。分割系统与外界的界面称为系统的边界。系统通常是研究的对象，外界则用来区别于系统。系统将随系统内质点一起运动，系统内的质点始终包含在系统内，系统边界的形状和所围空间的大小，则可随运动而变化。系统与外界无质量交换，但可以有力的相互作用及能量（热和功）交换。

控制体是指在流体所在的空间中，以假想或真实流体边界包围，固定不动、形状任意的空间体积。包围这个空间体积的边界面称为控制面。控制体的形状与大小不变，并相对于某坐标系固定不动。控制体内的流体质点组成并非不变的。控制体既可通过控制面与外界有质量和能量交换，也可与控制体外的环境有力的相互作用。

本书将用到如下一些数学运算符。

梯度
$$\mathbf{grad}\,\varphi = \left(\frac{\partial\varphi}{\partial x}, \frac{\partial\varphi}{\partial y}, \frac{\partial\varphi}{\partial z}\right) = \nabla\varphi = \frac{\partial\varphi}{\partial x}\boldsymbol{i} + \frac{\partial\varphi}{\partial y}\boldsymbol{j} + \frac{\partial\varphi}{\partial z}\boldsymbol{k} \tag{1-90}$$

散度
$$\mathrm{div}\,\boldsymbol{R} = \frac{\partial X}{\partial x} + \frac{\partial Y}{\partial y} + \frac{\partial Z}{\partial z} = \nabla\cdot\boldsymbol{R} = \mathrm{div}(X,Y,Z) \tag{1-91}$$

旋度
$$\mathbf{rot}\,\boldsymbol{R} = \left(\frac{\partial Z}{\partial y} - \frac{\partial Y}{\partial z}\right)\boldsymbol{i} + \left(\frac{\partial X}{\partial z} - \frac{\partial Z}{\partial x}\right)\boldsymbol{j} + \left(\frac{\partial Y}{\partial x} - \frac{\partial X}{\partial y}\right)\boldsymbol{k} \tag{1-92}$$

$$= \nabla\times\boldsymbol{R} = \begin{vmatrix} \boldsymbol{i} & \boldsymbol{j} & \boldsymbol{k} \\ \dfrac{\partial}{\partial x} & \dfrac{\partial}{\partial y} & \dfrac{\partial}{\partial z} \\ X & Y & Z \end{vmatrix}$$

其中，$\nabla = \dfrac{\partial}{\partial x}\boldsymbol{i} + \dfrac{\partial}{\partial y}\boldsymbol{j} + \dfrac{\partial}{\partial z}\boldsymbol{k}$，称为那勃勒算子。

$$\mathbf{grad}\,\mathrm{div}\,\boldsymbol{R} = \nabla(\nabla\cdot\boldsymbol{R}) = \nabla^2\boldsymbol{R} \tag{1-93}$$

$$\mathbf{rot}\,\mathbf{rot}\,\boldsymbol{R} = \nabla\times(\nabla\times\boldsymbol{R}) \tag{1-94}$$

$$\mathbf{grad}\,\mathrm{div}\,\boldsymbol{R} - \mathbf{rot}\,\mathbf{rot}\,\boldsymbol{R} = \nabla^2\boldsymbol{R} \tag{1-95}$$

其中，$\nabla\cdot\nabla = \nabla^2 = \dfrac{\partial^2}{\partial x^2} + \dfrac{\partial^2}{\partial y^2} + \dfrac{\partial^2}{\partial z^2}$ 称为拉普拉斯算子。

冒号运算符
$$\boldsymbol{a}:\boldsymbol{b} = \sum_n\sum_m a_{nm}b_{mn} \text{。} \tag{1-96}$$

2．质量守恒方程（连续性方程）

在流场中，流体通过控制面 A_1 流入控制体，同时也会通过另一部分控制面 A_2 流出控制体，在这期间控制体内部的流体质量会发生变化。按照质量守恒定律，流入的质量与流出的质量之差，应该等于控制体内部流体质量的增量，由此可导出流体流动连续性方程。

$$\frac{\partial \rho}{\partial t} + \nabla \cdot (\rho \boldsymbol{u}) = 0 \tag{1-97}$$

其中，ρ 表示密度，$\boldsymbol{u}$ 表示速度矢量。

3．动量守恒方程（运动方程）

动量守恒是流体运动时应遵循的另一个普遍定律，描述为：在一给定的流体系统，其动量的时间变化率等于作用于其上的外力总和，其数学表达式即为动量守恒方程，也称为运动方程，或 N-S 方程，其表达式为

$$\rho \frac{\partial \boldsymbol{u}}{\partial t} + \rho (\boldsymbol{u} \cdot \nabla) \boldsymbol{u} = \nabla \cdot (-p\boldsymbol{I} + \boldsymbol{K}) + \boldsymbol{F} \tag{1-98}$$

其中，ρ 是压力，$\boldsymbol{I}$ 是单位矩阵，$\boldsymbol{K}$ 为黏性应力张量，$\boldsymbol{F}$ 是体积力矢量。

动量守恒方程在实际应用中有许多表达形式，需要根据实际计算情况来选择使用。

4．能量守恒方程

将热力学第一定律应用于流体运动，把流体相对运动方程中的各项用有关的流体物理量表示出来，即得到能量守恒方程。

$$\rho C_p \left[\frac{\partial T}{\partial t} + (\boldsymbol{u} \cdot \nabla) T \right] = -(\nabla \cdot \boldsymbol{q}) + \boldsymbol{K} : \boldsymbol{S} - \frac{T}{\rho} \frac{\partial \rho}{\partial T} \bigg|_p \left[\frac{\partial p}{\partial t} + (\boldsymbol{u} \cdot \nabla) p \right] + Q \tag{1-99}$$

其中，C_p 是恒压比热容；T 是绝对温度；$\boldsymbol{q}$ 是热通量矢量；Q 为热源；$\boldsymbol{S}$ 为应变率张量，$\boldsymbol{S} = \frac{1}{2} [\nabla u + (\nabla u)^{\mathrm{T}}]$；$\boldsymbol{K}$ 为黏性应力张量，$\boldsymbol{K} = 2\mu \boldsymbol{S} - \frac{2}{3} \mu (\nabla \cdot \boldsymbol{u}) \boldsymbol{I}$。同样，该式在实际应用中有许多表达形式，需要根据实际计算情况来选择使用。

1.3.2　湍流模型

湍流流动是自然界广泛存在的现象，其核心特征是其在物理上近乎于无穷多的尺度和数学上强烈的非线性，这使得人们无论是通过理论分析、实验研究还是计算机模拟来彻底认识湍流都非常困难，因此研究湍流机理，建立相应的模式，并进行适当的模拟仍是解决湍流问题的重要途径。COMSOL 提供的湍流模型包括 Spalart-Allmaras 模型、L-VEL 模型、代数 yPlus 模型、标准 k-ε 模型、可实现的（Realizable）k-ε 模型、低雷诺数 k-ε 模型、k-ω 模型、SST 模型、v^2-f 模型等。

选取湍流模型时，需要考虑的因素包括流体是否可压、针对特定问题的习惯解法、精度的要求、计算机的计算能力和时间的限制。COMSOL 还有壁面函数、自动壁面处理、湍流模型间自动切换等方式和方法帮助用户解决湍流求解问题。

1. Spalart-Allmaras 模型

Spalart-Allmaras 模型增加了一个额外的无衰减运动学涡流黏度变量。它是一个低雷诺数模型，可求解实体壁之内的整个流场。这个模型最初针对空气动力学应用而开发，优势在于相对稳

健，分辨率要求不高，内存需求小，具有良好的收敛性，不使用壁面函数使可精确计算力（升力与曳力）、流量（传热与传质）。该模型不能精确计算包含剪切流、分离流或衰减湍流的流场。

2. L-VEL 和代数 yPlus 模型

L-VEL 和代数 yPlus 湍流模型仅基于局部流速和与最近壁面的距离来计算湍流黏度，它们不求解附加变量。这两种模型的鲁棒性好，且计算强度低。虽然它们是精度较低的模型，但对内部流动却有很好的近似，尤其是在电子冷却应用中。

3. 标准 k-ε 模型

标准 k-ε 模型求解了两个变量：湍流动能 k 和湍流动能耗散率 ε。本模型使用了壁面函数，但壁附近的解不够精确。标准 k-ε 模型稳定，具有很好的收敛速率和相对较低的内存要求，在工业领域应用广泛。标准 k-ε 模型可以在壁附近使用较粗的网格，对于复杂几何形状外部流动问题的求解效果很好，如标准 k-ε 模型可用于求解钝体周围的气流。但它不能精确地计算流动或射流中的逆压梯度和强曲率的流场。标准 k-ε 模型的湍流动能 k 和耗散率 ε 的方程为

$$\rho \frac{\partial k}{\partial t} + \rho \boldsymbol{u} \cdot \nabla k = \nabla \cdot \left[\left(\mu + \frac{\mu_T}{\sigma_k} \right) \nabla k \right] + P_k - \rho \varepsilon \tag{1-100}$$

$$\rho \frac{\partial \varepsilon}{\partial t} + \rho \boldsymbol{u} \cdot \nabla \varepsilon = \nabla \cdot \left[\left(\mu + \frac{\mu_T}{\sigma_\varepsilon} \right) \nabla \varepsilon \right] + C_{\varepsilon 1} \frac{\varepsilon}{k} P_k - C_{\varepsilon 2} \rho \frac{\varepsilon^2}{k} \tag{1-i01}$$

其中，μ_T 为湍流黏度，$\mu_T = \rho C_\mu \dfrac{k^2}{\varepsilon}$；常数 $C_\mu = 0.09$，$C_{\varepsilon 1} = 1.44$，$C_{\varepsilon 2} = 1.92$，$\sigma_k = 1.0$，$\sigma_\varepsilon = 1.3$；P_k 为产生项，表达式如下：

$$P_k = \mu_T \left\{ \nabla \boldsymbol{u} : [\nabla \boldsymbol{u} + (\nabla \boldsymbol{u})^{\mathrm{T}}] - \frac{2}{3} (\nabla \cdot \boldsymbol{u})^2 \right\} - \frac{2}{3} \rho k \nabla \cdot \boldsymbol{u} \tag{1-102}$$

4. 可实现的 k-ε（Realizable）模型

可实现的 k-ε 模型与标准 k-ε 模型相比，有两个主要不同点：①可实现的 k-ε 模型为湍流黏性增加了一个公式。②可实现的 k-ε 模型为耗散率增加了新的传输方程。除强旋流过程无法精确预测外，其他流动都可以使用此模型来模拟，包括有旋均匀剪切流、自由流（射流和混合层）、腔道流动和边界层流动。

5. 低雷诺数 k-ε 模型

低雷诺数 k-ε 模型类似于标准 k-ε 模型，但没有使用壁面函数。它求解了每个位置的流动，是对标准 k-ε 模型的合理补充，拥有和后者一样的优势，但通常要求网格更加密集；它的低雷诺数属性不仅表现在壁面上，而是在各处都发挥作用，使湍流衰减。该模型有两种常用的方法：一种方法是首先使用标准 k-ε 模型计算出一个良好的初始条件，然后用它求解低雷诺数 k-ε 模型；另一种方法是使用自动壁面处理功能，先利用粗化的边界层网格来获取壁面函数，然后对所需壁面处的边界层进行细化，进而获得低雷诺数 k-ε 模型。

低雷诺数 k-ε 模型可以计算升力和曳力，而且热通量的建模精度远远大于标准 k-ε 模型。在许多情况下，它表现出了卓越的预测分离和黏附的能力。

6．k-ω 模型

k-ω 模型通过两个输运方程求解 k 与 ω。对于有界壁面和低雷诺数的可压缩性和剪切流动，该模型能取得较好的模拟效果，尤其适合处理圆柱绕流、放射状喷射、混合流动等问题，它包含转捩、自由剪切和压缩性选项。

7．SST 模型

SST 模型结合了自由流中的 k-ε 模型和近壁的 k-ω 模型。它是一个低雷诺数模型，在工业应用中是一个"万能"模型。在对分辨率的要求方面，该模型与 k-ω 模型和低雷诺数 k-ε 模型相似，但消除了 k-ω 模型和低雷诺数 k-ε 模型表现出的一些弱点。

8．v^2-f 模型

在接近壁面边界的地方，平行方向上的速度脉动通常会远远大于垂直于壁面的方向，速度脉动被认为是各向异性的。在远离壁面的地方，所有方向的脉动大小均相同，速度脉动变为各向同性。

除了使用两个分别描述湍流动能 k 和耗散率 ε 的方程，v^2-f 湍流模型使用了两个新方程来描述湍流边界层中湍流强度的各向异性：第一个方程描述了垂直于流线的湍流速度脉动的传递；第二个方程解释了非局部效应，例如由壁面引起的、垂直和平行方向之间的湍流动能的再分配阻尼。

9．大涡模拟

大涡模拟（Large Eddy Simulation，LES）用于解析较大的三维非定常湍流涡，而小涡流的影响则通过近似方法表示。这项技术与边界层网格划分一起使用时，可以精确描述瞬态流场以及边界上的精确通量和力。COMSOL 中提供的 LES 模型包括"基于残差的变分多尺度"（RBVM）、"基于残差的黏性变分多尺度"（RBVMWV）和 Smagorinsky 模块。

1.3.3　流动的初始条件和边界条件

在流体动力学计算中，初始条件和边界条件的正确设置是关键的一步。COMSOL 软件提供了流动的初始条件和边界条件。

1．初始条件

初始条件是计算初始给定的参数，即 $t = t_0$ 时给出各未知量的函数分布。初始条件需要根据实际情况来设置。当流体运动定常时，无初始条件问题。

2．边界条件

边界条件是流体力学方程组在求解域的边界上流体物理量应满足的条件。例如，流体

被固壁所限，流体就不应有穿过固壁的速度分量；在水面边界上，大气压强认为是常数（一般在距离不大的范围内可如此）；在流体与外界无热传导的边界上，流体与边界之间无温差等。虽然各种具体问题不同，但边界条件一般要保持恰当：①保持在物理上是正确的；②要在数学上不多不少，刚好能用来确定微分方程中的积分常数，而不是矛盾的或有随意性。

COMSOL 软件的常用流动分析的初始条件与边界条件设置详见 5.1 节。

1.4　多相流

多相流通常包括气-液、液-液、液-固、气-固、气-液-液、气-液-固、气-液-液-固混合物的流动，在机械、能源、动力、核能、石油、化工、冶金、制冷、运输、环境保护及航天技术等许多领域都有其踪迹。多相流的建模计算通常比较难，尤其是追踪流体与流体之间的交界面更难，这里简单介绍 COMSOL 中多相流的相关内容。

1.4.1　多相流模型的分类

在 COMSOL 中，多相流模型分为两大类：分离多相流模型与分散多相流模型。

在较小尺度上，我们可以对相边界的形状进行详细建模，并把这种模型称为分离多相流模型。分离多相流模型有清晰的相界面，对此我们一般用相场 ϕ 描述相界面，$\phi=1$ 是一相，而 $\phi=-1$ 是另一相。分离多相流模型主要用于气泡、液滴和颗粒流的模拟分析，这些相界的尺度量级与流场尺度相当，而且数量较少；也可用于微流体中的多相流、宏观流场中的单相流的自由液面。通常，我们使用表面追踪法来描述此类模型。

在较大尺度上，如果仍详细描述相边界，则模型方程无法求解。这时我们可以使用体积分数场描述不同的相，并把这种模型称为分散多相流模型。在分散多相流模型方程中，相间效应（例如表面张力、浮力和跨越相边界的传递）被视为源和汇。分散多相流模型的相界面不太清晰，为此我们用体积分数场 ϕ 描述相间的关系，其中 $0<\phi<1$。分散多相流模型主要用于气泡数量多而气泡体积小的气泡流，也可用于乳液和气溶胶的模拟，还可用于流场中有大量固体颗粒的情况以及宏观的多相流分析。

如图 1-20 所示，分离多相流模型详细描述了相边界，分散多相流模型则只考虑分散在连续相中的一个相的体积分数。在分离多相流模型中，不同相之间相互排斥，并存在一个清晰的相边界，在此边界上相场函数 ϕ 发生突变。除了追踪相边界的位置，相场函数没有任何物理意义。在分散多相流模型中，函数 ϕ 描述了气相（分散相）和液相（连续相）的局部平均体积分数。通过平均体积分数可以在该区域的任一点顺利地找到介于 0 和 1 之间的值，这预示着在其他均质域中是存在少量还是大量气泡。也就是说，在分散多相流模型中，可以在同一时间和空间点上定义气相和液相；而在分离多相流模型中，在给定的时间和空间点上，只能定义气相或液相。

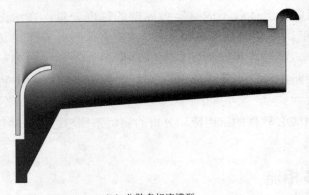

（a）分离多相流模型　　　　　　　　　（b）分散多相流模型

图 1-20　多相流模型

1.4.2　分离多相流模型

对于分离多相流模拟，COMSOL 软件提供了 3 种不同的界面追踪方法：相场法、水平集法与移动网格法。

相场法和水平集法都是基于场的方法，其中相之间的界面代表相场或水平集函数的等值面。与上述两种方法完全不同，移动网格法将相界面模拟为分隔两个域的几何表面，每个域对应不同的相。

基于场的问题通常是在固定的网格上解决，而移动网格问题要在移动的网格上解决。在相场法和水平集法中，有限元网格不必与两个相的边界一致，如图 1-21 所示的搅拌自由液面模拟。

对于移动网格，网格与相边界的形状保持一致，并且网格边缘与相边界重合，如图 1-22 所示的搅拌自由液面模拟，是在单相流中用移动网格模拟自由液面。但是，移动网格模型也有缺点，即目前无法处理拓扑变化（例如界面分离等），而相场法与水平集法不存在这个缺点，可以处理相边界形状的任何变化。

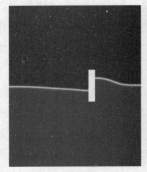

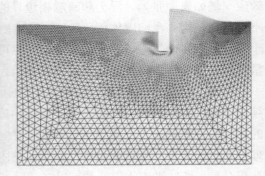

（a）相场法　　　　　　　（b）水平集法

图 1-21　相场法与水平集法　　　　　　　　　　图 1-22　移动网格法

1．相场法、水平集法和移动网格法的选择策略

对于给定的网格，移动网格法具有更高的精度。基于这一优势，我们可以直接在相边界

上施加力和通量。基于相场的方法需要围绕相边界表面建立密集网格，以解析该表面的等值面。由于很难定义一个精确贴合等值面的自适应网格，因此通常必须在等值面周围建立大量密集网格。在具有相同精度的情况下，与移动网格相比，这样做会降低基于场的方法的效率。

对于不希望发生拓扑变化的微流体系统，通常首选移动网格法；如果需要拓扑变化，则必须使用相场法。如果表面张力的影响较大，则首选相场法；如果可以忽略表面张力，则首选水平集法。

2. 分离多相流模型和湍流模型的结合使用

在湍流模型中，由于仅解析平均速度和压力，流体的细节会丢失。从这一点来看，表面张力效应在流体的宏观描述中也变得不那么重要。由于湍流表面的流动比较剧烈，几乎不可能避免拓扑变化，因此对于湍流模型和分离多相流模型的组合，最好使用水平集法。

在 COMSOL 软件中，所有湍流模型都可以与相场法和水平集法相结合来模拟两相流，例如将水平集法与 $k\text{-}\varepsilon$ 湍流模型相结合来模拟反应堆中水和空气的两相流，如图 1-23 所示。

图 1-23　反应堆中水和空气的两相流

1.4.3　分散多相流模型

如果多相流的相边界过于复杂而无法解析，则必须使用分散多相流模型。COMSOL 软件的 CFD 模块提供了 4 种不同的分散多相流模型（原理上）：①气泡流模型，适合高密度相中包含较小体积分数的低密度相；②混合物模型，适合连续相中包含较小体积分数的分散相（或几个分散相），其密度与一个或多个分散相相近；③欧拉-欧拉模型，适用于任何类型的多相流，可以处理气体中有密集颗粒的多相流，例如流化床；④欧拉-拉格朗日模型，适合包含相对较少（成千上万，而不是数十亿）的气泡、液滴或悬浮颗粒流体，也适合气泡、颗粒、液滴或使用方程模拟的颗粒，该方程假定流体中每个颗粒的力平衡。

1. 分散多相流模型的选择策略

（1）气泡流模型显然适用于液体中的气泡。由于忽略了分散相的动量贡献，因此该模型仅在分散相的密度比连续相小几个数量级时才有效。

（2）混合物模型与气泡流模型相似，但考虑了分散相的动量贡献，通常用于模拟分散在液相中的气泡或固体颗粒。混合物模型还可以处理任意数量的分散相。混合物模型和气泡流模型均假设分散相与连续相处于平衡状态，即分散相不能相对于连续相加速。因此，混合物模型无法处理分散在气体中的大固体颗粒。

当多相流混合物被迫通过孔口时，用混合物模型模拟了 5 种不同大小的气泡，流动中的剪切力导致较大的气泡破裂成较小的气泡，如图 1-24 所示。

（3）欧拉-欧拉模型是最精确的分散多相流模型，也是用途最多的分散多相流模型。该模型可以处理任何类型的分散多相流，允许分散相加速，对不同相的体积分数也没有限制，但是它为每个相定义了一组 Navier-Stokes 方程。

在实践中，欧拉-欧拉模型仅适用于两相流，并且其计算成本（CPU 时间和内存）较高。正因如此，该模型使用起来也相对困难，并且需要良好的初始条件才能在数值解中收敛。使用欧拉-欧拉多相流模型模拟流化床中固体颗粒的体积分数分布如图 1-25 所示。

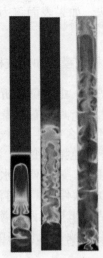

图 1-24　混合物模型　　　　　　图 1-25　欧拉-欧拉模型的模拟

（4）如果连续流体中悬浮有一些（成千上万，但不是数十亿）非常小的气泡、液滴或颗粒，则可以使用欧拉-拉格朗日模型模拟多相流系统。该方法的优点是计算成本相对较低。从数值的角度来看，这个方法通常也不错。因此，如果连续流体中分散相的颗粒数量相对较少，那么优选欧拉-拉格朗日模型，其模拟效果如图 1-26 所示。

图 1-26　欧拉-拉格朗日模型的模拟

还有一些方法可以使用欧拉-拉格朗日模型来模拟大量粒子，它们使用的相互作用项和体积分数可以模拟具有数十亿个粒子的系统。这些方法可以在 COMSOL 软件中实现，但在预定义的物理接口中无法实现，需要自定义或多模块组合来实现，如在 COMSOL 软件中用附加的

CFD 模块和粒子追踪模块可实现欧拉-拉格朗日多相流模型。

混合物模型能够处理任何相的组合，并且计算成本较低。在大多数情况下，我们可以使用此模型模拟。对于流化床（具有高密度和高体积分数的大颗粒分散相）之类的系统，只能使用欧拉-欧拉模型模拟。

2．分散多相流模型和湍流模型的结合使用

各种分散多相流模型本质上是近似的，并且也与近似的湍流模型非常吻合。可以在分散相和连续相之间以及在分散相中的气泡、液滴和颗粒之间引入相互作用。这些相互作用的起源可以是用湍流模型模拟的湍流。气泡流、混合物流和欧拉-拉格朗日多相流模型可以与 COMSOL 软件中的所有湍流模型结合使用。

1.4.4　水平集法

水平集法是 Osher 和 Sethian 于 1988 年提出的一种用于界面追踪的数值方法。在水平集法中，界面被看作零水平集的光滑函数。由于水平集函数的对流本身很光滑，因此可以代替界面处对流引起的物性陡变梯度。虽然水平集法不像其他某些方法拥有守恒属性，但它的优势在于能够轻易计算界面曲率。水平集法采用连续逼近方法，将表面张力和交界面局部曲率表示为体积力，这简化了在计算中捕捉由表面张力变化引起的拓扑结构变化过程。

在水平集法中，用水平集平滑函数来描述两相交界面。在连续相中水平集函数始终为正，在分散相中始终为负，而相间交界表面是由水平集函数为零的点构成，即

$$\begin{cases} \phi(x,y,t) > 0, & \text{连续相} \\ \phi(x,y,t) = 0, & \text{交界面} \\ \phi(x,y,t) < 0, & \text{分散相} \end{cases} \tag{1-103}$$

从上面的描述可知，交界面上的单位法线由分散相指向连续相，交界面的曲率可以用水平集函数表示为

$$\boldsymbol{n} = \frac{\nabla \phi}{|\nabla \phi|} \tag{1-104}$$

$$\kappa = \nabla \cdot \frac{\nabla \phi}{|\nabla \phi|} \tag{1-105}$$

交界面的运动可以通过水平集函数的对流来捕获：

$$\frac{\partial \phi}{\partial t} + \boldsymbol{u} \cdot \nabla \phi = 0 \tag{1-106}$$

流速和压力的控制方程可以用不可压缩 N-S 方程表示：

$$\rho \frac{\partial \boldsymbol{u}}{\partial t} + \nabla \cdot \mu [\nabla \boldsymbol{u} + (\nabla \boldsymbol{u})^{\mathrm{T}}] + \rho(\boldsymbol{u} \cdot \nabla)\boldsymbol{u} + \nabla p = \boldsymbol{F} \tag{1-107}$$

$$\nabla \cdot \boldsymbol{u} = 0 \tag{1-108}$$

其中，$\boldsymbol{F}$ 是体积力，包括重力和由于对交界面应力进行水平集处理引入的表面张力项。$\boldsymbol{F}$ 的两个分量可以表示为

$$F_x = \sigma\kappa\frac{\partial\phi}{\partial x}\delta(\phi) \tag{1-109}$$

$$F_y = \sigma\kappa\frac{\partial\phi}{\partial y}\delta(\phi) + \rho g \tag{1-110}$$

其中，σ 为张力系数，κ 为界面曲率，$\delta(\phi)$ 函数用来处理交界面处的表面张力项，可以有很多个液-液交界面来标定分散相。描述物性急剧变化的 Heaviside 函数可以用水平集函数表示为

$$\begin{cases} H(\phi) = 0, & \phi < 0 \\ H(\phi) = 1/2, & \phi = 0 \\ H(\phi) = 1, & \phi > 0 \end{cases} \tag{1-111}$$

计算区域流体的密度与黏度可以表示为

$$\rho = \rho_1 + (\rho_2 - \rho_1)H(\phi) \tag{1-112}$$

$$\mu = \mu_1 + (\mu_2 - \mu_1)H(\phi) \tag{1-113}$$

其中，ρ_1 为第一相的密度，ρ_2 为第二相的密度，μ_1 为第一相的黏度，μ_2 为第二相的黏度。

在 COMSOL 软件微流动的不混溶的两相流模拟中，水平集描述的两相流界面输运满足如下方程

$$\frac{\partial\phi}{\partial t} + \boldsymbol{u}\cdot\nabla\phi + \gamma\nabla\cdot\left[\phi(1-\phi)\frac{\nabla\phi}{|\nabla\phi|} - \varepsilon\nabla\phi\right] = 0 \tag{1-114}$$

其中，第三项为保持数值稳定性所需的项；ε 为界面厚度控制参数，大多数情况下使用默认值 $h_{max}/2$，h_{max} 为流域典型网格大小；γ 为水平集函数重新初始化或稳定性的参数，通常情况下是采用流体流动的最大速度。γ 太小可能会使相界面厚度不再保持恒定，也可能会由于数值不稳定性引起 ϕ 的振荡，而太大会导致相界面的移动不正确。

1.4.5　相场法

相场法是基于 Cahn-Hilliard 和 Ginzburg-Landau 方程的改进数值方法，其相场变量 ϕ 由 Cahn-Hilliard 扩散方程决定，可以用以下两个二阶偏微分方程表示。

$$\frac{\partial\phi}{\partial t} + \boldsymbol{u}\cdot\nabla\phi = \nabla\cdot\frac{\gamma\lambda}{\varepsilon^2}\nabla\psi \tag{1-115}$$

$$\psi = \nabla\cdot\varepsilon^2\nabla\phi + (\phi^2 - 1)\phi + \frac{\varepsilon^2}{\lambda}\frac{\partial f_{ext}}{\partial\phi} \tag{1-116}$$

其中，ϕ 为相场变量，取值为 $(-1, 1)$；λ 为混合能密度；ε 为界面厚度控制参数，用于评价相界面的厚度，λ 与 ε 两个参数与表面张力系数相关，有 $\sigma = \dfrac{2\sqrt{2}}{3}\dfrac{\lambda}{\varepsilon}$；$\gamma$ 为迁移率，γ 足够大时，可使界面厚度保持恒定，γ 足够小时，将使得对流项不会被过分抑制，$\gamma = \chi\varepsilon^2$；$\chi$ 为迁移调节参数；ψ 为相场助变量；f_{ext} 为外部自由能（多数情况下为 0）。

相场法求解时，主场方程中流体属性的控制方程为

$$V_f = \min\{\max[(1+\phi)/2, 0], 1\} \tag{1-117}$$

$$\rho = \rho_1 + (\rho_2 - \rho_1)V_f \tag{1-118}$$

$$\mu = \mu_1 + (\mu_2 - \mu_1)V_f \tag{1-119}$$

相场法中的参数设置：迁移调节参数 $\chi(\mathrm{m \cdot s/kg})$ 的默认值为 1，对于大多数模型来说是一个不错的初始值；界面厚度控制参数 ε 大多数情况下使用默认的 $h_{\max}/2$，$h_{\max}$ 为流域典型网格大小。

1.4.6　混合物模型

混合物模型是一种宏观两相流模型，在许多方面类似于气泡流模型。该模型跟踪平均相浓度或体积分数，并求解混合物速度的单个动量方程，适用于由浸没在液体中的固体颗粒或液滴组成的混合物。

在混合物模型中，颗粒与流体组合被视为具有宏观特性（如密度与黏度）的单个连续流动体，一般是由分散相与连续相组成的两相流。例如，连续相为液体，分散相为固体颗粒、液滴或气泡。然而对于液体中的气泡，气泡流模型更合适些。混合物模型依赖于以下假设：①每相的密度是近似常数；②两相共享相同的压力场；③颗粒的松弛时间少于宏观流动的时间尺度。

混合物模型可以求解连续性方程、动量方程、分散相体积分数输运方程、质量传输方程、湍流方程、滑移速度方程等，这里简单介绍一下前面 3 个方程，其他的请查阅参考文献[16]。

1. 混合物模型的连续性方程

混合物模型的连续性方程为

$$\frac{\partial \rho}{\partial t} + \nabla \cdot (\rho \boldsymbol{u}) = 0 \tag{1-120}$$

其中，ρ 是混合密度，计算式为

$$\rho = \phi_c \rho_c + \phi_d \rho_d \tag{1-121}$$

$\boldsymbol{u}$ 是混合速度，计算式为

$$\boldsymbol{u} = \frac{\phi_c \rho_c \boldsymbol{u}_c + \phi_d \rho_d \boldsymbol{u}_d}{\rho} \tag{1-122}$$

其中，ϕ_c、ϕ_d 分别是连续相、分散相的体积分数；ρ_c、ρ_d 分别是连续相、分散相的密度；$\boldsymbol{u}_c$、$\boldsymbol{u}_d$ 分别是连续相、分散相的速度。

2. 混合物模型的动量方程

混合物模型的动量方程可以通过对所有相各自的动量方程求和来获得，可表示为

$$\frac{\partial}{\partial t}(\rho \boldsymbol{u}) + \rho(\boldsymbol{u} \cdot \nabla)\boldsymbol{u} + \rho_c \varepsilon (\boldsymbol{v}_{\mathrm{slip}} \cdot \nabla)\boldsymbol{u} = -\nabla p + \nabla \cdot \boldsymbol{\tau}_{\mathrm{Gm}} + \rho \boldsymbol{g} + \boldsymbol{F}$$

$$+ \nabla \cdot [\rho_c(1 + \phi_c \varepsilon)\boldsymbol{u}_{\mathrm{slip}} \boldsymbol{v}_{\mathrm{slip}}^{\mathrm{T}}] - \rho_c \varepsilon \left\{ (\boldsymbol{u} \cdot \nabla)\boldsymbol{v}_{\mathrm{slip}} + [\nabla \cdot (D_{\mathrm{md}}\nabla \phi_d)]\boldsymbol{v} + m_{\mathrm{dc}}\left(\frac{1}{\rho_c} - \frac{1}{\rho_d}\right)\boldsymbol{v}_{\mathrm{slip}} \right\} \tag{1-123}$$

其中，u 为速度矢量；p 为压力；ε 为减少的密度差，$\varepsilon = \dfrac{\rho_{\mathrm{d}} - \rho_{\mathrm{c}}}{\rho_{\mathrm{c}}}$；$u_{\mathrm{slip}}$ 为两相的滑移速度矢量；v_{slip} 为滑移通量，$v_{\mathrm{slip}} = \phi_{\mathrm{d}} \phi_{\mathrm{c}} u_{\mathrm{slip}}$；$\tau_{\mathrm{Gm}}$ 为黏性与湍流应力之和；D_{md} 为湍流耗散系数；m_{dc} 为分散相到连续相的质量传输率；F 为任意外部体积力。

3．分散相体积分数输运方程

分散相体积分数输运方程为

$$\frac{\partial}{\partial t}(\phi_{\mathrm{d}} \rho_{\mathrm{d}}) + \nabla \cdot (\phi_{\mathrm{d}} \rho_{\mathrm{d}} u_{\mathrm{d}}) = \nabla \cdot (\rho_{\mathrm{d}} D_{\mathrm{md}} \nabla \phi_{\mathrm{d}}) - m_{\mathrm{dc}} \tag{1-124}$$

1.4.7　欧拉-欧拉模型

欧拉-欧拉模型界面基于在体积上平均每个当前相的 Navier-Stokes 方程，该体积与计算区域相比较小，但与分散相（颗粒、液滴或气泡）相比较大。

欧拉-欧拉模型包含连续性方程、动量方程、黏度方程、相间动量输送方程、固体压力方程等，这里简单介绍其中的一些方程，详细内容请查阅参考文献[16]。

1．连续性方程

欧拉-欧拉连续性方程适用于连续相与分散相：

$$\frac{\partial}{\partial t}(\phi_{\mathrm{c}} \rho_{\mathrm{c}}) + \nabla \cdot (\phi_{\mathrm{c}} \rho_{\mathrm{c}} u_{\mathrm{c}}) = m_{\mathrm{dc}} \tag{1-125}$$

$$\frac{\partial}{\partial t}(\phi_{\mathrm{d}} \rho_{\mathrm{d}}) + \nabla \cdot (\phi_{\mathrm{d}} \rho_{\mathrm{d}} u_{\mathrm{d}}) = -m_{\mathrm{dc}} \tag{1-126}$$

其中，ϕ 是相体积分数，$\phi_{\mathrm{c}} + \phi_{\mathrm{d}} = 1$，$\rho$ 表示密度，u 为速度，各项中的下标 c 和 d 分别表示连续相与分散相；m_{dc} 为分散相到连续相的质量传输率。

2．动量方程

连续相和分散相的动量方程使用非保守形式，即

$$\phi_{\mathrm{c}} \rho_{\mathrm{c}} \left[\frac{\partial u_{\mathrm{c}}}{\partial t} + (\nabla \cdot u_{\mathrm{c}}) u_{\mathrm{c}} \right] = -\phi_{\mathrm{c}} \nabla p + \phi_{\mathrm{c}} \nabla \cdot \tau_{\mathrm{c}} + \phi_{\mathrm{c}} \rho_{\mathrm{c}} g + F_{\mathrm{m,c}} + \phi_{\mathrm{c}} F_{\mathrm{c}} + m_{\mathrm{dc}} (u_{\mathrm{int}} - u_{\mathrm{c}}) \tag{1-127}$$

$$\phi_{\mathrm{d}} \rho_{\mathrm{d}} \left[\frac{\partial u_{\mathrm{d}}}{\partial t} + (\nabla \cdot u_{\mathrm{d}}) u_{\mathrm{d}} \right] = -\phi_{\mathrm{d}} \nabla p + \phi_{\mathrm{d}} \nabla \cdot \tau_{\mathrm{d}} + \phi_{\mathrm{d}} \rho_{\mathrm{d}} g + F_{\mathrm{m,d}} + \phi_{\mathrm{d}} F_{\mathrm{d}} - m_{\mathrm{dc}} (u_{\mathrm{int}} - u_{\mathrm{d}}) \tag{1-128}$$

假设上述方程中的流体相为牛顿流体，黏性应力张量定义为

$$\tau_{\mathrm{c}} = \mu_{\mathrm{c}}^{\mathrm{m}} \left[\nabla u_{\mathrm{c}} + (\nabla u_{\mathrm{c}})^{\mathrm{T}} - \frac{2}{3} (\nabla \cdot u_{\mathrm{c}}) I \right] \tag{1-129}$$

$$\tau_{\mathrm{d}} = \mu_{\mathrm{d}}^{\mathrm{m}} \left[\nabla u_{\mathrm{d}} + (\nabla u_{\mathrm{d}})^{\mathrm{T}} - \frac{2}{3} (\nabla \cdot u_{\mathrm{d}}) I \right] \tag{1-130}$$

其中，p 是混合流体压力，τ 是每相的黏性应力张量，g 为重力加速度，F_{m} 为相间动量

传递项（一相被其他相施加的体积力），F 是任何其他体积力，u_{int} 是相间速度，μ^m 为动力黏度，各项中的下标 c 和 d 分别表示连续相与分散相。

3．黏度方程

欧拉-欧拉模型中使用混合物黏度的表达式，两个互穿相的动力黏度默认值为

$$\mu_c^m = \mu_d^m = \mu_{mix} \tag{1-131}$$

简单的混合物黏度（能覆盖整个颗粒浓度范围）方程可以用 Krieger 方程表示为

$$\mu_{mix} = \mu_c \left(1 - \frac{\phi_d}{\phi_{d,max}}\right)^{-2.5\phi_{d,max}} \tag{1-132}$$

其中，$\phi_{d,max}$ 为最大填充限制，对于固体颗粒，其默认值为 0.62。

1.4.8　气泡流模型

双流体欧拉-欧拉模型是两相流体流动的一般宏观模型，它将两相视为互穿介质，跟踪相的平均浓度。其中的速度场与每个相场相关联，动量方程和连续性方程描述每个相的动力学过程。气泡流模型是双流体模型的简化，它依赖于以下假设：①与液体密度相比，气体密度可以忽略不计；②气泡相对于液体的运动由黏性阻力和压力之间的平衡决定；③两个阶段共享相同的压力场。

基于这些假设，列出两相流的动量方程和连续性方程，结合气相输运方程，就可以跟踪气泡的体积分数。

1．动量方程

$$\phi_l\rho_l\left[\frac{\partial u_l}{\partial t} + (\nabla \cdot u_l)u_l\right] = -\nabla p + \nabla \cdot \{\phi_l(\mu_l + \mu_T)\left[\nabla u_l + (\nabla u_l)^T\right.$$
$$\left. - \frac{2}{3}(\nabla \cdot u_l)I]\} + \phi_l\rho_l g + F \tag{1-133}$$

2．连续方程

$$\frac{\partial}{\partial t}(\phi_l\rho_l + \phi_g\rho_g) + \nabla \cdot (\phi_l\rho_l u_l + \phi_g\rho_g u_g) = 0 \tag{1-134}$$

上面的方程中，ϕ 是相体积分数，ρ 表示密度，u 为速度，p 是压力，τ 是每相的黏性应力张量，g 为重力加速度，F 是任何额外体积力，μ_l 是液体的动力黏度，μ_T 为湍流黏度，各项中的下标 l 和 g 分别表示液相和气相。

3．气相输运方程

$$\frac{\partial \phi_g\rho_g}{\partial t} + \nabla \cdot (\phi_g\rho_g u_g) = -m_{gl} \tag{1-135}$$

其中，m_{gl} 为质气体到液体的质量传输。

在实际应用时，上述模型可能根据实际情况进行变化，限于篇幅，这里不一一说明，详

细内容请查阅参考文献[16]。

1.4.9　移动网格模型

对于层流两相流，当关注界面的精确位置时，移动网格模型可用于模拟两种不同的不混溶流体的流动。界面位置由移动网格跟踪，边界条件考虑了表面张力和润湿以及界面上的质量传输。两相流移动网格界面是单相流界面和移动网格界面之间的预定义物理界面耦合。在对应于各个相的区域内，流体流动使用 Navier-Stokes 方程求解。

我们通过流体流动域内的网格变形，来说明两种流体之间的界面。软件会扰动网格结点，使其与移动界面以及模型中的其他移动或静止边界一致。边界位移在整个区域中传播，以获得平滑的网格变形。这是通过求解网格位移方程（拉普拉斯方程、温斯洛方程或超弹性平滑方程）实现的。通常情况下，在"移动边界平滑"选项中根据式（1-136）平滑法向网格速度。

$$\frac{\partial \boldsymbol{X}}{\partial t} \cdot \boldsymbol{n} = v_0 + v_{\mathrm{mbs}} \tag{1-136}$$

其中，$\boldsymbol{X}$ 为 x 坐标变化量，$\boldsymbol{n}$ 为单位矢量，v_0 为理想的法向网格速度，v_{mbs} 是平滑速度，$v_{\mathrm{mbs}} = \delta_{\mathrm{mbs}} \, |v_0| \, hH$，$\delta_{\mathrm{mbs}}$ 是移动边界平滑调整参数（无量纲），h 是网格尺寸（单位：m），H 是平均表面曲率（单位：1/m）。

以二维为例，变形网格中的一个位置坐标（x, y）可以与其在原始未变形网格中的坐标（X, Y）相关，写成函数形式为

$$\begin{cases} x = x(X, Y, t) \\ y = y(X, Y, t) \end{cases} \tag{1-137}$$

原始未变形的网格称为材料框架（或参考框架），而变形网格称为空间框架。COMSOL 还定义了几何体和网格框架，这些框架与该物理界面的材料框架一致。流体流动方程（以及其他耦合方程，如电场或化学物质传输方程）在网格被扰动的空间框架中求解。因此，在这些界面中考虑了相边界的移动。

用网格位移和流体流动的特定边界条件跟踪两相之间的界面。有两个选项可用：自由表面和流体-流体界面。当外部流体的黏度与内部流体的黏度相比可以忽略时，自由表面边界条件是合适的。在这种情况下，外部流体的压力是建模流体所需的唯一参数，并且在外部流体中不求解流动。对于流体-流体界面，对两个相的流动进行求解。

1. 流体-流体界面

两种不混溶流体（流体 1 和流体 2）界面处的边界条件为

$$\boldsymbol{u}_1 = \boldsymbol{u}_2 + \left(\frac{1}{\rho_1} - \frac{1}{\rho_2} \right) M_{\mathrm{f}} \boldsymbol{n}_i \tag{1-138}$$

$$\boldsymbol{n}_i \cdot \boldsymbol{\tau}_2 = \boldsymbol{n}_i \cdot \boldsymbol{\tau}_1 + \boldsymbol{f}_{\mathrm{st}} \tag{1-139}$$

$$\boldsymbol{u}_{\mathrm{mesh}} = \left(\boldsymbol{u}_1 \cdot \boldsymbol{n}_i - \frac{M_{\mathrm{f}}}{\rho_1} \right) \boldsymbol{n}_i \tag{1-140}$$

其中，u_1 和 u_2 分别是流体 1 和流体 2 的速度，u_{mesh} 是两流体间界面网格速度，n_i 为界面法向（见图 1-27），τ_1 和 τ_2 分别为区域 1 与区域 2 的总应力张量，f_{st} 为由界面张力引起的单位面积力，$f_{\text{st}} = \sigma(\nabla_s \cdot n_i)n_i - \nabla_s\sigma$，$\nabla_s$ 是表面梯度算子，M_f 是穿过界面的质量通量。

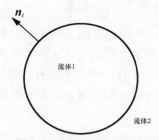

图 1-27　流体 1 与流体 2 界面法向的定义

式（1-139）的切向分量在边界处的流体之间施加无滑移条件。在没有穿过边界的传质的情况下，式（1-138）和式（1-140）确保垂直于边界的流体速度等于界面的速度。当发生传质时，这些方程是质量守恒的结果，在边界静止的框架中很容易导出。

总应力张量的分量 τ_{uv} 表示垂直于 v 方向的每单位面积力的第 u 分量。因此，$n \cdot \tau = n_v \cdot \tau_{uv}$（使用求和约定）被解释为作用在边界上的每单位面积的力，通常这不是边界的法线。因此，式（1-139）表示了两种流体之间界面上的力平衡。

2. 自由表面

通常情况下，流体 1 的黏度显著大于流体 2 的黏度（例如对于气液界面）。在这种情况下，流体 2 的总应力中的黏度项可以忽略，式（1-139）变为

$$n_i \cdot \tau_1 = -p_{\text{ext}}n_i + f_{\text{st}} \tag{1-141}$$

外部流体（流体 2）仅通过压力项进入方程系统，并且系统可以用仅由流体 1 组成的域表示，该域在流体 2 的域中具有外部压力 p_{ext} 的表达式（或恒定值）。

1.5　其他物理场分析模型

1.5.1　传热模型

传热一般包括传导、对流、辐射 3 种方式，相应地有 3 种传热问题。固体的传热方程为

$$\rho C_p\left(\frac{\partial T}{\partial t} + u_{\text{trans}} \cdot \nabla T\right) + \nabla \cdot (q + q_r) = -\alpha T : \frac{\mathrm{d}S}{\mathrm{d}t} + Q \tag{1-142}$$

其中，C_p 是恒定应力下的比热容，ρ 表示密度，u_{trans} 为平移运动速度，T 是绝对温度，q 是传导热通量，q_r 为辐射热通量，α 是热膨胀系数，S 是第二 Piola-Kirchhoff 应力张量，Q 为额外的热源。

流体的传热方程为

$$\rho C_p\left(\frac{\partial T}{\partial t} + u \cdot \nabla T\right) + \nabla \cdot (q + q_r) = -\alpha_p T\left(\frac{\partial p}{\partial t} + u \cdot \nabla p\right) + \tau : \nabla u + Q \tag{1-143}$$

其中，τ 是黏性应力张量，u 是流体的速度，C_p 是恒定应力下的比热容，ρ 表示密度，

T 是绝对温度，q 是传导热通量，q_r 为辐射热通量，α_p 是热膨胀系数，$\alpha_p = -\dfrac{1}{\rho}\dfrac{\partial \rho}{\partial T}$，$p$ 是压力，

Q 为黏性耗散以外的热源。

1.5.2　电磁场

宏观层面上的电磁分析问题是在一定边界条件下求解麦克斯韦（Maxwell）方程组。麦克斯韦方程组描述了基本电磁量之间的关系，其中的主要物理量为电场强度 E、电位移或电通量密度 D、磁场强度 H、磁通密度 B、电流密度 J、电荷密度 ρ。麦克斯韦方程可以用微分形式或积分形式表示，采用微分形式便于有限元法处理。对于一般时变场，麦克斯韦方程可以写成：

$$\nabla \times H = J + \frac{\partial D}{\partial t} \tag{1-144}$$

$$\nabla \times E = -\frac{\partial B}{\partial t} \tag{1-145}$$

$$\nabla \cdot D = \rho \tag{1-146}$$

$$\nabla \cdot B = 0 \tag{1-147}$$

上述方程的前两个分别称为麦克斯韦-安培定律和法拉第定律。第三个方程和第四个方程分别是高斯定律的两种形式：电形式和磁形式。

另一个基本方程是连续性方程，如下所示。

$$\nabla \cdot J = -\frac{\partial \rho}{\partial t} \tag{1-148}$$

上述 5 个方程中，只有 3 个是独立的。前两个方程与高斯定律的电形式或连续性方程结合可以形成一个封闭的系统。

1．本构关系

为了获得封闭系统，需要包括描述介质宏观性质的本构关系，如下所示。

$$\begin{cases} D = \varepsilon_0 E + P \\ B = \mu_0 (H + M) \\ J = \sigma E \end{cases} \tag{1-149}$$

其中，ε_0 为真空介电常数，μ_0 为真空磁导率，σ 为电导率，P 为极化强度，M 为磁化强度。在国际单位制中，真空磁导率与无量纲精细结构常数成正比，其值为 $4\pi \times 10^{-7}\,\text{H/m}$。真空中电磁波的速度为 c_0，c_0 约为 $3 \times 10^8\,\text{m/s}$，真空介电常数 $\varepsilon_0 = 1/(\mu_0 c_0^2)$，约为 $\frac{1}{36\pi} \times 10^{-9}\,\text{F/m}$。

2．电势与磁势

在某些情况下，用标量电势 V 和矢量磁势 A 来描述问题有利于数值求解，表达式如下。其中矢量磁势的定义方程由磁形式的高斯定律直接给出，电势由法拉第定律产生。

$$\begin{cases} B = \nabla \times A \\ E = -\nabla V - \frac{\partial A}{\partial t} \end{cases} \tag{1-150}$$

3．电磁场偏微分方程

将式（1-149）应用到安培环路定律和电形式的高斯定律中，经推导，分别得到以下磁场偏微分方程和电场偏微分方程。

$$\nabla^2 A - \mu_0 \varepsilon_0 \frac{\partial^2 A}{\partial t^2} = -\mu_0 J \qquad (1\text{-}151)$$

$$\nabla^2 V - \mu_0 \varepsilon_0 \frac{\partial^2 V}{\partial t^2} = -\frac{\rho}{\varepsilon_0} \qquad (1\text{-}152)$$

4．边界条件

要全面描述电磁问题，必须在材料界面和物理界面处指定边界条件。在两种介质之间的界面处，边界条件可以表示为

$$\begin{cases} n_2 \times (E_1 - E_2) = 0 \\ n_2 \cdot (D_1 - D_2) = \rho_s \\ n_2 \times (H_1 - H_2) = J_s \\ n_2 \cdot (B_1 - B_2) = 0 \end{cases} \qquad (1\text{-}153)$$

其中，ρ_s 和 J_s 分别表示表面电荷密度和表面电流密度，n_2 是介质 2 的外法线。这些条件中只有两个是独立的，这是一个超定方程组，因此需要简化。先选择方程一或方程四，然后选择方程二或方程三，这些选择一起形成一组独立的条件。根据这些关系，我们可导出电流密度的界面条件：

$$n_2 \cdot (J_1 - J_2) = -\frac{\partial \rho_s}{\partial t} \qquad (1\text{-}154)$$

5．相量

时谐场量与其相量之间的关系为

$$E(r,t) = \text{Re}[\dot{E}(r)e^{j\omega t}] \qquad (1\text{-}155)$$

其中，$\dot{E}(r)$ 是一个相量，它包含场的振幅和相位信息，但与 t 无关。

6．电磁力

电磁力公式可以表示为

$$F = J \times B \qquad (1\text{-}156)$$

7．全波电磁场

通过有限元法，我们可以求解全波形式的麦克斯韦方程。假设角频率已知，为 $\omega = 2\pi f$，电磁场随时间呈正弦变化，且材料的所有属性相对于场强呈线性变化，则三维麦克斯韦控制方程可简化为

$$\nabla \times (\mu_r^{-1} \nabla \times E) - k_0^2 \left(\varepsilon_r - \frac{j\sigma}{\omega \varepsilon_0} \right) E = 0 \qquad (1\text{-}157)$$

其中，k_0 表示波数，μ_r 表示相对磁导率，ε_r 表示相对介电常数，σ 表示电导率。已知真空中光速为 c_0，则可在整个模拟域内对电场 $E=E(x, y, z)$ 求解上述方程，其中 E 为矢量，可用其分量表示为 $E = (E_x, E_y, E_z)$。其他诸如磁场强度、功率、电流等物理量都可从电场推导出。

8．波束包络法

在使用"电磁波，波束包络"接口时，我们可以从"电磁波，波束包络"设置窗口中查看该接口的控制方程：

$$(\nabla - \mathrm{i}\nabla\varphi_1) \times \mu_r^{-1}[(\nabla - \mathrm{i}\nabla\varphi_1) \times \boldsymbol{E}_1] - k_0^2\left(\varepsilon_r - \frac{\mathrm{j}\sigma}{\omega\varepsilon_0}\right)\boldsymbol{E}_1 = 0 \qquad (1\text{-}158)$$

其中，$\boldsymbol{E}_1$ 是包络函数，为求解的因变量。

在场的相量表示中，$\boldsymbol{E}_1$ 对应于振幅，φ_1 代表相，即

$$\boldsymbol{E}(\boldsymbol{r}) = \boldsymbol{E}_1(\boldsymbol{r})\mathrm{e}^{-\mathrm{i}\varphi_1} \qquad (1\text{-}159)$$

式（1-158）为波束包络接口的控制方程，可以通过将式（1-159）代入亥姆霍兹方程（电磁波方程，$(\nabla^2 + k^2)\boldsymbol{A} = 0$，$k$ 为波数，$\boldsymbol{A}$ 为振幅）中导出。假设 φ_1 已知，$\boldsymbol{E}_1$ 是唯一未知量，这样就可以求解 $\boldsymbol{E}_1$，因此，在使用此方法时，需要提前知道波矢或相函数。

9．光波传输

光波也是电磁波谱的一种，在使用"几何光学"接口时，可以从"几何光学"设置窗口中查看该接口的内置方程：

$$\begin{aligned} \frac{\partial q}{\partial t} &= \frac{\partial w}{\partial k} \\ \frac{\partial k}{\partial t} &= \frac{\partial w}{\partial q} \end{aligned} \qquad (1\text{-}160)$$

其中，q 为光线位置，k 为波矢。

电磁场分析理论涉及电磁学的较多知识，上述仅简单介绍电磁学的基础知识，详细内容可查阅参考文献[8]。

1.5.3　多孔介质

多孔材料由固体结构（多孔基质）和填充有液体或气体的孔隙（空洞）组成。多孔材料有各种尺寸和广泛的应用——从纳米材料到多孔反应器，从电子元件的冷却到大规模的岩土工程应用。它们的共同点是，材料的总尺寸远大于平均孔径，因此必须使用宏观方法建立模型。

1．基本参数

通常用孔隙率和渗透率两个参数表征多孔材料。孔隙率 ε_P 描述了孔隙或空洞体积与总体积之比，$\varepsilon_P = \dfrac{V_V}{V_{tot}}$。渗透率 κ 表征了流体通过多孔材料的能力。

描述多孔材料中液体流动的基本定律是达西定律。它描述了速度场 $\boldsymbol{u}$（m/s）和压力梯度 p（Pa）之间的线性关系，此式仅用于速度很低（$Re < 10$）的情况。

$$\boldsymbol{u} = -\frac{\kappa}{\mu}\nabla p \qquad (1\text{-}161)$$

在流速相对较快（$Re>10$）或克努森数相对较高（$Kn>0.1$）的情况下，达西定律不再有效。因此，引入了不同的渗透率模型来捕捉这些影响。

压力梯度与速度的非线性关系的一般形式可以写成：

$$-\nabla p = \frac{\mu}{\kappa}\boldsymbol{u} + \beta\rho\,|\,u\,|\,\boldsymbol{u} \tag{1-162}$$

其中，β是取决于多孔介质特性的常数。

通过填充床的流态可由床的雷诺数确定。通常情况下，对于雷诺数 $Re<10$ 的情况，可以用科泽尼-卡曼方程（达西流）来描述流动，$\kappa = \dfrac{d_{\mathrm{P}}^2}{180}\dfrac{\varepsilon_{\mathrm{P}}^3}{(1-\varepsilon_{\mathrm{P}})^2}$，$d_{\mathrm{P}}$ 为颗粒平均直径。对于 $10<Re<1000$（有时称为过渡区）的情况，流动由埃尔根方程更好地描述，$\kappa = \dfrac{d_{\mathrm{P}}^2}{150}\dfrac{\varepsilon_{\mathrm{P}}^3}{(1-\varepsilon_{\mathrm{P}})^2}$。对于 $Re>1000$ 的情况，埃尔根方程可由湍流的伯克-普卢默方程近似，$\dfrac{\nabla p}{L} = \dfrac{1.75}{d_{\mathrm{P}}}\dfrac{(1-\varepsilon_{\mathrm{P}})}{\varepsilon_{\mathrm{P}}^3}\rho v^2$，$L$ 为填充床的长度。

2．质量守恒

$$\frac{\partial \varepsilon_{\mathrm{P}}\rho}{\partial t} + \nabla\cdot(\rho\boldsymbol{u}) = Q_{\mathrm{m}} \tag{1-163}$$

其中，Q_{m} 是多孔介质每单位体积的质量源（不是每单位孔隙体积）。

3．动量守恒

$$\frac{\rho}{\varepsilon_{\mathrm{P}}}\left[\frac{\partial\boldsymbol{u}}{\partial t} + \frac{1}{\varepsilon_{\mathrm{P}}}(\boldsymbol{u}\cdot\nabla)\boldsymbol{u}\right] = \nabla\cdot[-p\boldsymbol{I}+\boldsymbol{K}] + \left(\mu\kappa^{-1} + \beta\rho\,|\,\boldsymbol{u}\,| - \frac{Q_{\mathrm{m}}}{\varepsilon_{\mathrm{P}}^2}\right)\boldsymbol{u} \tag{1-164}$$

其中，$\boldsymbol{K}$ 是黏性应力张量。

1.5.4 声学

标准声学问题涉及求解固定背景压力 P_0 之上的小声压变化 P。从数学角度来讲，这代表了围绕固定静态值的线性化（小参数扩展）。

通过对动量方程（欧拉方程）和连续性方程的变换，可以得到无损介质中声波的波动方程。

$$\frac{1}{\rho c^2}\frac{\partial^2 p}{\partial t^2} + \nabla\cdot\left[-\frac{1}{\rho}(\nabla p + q_{\mathrm{d}})\right] = Q_{\mathrm{m}} \tag{1-165}$$

其中，ρc^2 是体积模量，ρ 表示密度，p 是压力，q_{d} 为偶极子声源，Q_{m} 为单极子声源。

1.5.5 化学工程

这里用简短的实例说明反应工程和化学程序中如何处理物质平衡方程中的平衡反应。对于组分 A 与 B 的如下反应：

$$A \underset{k_{\mathrm{r}}}{\overset{k_{\mathrm{f}}}{\rightleftharpoons}} B \tag{1-166}$$

组分 A 到 B 的反应率为

$$r = k_f c_A - k_r c_B \tag{1-167}$$

其中，c_A 和 c_B 分别是 A 和 B 的浓度，k_f 和 k_r 分别是正向和反向速率常数。

假定组分 A 与 B 的反应是平衡的，则反应率为 $r = k_f c_A - k_r c_B = 0$，也有 $\dfrac{\partial c_A}{\partial t} = -r$，$\dfrac{\partial c_B}{\partial t} = r$。反应工程程序能够定义平衡系统的质量平衡，而无须反应速率表达式。求解的方程组如下。

$$\frac{\partial}{\partial t}(c_A + c_B) = 0 \tag{1-168}$$

$$K_{eq} = \frac{k_f}{k_r} = \frac{c_B}{c_A} \tag{1-169}$$

其中，K_{eq} 表示正向和反向反应速率之间的关系。

一般而言，对于贡献 k 个质量平衡且 j 个反应处于平衡的反应系统，要求解的简化方程组由 $k–j$ 个质量平衡式和 j 个反应平衡式组成。COMSOL 生成上述方程组的消除过程是自动化的，允许对化学平衡反应以及不可逆或可逆反应进行简单建模。

1.5.6　电化学

COMSOL 软件涉及电化学的 3 个物理场分别是"一次电流分布""二次电流分布"和"三次电流分布，Nernst，Planck"。

在分析"一次电流分布"时，忽略了电极动力学和浓度依赖性效应造成的损耗，假定电解液中的电荷转移遵守欧姆定律，仅考虑几何因素的影响，其控制方程为

$$\nabla i_l = Q_l, \quad i_l = -\sigma_l \nabla \varphi_l \tag{1-170}$$

$$\nabla i_s = Q_s, \quad i_s = -\sigma_s \nabla \varphi_s \tag{1-171}$$

$$\varphi_s - \varphi_l = E_{eq} \tag{1-172}$$

其中，i 为电流密度矢量，Q 为一般电流源项，φ 为电势，σ 为电导率，各项中的下标 l 代表电解质，s 代表电极。E_{eq} 为反应的平衡电位。

在"二次电流分布"分析中，忽略了浓度极化时的电流分布，考虑了电极动力学的影响，也假定电解液中的电荷转移遵守欧姆定律。它的域方程为式（1-170）和式（1-171），而电极和电解质界面上的电位方程为

$$\eta = \varphi_s - \varphi_l - E_{eq} \tag{1-173}$$

其中，η 为活化过电位，即实际电位差和平衡电位的差值。

在"三次电流分布，Nernst，Planck"分析中，考虑电解质组成和离子强度的变化对电化学过程的影响，以及溶液电阻和电极动力学的影响，利用 Nernst-Planck 方程来描述电解质中化学物质的传递，不再假定电解液中的电荷转移遵守欧姆定律。该方法考虑的因素较多，会导致模型过于复杂、求解时间变长。"三次电流分布，Nernst，Planck"方法包括"三次分布，电中性""三次分布，水基电中性""三次分布，支持电解质"三个子方法。下面的方程为"三次分布，电中性"子方法的控制方程，其余两个子方法的控制方程可查阅参考文献[10]或从

软件系统的具体设置窗口中查看。

$$\boldsymbol{i}_1 = F \sum_i z_i (-D_i \nabla c_i - z_i u_{m,i} F c_i \nabla \varphi_1), \quad \nabla \boldsymbol{i}_1 = Q_1 \tag{1-174}$$

$$\nabla \boldsymbol{i}_s = Q_s, \quad \boldsymbol{i}_s = -\sigma_s \nabla \varphi_s \tag{1-175}$$

$$\eta = \varphi_s - \varphi_1 - E_{eq} \tag{1-176}$$

$$\sum_i z_i c_i = 0 \tag{1-177}$$

练习题

1. 简述有限元法的基本思想及其分析的流程。

2. 说明有限元建模的准则。

3. 简述减小有限元计算规模的措施。

4. 图 1-28 所示的矩形薄板受表面拉力作用，板厚 $t = 20\text{mm}$，$E = 210\text{GPa}$，$\mu = 0.3$，试用有限元法确定节点位移和单元应力（划分单元数量自定）。

5. 边长为 $2a$ 的正方形薄板如图 1-29 所示，它的厚度为 t，两侧边固定，上边受均布载荷 q 作用，试利用有限元法对该薄板进行应力分析。

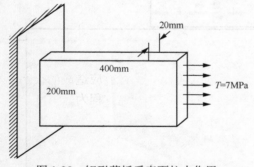

图 1-28　矩形薄板受表面拉力作用

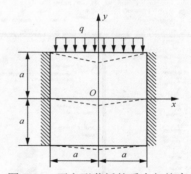

图 1-29　正方形薄板的受力与约束

6. 图 1-30 所示的区域内有牛顿流体的流动，流体黏度为 10Pa·s，密度为 1100kg/m^3。流动区域为 $100\text{mm} \times 40\text{mm}$ 的矩形区域，入口给定压力 1000Pa，出口敞开。在考虑惯性项影响的情况下，计算区域内的速度-压力分布，并分析惯性项对出口流量的影响。

7. 在图 1-31 所示的二维物体中，左边的温度保持在 $40°C$，顶部和底部绝热，右边有对流，对流系数 $h = 100\text{W} / (\text{m}^2 \cdot °C)$，自由流温度 $T_\infty = 10°C$，导热系数 $K_{xx} = K_{yy} = 40\text{W} / (\text{m} \cdot °C)$，板厚 1m，其余尺寸均标注在图中，试求该二维物体的温度分布。

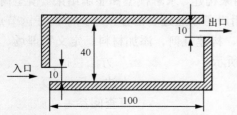

图 1-30　带有小入口和出口的矩形计算区域

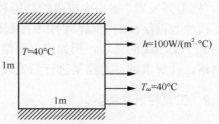

图 1-31　有温度变化和对流的二维物体

第 2 章　COMSOL 基本操作

2.1　COMSOL 主界面

在 COMSOL 中，COMSOL Desktop 提供了功能强大的建模环境，可供用户创建、分析以及可视化模型和 App。用户在软件中可以根据自身需要定制主界面，例如，对窗口进行大小调整、移动和分离等操作。当关闭软件时，COMSOL Multiphysics 会自动保存用户对窗口布局的操作，在下次打开软件时，仍会根据上次的修改进行显示。要恢复默认的窗口布局，单击"重置桌面"按钮即可。

COMSOL 主界面如图 2-1 所示。

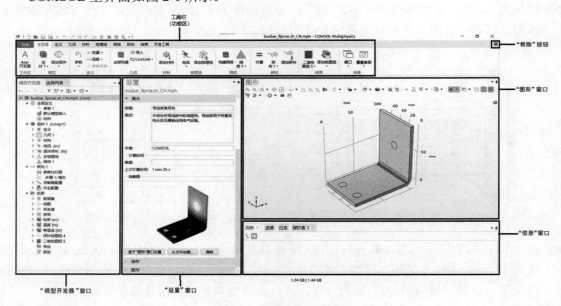

图 2-1　COMSOL 主界面

1. "模型开发器" 窗口

"模型开发器"窗口中提供的功能和操作可以用来构建、求解模型和显示结果。模型树显示了模型数据结构的概览，可用于控制建模序列。用户可以通过右击建模序列中的任意节点，访问上下文相关的选项，例如建立模型、创建定义、构建几何、添加材料、定义物理场、构建网格、计算求解并对结果进行后处理，如图 2-2 所示。

2. 工具栏（功能区）

"模型开发器"窗口中的所有操作都可以通过功能区执行。这些操作根据每个主要建模步骤来分组和排序，COMSOL 提供了对应的功能区，如图 2-3～图 2-10 所示。

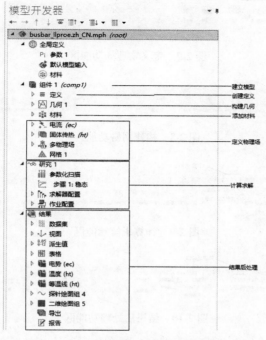

图 2-2 "模型开发器"窗口（模型树）

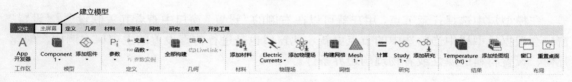

图 2-3 建立模型功能区

图 2-4 创建定义功能区

图 2-5 构建几何功能区

图 2-6 添加材料功能区

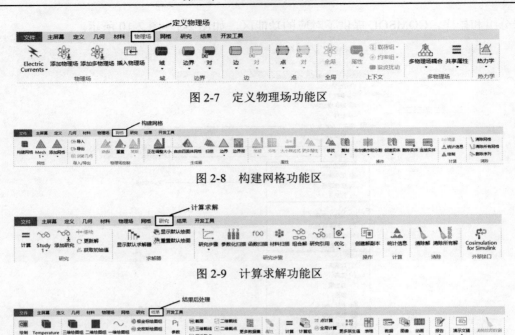

图 2-7　定义物理场功能区

图 2-8　构建网格功能区

图 2-9　计算求解功能区

图 2-10　结果后处理功能区

3. "设置" 窗口

在模型树中选择任意节点，用户就可以在右侧的"设置"窗口中查看其关联设置。"设置"窗口会根据模型树中当前选中的节点更新，此窗口也是进行仿真设置的主窗口，例如，创建几何、设置材料的属性或者物理场边界条件。

4. "图形" 窗口

最右侧的"图形"窗口用于显示几何、网格以及结果的交互式图像。可执行的操作包括旋转、平移、缩放等。"图形"窗口工具栏中的按钮则根据模型的空间维度以及模型树中当前选定的节点来更新。

模型树当前节点为"材料"时，"图形"窗口的显示如图 2-11 所示。

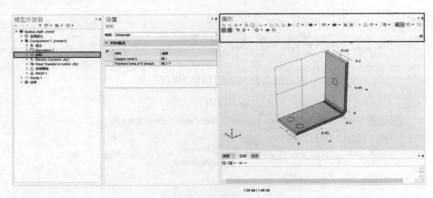

图 2-11　模型树当前节点为"材料"时，"图形"窗口的显示

模型树当前节点为网格时，"图形"窗口的显示如图 2-12 所示。

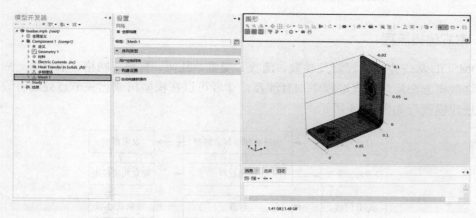

图 2-12 模型树当前节点为网格时，"图形"窗口的显示

5. "信息"窗口

位于"图形"窗口下方的是"信息"窗口。"消息/进度/日志"窗口用于显示重要的模型信息，如警告消息、解算时间和进度、求解日志，并视情况显示结果表。

6. 主界面中的其他布局

在 COMSOL 中进行解算或者执行其他操作时，主界面的右下角会出现一个进度条，用于表明当前正在执行的操作或者计算的状态。

在 COMSOL 主界面的右上角有一个"帮助"按钮，单击该按钮可以打开"帮助"窗口，亦可按 F1 键进行访问，其中提供了有关窗口和模型树节点的帮助文本。

创建好模型后，我们可基于自己的模型开发一个 App，并可与其他用户共享。单击"App 开发器"按钮，打开"App 开发器"窗口，如图 2-13 所示。用户可以在 COMSOL 主界面和"App 开发器"窗口之间进行切换。

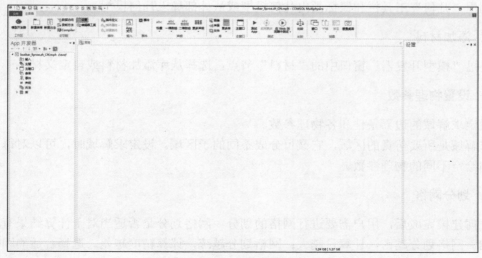

图 2-13 "App 开发器"窗口

2.2　COMSOL 建模流程

2.2.1　常规建模流程

　　COMSOL 常规建模流程涉及参数、函数、变量、几何、材料、网格、求解器、后处理等概念。这些概念在后续仿真过程中均有涉及，读者可以在模型树或相关节点处进行设置和定义。常规建模流程如图 2-14 所示。

图 2-14　常规建模流程

1．分析问题

　　针对要解决的问题，构思所需要仿真的模型，初步列出所需要的偏微分方程组，写出已知的参数和必要的边界条件。

2．选择物理场和求解器

　　打开 COMSOL Multiphysics，主要依据上述列出的偏微分方程组来选择合适的物理场和求解器。

3．设定常数

　　设定计算中所需的常数，即模型中已知的常数。

4．建立几何模型

　　利用"几何"工具栏和鼠标画出几何模型或从外部导入几何模型。

5．添加材料

　　通过"模型开发器"窗口中的"材料"节点，选择从库添加材料或自定义材料。

6．设置物理参数

　　设定求解域的边界条件和各物理参数。
　　求解域是所要仿真的区域，它又可分成不同的子区域。设定求解域时，可以对每个子区域分别给定不同的物理参数。

7．划分网格

　　几何建模完成后，用户需要进行网格的划分。网格划分是否适当对于计算结果有着关键的影响。网格划分越密，计算量越大；网格划分越疏，计算精度越差。选择合适的网格大小是仿真高效求解的关键。

8. 计算

完成各项设置后,用户即可进行仿真计算。

9. 结果后处理

结果后处理就是利用计算所得到的基本物理量来产生分析所需的其他相关物理量。COMSOL 的后处理功能非常丰富,可生成一维的点、线趋势图,二维或三维的表面云图、流线图、箭头趋势图,甚至具有粒子追踪等高阶功能,并可以根据用户需要导出数据。

2.2.2 建模案例

本节将通过一段悬臂梁的应力应变仿真案例,让读者进一步熟悉 COMSOL 的建模流程和具体操作。

1. 选择物理场

打开 COMSOL Multiphysics 软件,在"新建"窗口中,点选"模型向导",在"选择空间维度"窗口中选择"二维",如图 2-15 所示。

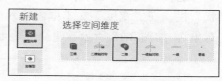

图 2-15 初始选择

在"选择物理场"窗口的列表中,找到"结构力学",并选择"结构力学"下的"固体力学"节点,单击"添加"按钮,如图 2-16 所示。

2. 选择求解器

单击"研究"按钮,在"选择研究"窗口中,选择"一般研究"下的"稳态"节点,单击"完成"按钮,如图 2-17 所示。

图 2-16 选择物理场

图 2-17 选择求解器

3. 参数设置

参数设置可手动输入或从文件加载。

在"模型开发器"窗口的"全局定义"节点下，单击"参数 1"，在"参数"设置窗口中，定位到"参数"栏，输入如表 2-1 所示的参数。

表 2-1　　　　　　　　　　　　　　　参数设置

名称	表达式	值	描述
L	160[m]	160 m	方梁长度
W	10[m]	10 m	方梁宽度

此参数设置是为了方便后续的参数化建模，可供用户更改这里的表达式数值，以改变模型的几何尺寸，来进行自定义仿真分析。值得注意的是，不仅可以设置几何参数，也可以设置其他物理量。

4. 建立几何模型

选择"几何"工具栏，单击"矩形"按钮，在"矩形"设置窗口中，定位到"大小和形状"栏，在"宽度"文本框内输入"L"，在"高度"文本框内输入"W"，单击"构建选定对象"，如图 2-18 所示。建立的矩形模型如图 2-19 所示。

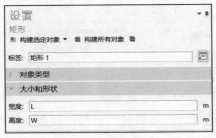

图 2-18　矩形设置

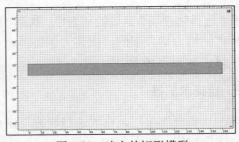

图 2-19　建立的矩形模型

5. 添加材料

在"模型开发器"窗口中右击"材料"，选择"空材料"，在"材料"设置窗口中，定位到"材料属性明细"栏，在"密度"对应的"值"文本框内输入"7850"，在"杨氏模量"对应的"值"文本框内输入"2.1e11"，在"泊松比"对应的"值"文本框内输入"0.3"，如图 2-20 所示。

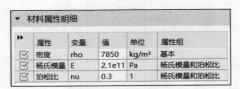

图 2-20　材料属性设置

6. 物理场设置

（1）固定约束。单击"物理场"工具栏中的"边界"按钮，选择"固定约束"，在"固定约束"设置窗口中，定位到"边界选择"栏，在"图形"窗口中选择边界 1，如图 2-21 所示。

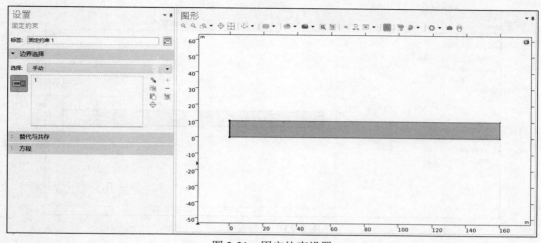

图 2-21　固定约束设置

（2）边界载荷。单击"物理场"工具栏中的"边界"按钮，选择"边界载荷"，在"边界载荷"设置窗口中，定位到"边界选择"栏，在"图形"窗口中选择边界 3；定位到"力"栏，从"载荷类型"下拉列表中选择"单位长度的力"，在"y"文本框内输入"-11000[N]/x"，如图 2-22 所示。

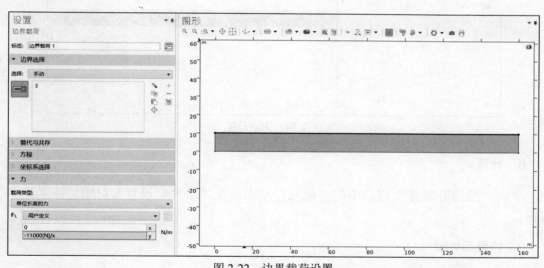

图 2-22　边界载荷设置

7．划分网格

单击"网格"工具栏中的"映射"按钮，在"映射"设置窗口中，定位到"域选择"栏，在"几何实体层"下拉列表中选择"域"，在"图形"窗口中选择域 1，如图 2-23 所示。

在"模型开发器"窗口中，单击"网格"节点下的"大小"，在"大小"设置窗口中，定位到"单元大小"栏，从"预定义"下拉列表中选择"极细化"，单击"全部构建"按钮，如图 2-24 所示。

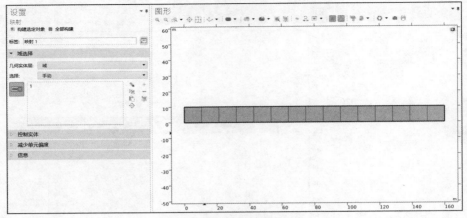

图 2-23　映射设置

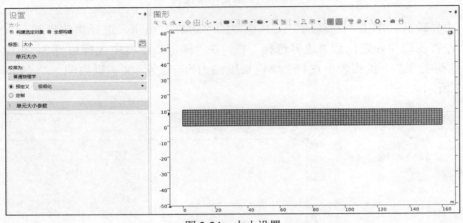

图 2-24　大小设置

8．计算

单击"模型开发器"窗口中的"研究"节点，在"研究"设置窗口中单击"计算"按钮。

9．结果后处理

（1）应力图。系统默认绘制的是应力图，如图 2-25 所示。

（2）应变图。在"主屏幕"工具栏中单击"添加绘图组"按钮，选择"二维绘图组"，在"二维绘图组"设置窗口的"标签"文本框内输入"应变"；在"模型开发器"窗口中右击"应变"节点，选择"表面"，在"表面"设置窗口中，定位到"表达式"栏，在表达式文本框内输入"solid.ep1"，单击"绘制"按钮，绘制的图形如图 2-26 所示。

（3）X 方向的应力变化图。在"主屏幕"工具栏中单击"添加绘图组"按钮，选择"一维绘图组"，在"一维绘图组"设置窗口的"标签"文本框内输入"X 方向的应力变化图"；在"模型开发器"窗口中右击"X 方向的应力变化图"节点，选择"线结果图"，在"线结果图"设置窗口中，定位到"选择"栏，在"选择"窗口中选择边界 2，单击"绘制"按钮，绘制的图形如图 2-27 所示。

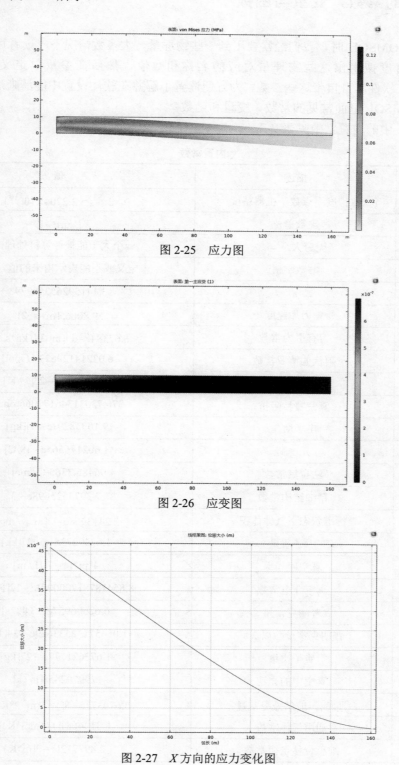

图 2-25 应力图

图 2-26 应变图

图 2-27 X方向的应力变化图

2.3　内置的常数、变量与函数

在使用 COMSOL 时，我们经常要用到一些物理量。大多数情况下，读者可以使用手册查询或通过百度搜索出这些物理量对应的名称和数值，然后在参量中定义物理量。在 COMSOL 中，软件本身自带这些参数，为方便读者了解并在软件设置中能清晰运用参数，本节将介绍 COMSOL 里面常见的常数、变量和函数。

COMSOL 中的内置常数见表 2-2。

表 2-2　　　　　　　　　　　　　　　　内置常数

名称	描述	值
eps	双精度浮点数、机器精度	$2^{-52}(\sim 2.2204 \times 10^{-16})$
i、j	虚数单位	i,sqrt(−1)
Inf，inf	无穷大，∞	一个大于能被计算机处理的值
NaN，nan	非数字值	未定义或不能表示出来的值，如 0/0
pi	π	3.141592653589793
g_const	重力加速度	9.80665[m / s^2]
G_const	万有引力常数	6.67384e−11[m^3 / (kg*s^2)]
N_A_const	阿伏伽德罗常数	6.02214129e23[1 / mol]
K_B_const	玻尔兹曼常数	1.3806488e−23[J / K]
Z0_const	真空特性阻抗	376.73031346177066[ohm]
me_const	电子质量	9.10938291e−31[kg]
e_const	元电荷	1.602176565e−19[C]
F_const	法拉第常数	96485.3365[C / mol]
alpha_const	精细结构常数	7.2973525698e−3
V_m_const	标准状态下气体体积	2.2413968e−2[m^3 / mol]
mn_const	中子质量	1.674927351e−27[kg]
mu0_const	真空磁导率	4*pi*1e−7[H / m]
epsilon0_const	真空介电常数	8.854187817000001e−12[F / m]
h_const	普朗克常量	6.62606957e−34[J*s]
hbar_const	普朗克常量除以 2π	1.05457172533629e−34[J*s]
mp_const	质子质量	1.672621777e−27[kg]
c_const	真空中的光速	299792458[m / s]
sigma_const	斯特藩-玻尔兹曼常量	5.670373e−8[W / (m^2*K^4)]
R_const	通用气体常数	8.3144621[J / (mol*K)]
b_const	维恩位移定律常数	2.897772le−3[m*K]

在 COMSOL 中有一些常用的变量, 表 2-3 是一些规定好的变量, 读者可以直接使用这些变量。

表 2-3 常用变量

名称	描述	类型
t	时间	标量
freq	频率	标量
lambda	特征值	标量
phase	相位角	标量
h	网格元素大小	字段
meshtype	网格数指数	字段
meshelement	网格元素数量	字段
dvol	体积比例因子变量	字段
qual	网格质量, 介于 0 (质量差) 和 1 (质量完美) 之间	字段
x,y,z	笛卡儿空间坐标	字段
r,phi,z	柱状空间坐标	字段
u,T,etc.	因变量	字段

COMSOL 内置了一些常用的函数, 方便用户使用这些函数写具体的公式, 见表 2-4。

表 2-4 常用函数

名称	描述	示例
abs	绝对值	$\text{abs}(x)$
acos	反余弦 (以弧度计)	$\text{acos}(x)$
acosh	反双曲余弦	$\text{acosh}(x)$
acot	反余切 (以弧度计)	$\text{acot}(x)$
acoth	反双曲余切	$\text{acoth}(x)$
acsc	反余割 (以弧度计)	$\text{acsc}(x)$
acsch	反双曲余割	$\text{acsch}(x)$
arg	相位角 (以弧度计)	$\text{arg}(x)$
asec	反正割 (以弧度计)	$\text{asec}(x)$
asech	反双曲正割	$\text{asech}(x)$
asin	反正弦 (以弧度计)	$\text{asin}(x)$
asinh	反双曲正弦	$\text{asinh}(x)$
atan	反正切 (以弧度计)	$\text{atan}(x)$
atan2	四象限反正切 (以弧度计)	$\text{atan2}(y,x)$
atanh	反双曲正切	$\text{atanh}(x)$
besselj	第一类贝塞尔函数	$\text{besselj}(a,x)$
bessely	第二类贝塞尔函数	$\text{bessely}(a,x)$

续表

名称	描述	示例
besseli	第一类修正贝塞尔函数	besseli(a,x)
besselk	第二类修正贝塞尔函数	besselk(a,x)
ceil	向上舍入为最接近的整数	ceil(x)
conj	共轭复数	conj(x)
cos	余弦	cos(x)
cosh	双曲余弦	cosh(x)
cot	余切	cot(x)
coth	双曲余切	coth(x)
csc	余割	csc(x)
csch	双曲余割	csch(x)
erf	误差函数	erf(x)
exp	指数	exp(x)
floor	向下舍入为最接近的整数	floor(x)
gamma	伽马函数	gamma(x)
imag	虚部	imag(u)
log	自然对数	log(x)
log10	以 10 为底的对数	log10(x)
log2	以 2 为底的对数	log2(x)
max	两个参数中的最大值	max(a,b)
min	两个参数中的最小值	min(a,b)
mod	模数运算符	mod(a,b)
psi	psi 函数及其衍生函数	psi(x,k)
range	创建等差数列	range(a,$step$,b)
real	实数部分	real(u)
round	舍入为最接近的整数	round(x)
sec	正割	sec(x)
sech	双曲正割	sech(x)
sign	符号函数	sign(u)
sin	正弦	sin(x)
sinh	双曲正弦	sinh(x)
sqrt	平方根	sqrt(x)
tan	正切	tan(x)
tanh	双曲正切	tanh(x)

2.4 自定义参数、变量、函数和材料

1. 自定义参数

单击"模型开发器"窗口下的"全局定义"的"参数"节点，在右边的"参数"设置窗口中，用户可以输入自定义的参数名称、表达式和数值，如图 2-28 所示。

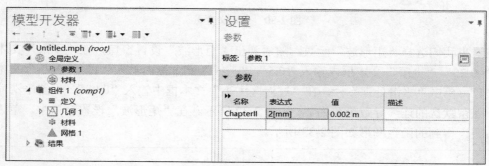

图 2-28　自定义参数

2. 自定义变量

右击"模型开发器"窗口下的"全局定义"节点（见图 2-29），在弹出的快捷菜单中选择"变量"，在右方的"变量"设置窗口中，用户可以自定义需要的变量名称和表达式，如图 2-30 所示。

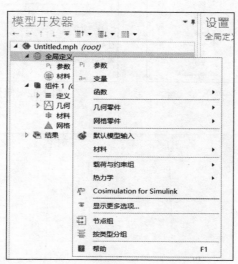

图 2-29　右击"全局定义"节点

3. 自定义函数

右击"模型开发器"窗口中的"全局定义"节点，在弹出的快捷菜单中选择"函数"（子菜单中有多种函数可选），如图 2-31 所示。

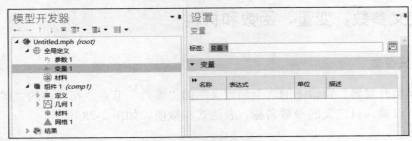

图 2-30　自定义变量

在这里我们选择"矩形波"函数，随后弹出"矩形波"设置窗口，在"下限"文本框内输入"–0.25"，"上限"文本框内输入"0.5"，"基线"文本框内输入"1"，"大小"文本框内输入"1"；单击"平滑处理"栏，在"过渡区大小"文本框中输入"0.08"，设置平滑间隔的宽度，保留默认的连续导数阶数为 2，如图 2-32 所示。在"矩形波"设置窗口中，单击"绘制"按钮，得到的函数图形如图 2-33 所示。

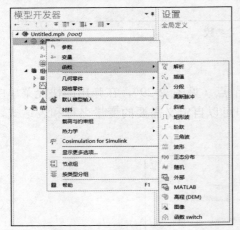

图 2-31　"函数"菜单

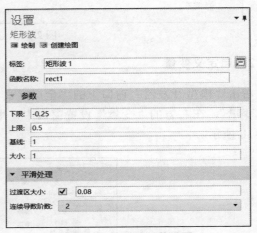

图 2-32　矩形波函数设置

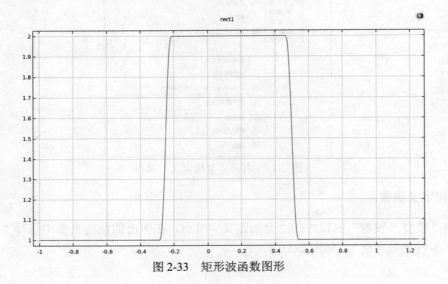

图 2-33　矩形波函数图形

用户还可以添加注释和重命名函数，使得函数的信息更为具体。右击模型树中的矩形波节点，并选择"属性"命令，如图 2-34 所示。在"属性"窗口中，输入需要的信息，如作者、版本和注释，如图 2-35 所示。

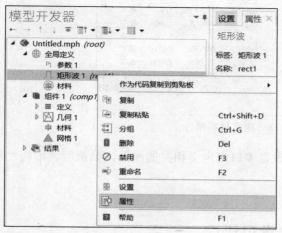

图 2-34 选择"属性"命令

图 2-35 "属性"窗口

4. 自定义材料

在"材料"节点中，用户可以定义自己需要的材料，并将其保存在材料库中，还可以为现有的材料添加材料属性。用户也可以使用 Excel 来加载电子表格，并定义材料属性的插值函数。COMSOL"材料库"插件中有 2500 多种材料以及上万个与温度相关的属性函数。此外，许多附加的产品都包含与其应用领域相关的材料库。

右击"模型开发器"窗口下的"全局定义"节点，选择"材料"→"从库中添加材料"命令，如图 2-36 所示。随后出现的"添加材料"窗口，其中有应用于各种物理学研究的材料，如图 2-37 所示。双击"内置材料"下的"Iron"，打开"材料"设置窗口，在"材料属性明细"栏中，可以根据需要定义 Iron 各方面的属性参数，如图 2-38 所示。

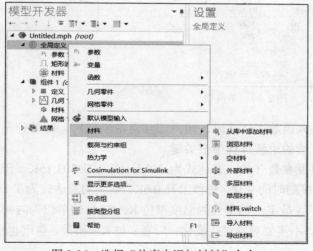

图 2-36 选择"从库中添加材料"命令

图 2-37 "添加材料"窗口

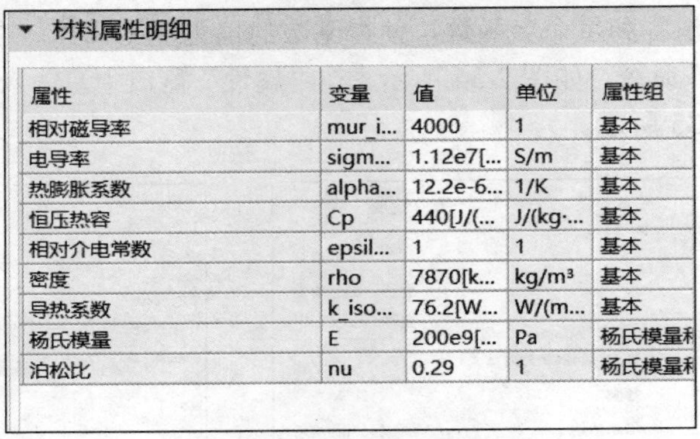

▼ 材料属性明细

属性	变量	值	单位	属性组
相对磁导率	mur_i...	4000	1	基本
电导率	sigm...	1.12e7[...	S/m	基本
热膨胀系数	alpha...	12.2e-6...	1/K	基本
恒压热容	Cp	440[J/(...	J/(kg·...	基本
相对介电常数	epsil...	1	1	基本
密度	rho	7870[k...	kg/m³	基本
导热系数	k_iso...	76.2[W...	W/(m...	基本
杨氏模量	E	200e9[...	Pa	杨氏模量和
泊松比	nu	0.29	1	杨氏模量和

图 2-38　定义材料属性

用户也可以添加空材料，随后在其设置窗口内定义相关的属性，如密度、泊松比和弹性模量等。

2.5　COMSOL 自定义参量的常见错误

在 COMSOL 中，标量变量是诸多应用模式中所使用的与几何结构和材料属性完全相独立的变量。例如，电磁模块中的角频率、真空介电系数、真空磁导率等，声学模块中的频率、压力参考值等。

需要注意的是，标量表达式需要由用户自己进行定义，而标量变量则是程序预定义的变量。通常标量变量已有默认值，用户可根据自己的实际情况加以修正。

在定义参数时，易出现单位错误的问题。当用户输入的参数或变量的单位不正确时，如图 2-39 所示，该表达式在界面上就会突出显示并附有相应说明。

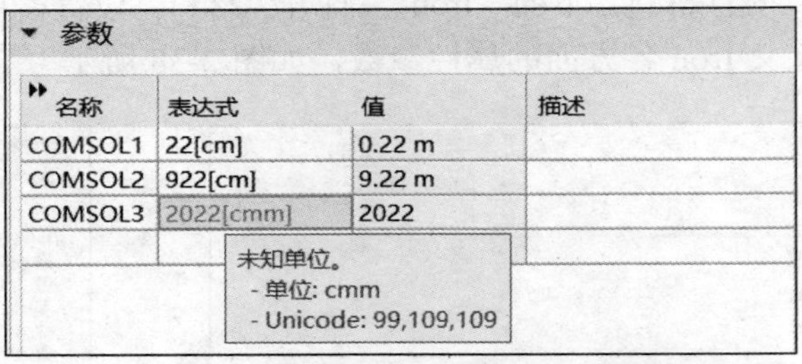

▼ 参数

名称	表达式	值	描述
COMSOL1	22[cm]	0.22 m	
COMSOL2	922[cm]	9.22 m	
COMSOL3	2022[cmm]	2022	

图 2-39　单位错误

在定义中添加解析函数后，输入函数表达式时，用户应注意量纲问题，即单位是否一致的问题。该问题看似很小，但在后续的求解过程中很关键。

例如，需要自定义一个初始温度参数 T_0，表达式为 30[degC]，即 303.15K。现在要在物理场边界条件中让某一边界的温度随时间变化，每秒上升 0.6K。错误的表达式为 T_0+0.6*t，正确的表达式为 T_0+0.6*t[K/s]。原因是 T_0 的单位为温度单位 K，0.6*t 的单位为时间单位 s，所以要对量纲进行统一。前者为 K，不需要对其进行变化；后者 s 与 K/s 相乘，量纲也变为 K，即可实现量纲的统一。

当出现语法错误时，如图 2-40 所示，表达式将突出显示（实际显示为红色），并且会弹出"错误"对话框。

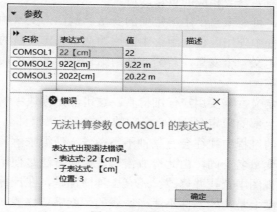

图 2-40 语法错误

当添加的材料没有选择域时，组件下面的"材料"节点就会出现红色的感叹号。单击"材料"节点，在"设置"窗口里面会显示哪些域选择过，哪些域还没有被选择，如图 2-41 所示。

当定义变量时，如果输入循环变量，例如 a=a+3，就会出现如图 2-42 所示的错误提示。

图 2-41 材料域未被选择

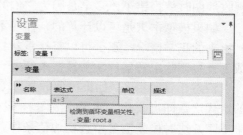

图 2-42 循环变量错误提示

2.6 COMSOL 错误处理的技巧

COMSOL Multiphysics 具有高效的计算性能和独特的多物理场全耦合分析能力，可以保证数值仿真具有较高的精确性，广泛应用于各个学科领域。但是，由于多个物理场耦合问题的复杂性，很多用户在建模中会碰到各种各样的错误，如何快速找出并分析、排除模型中的错误，以及如何快速实现收敛就成为用户迫切需要了解的内容。

通常报错信息可以分成可定位错误和无法定位错误。计算未开始直接给出具体的某变量未定义，某变量在计算中出现除零错误或试图计算负数开方，协调初始值失败，使用分离求解器出现某分离步中变量缺失，还有一些网格报错、材料报错，这些错误有明显的错误信息，都属于可定位错误。在计算一段时间后，达到最大迭代次数未收敛，最后一个步长未收敛，精确计算边界通量失败等，这些都属于无法定位错误。

对于可定位错误，报错信息中会有具体的出错信息。材料方面的常见问题，例如，在模块中对应的材料位置选择了"来自材料"选项，而没有给相应的域或边界设定材料。网格方面的常见问题，例如，提示用户某网格没有划分、网格划分重复、边界层网格没有划分等。这类错误比较明显，只需要修改相应的设置即可。

如果是变量未定义，可能来自于用户定义的变量，例如，变量的作用域有错误。组件中定义的变量只能在此组件中使用。使用组件中的原始变量去定义新的变量时，要注意作用域问题。例如，在全局中定义一个变量，若需要使用组件下面某个模块中的变量，则必须给出这个变量所在的组件名称。

还有一些莫名的未定义，需要用户仔细检查。这可能是模块中的变量，为什么会出现未定义呢？每个变量都有全部的限定名，这个全部的限定名是"组件名.模块名.变量名"这样的格式。用户在修改错误的过程中往往会有某种不当操作，使得求解器在编译方程时所使用的变量名和模块中定义的变量名不同，由此造成错误。修改方法是使用查找功能，搜索这个变量，或者在模块的方程视图中查找并修改。还有一种情况是，在计算一段时间后，出现某变量未定义，这在很大程度上是初始条件不适当造成的，就需要修改初值。

对于除零错误和试图计算负数的开方等问题，必须找到对应的变量，在结果中画出图像，查看是否有值。此外，需要找到计算这个变量的所有值，特别是分母、开方内等位置的变量，看看它们是否等于 0 以及是否小于 0。造成这样错误的原因有很多种，如果它们是在计算了几个时间步之后出现的，这往往是初始值或边界条件不适当造成的；如果在刚计算还没有出现收敛图时就报错了，多半是因为它们的初始值就是 0。

如果模型本来是可以计算的，而在不断修改的过程中，最后发现怎么修改也不对，回不到原来的正常情况，那么可以直接重新打开这个程序，且选择不保存，即退回到正常状况。或者直接删除求解器，重新设置求解器。

稳态计算过程中，如果模型非常好（指初边值条件和网格都非常适当），并不需要特别多的迭代次数即可收敛。如果收敛图上下振荡剧烈，或者增加到上千迭代次数，收敛曲线也很难下降，这时候就需要审查初边值条件。对于振荡剧烈的模型，多半是初边值条件不适当，例如，边界过约束、某位置梯度过大、边界条件与域初始值相差太大、动网格等特殊求解技术中参数设置不当等，应该修正初边值条件，或修改对应设置。对于长时间不收敛问题，可增大一下容差，或在模块中添加收敛项或稳定性条件。

对于瞬态计算，最头疼的是计算很久之后报错。除修改初边值条件和网格外，还可以考虑修改求解器。

对于用户来说，最重要的是要理解模型，掌握如何设置初边值，以及如何加密网格。在此基础上了解一些技巧有助于快速掌握软件使用。下述技巧使用的前提是，要保证模型的边界条件没有问题，网格适当，初始值也适当。

- 技巧 1：学会查找方程视图中的变量。
- 技巧 2：注意每个变量在不同作用域中所使用的名称不同。
- 技巧 3：删除求解器，重新设置。
- 技巧 4：修改容差，或增加稳定性条件（模块中有相应的位置），稳态和瞬态问题都适用。
- 技巧 5：将全耦合求解改成分离求解，注意求解变量的顺序，最好先求解单场，例如，热流耦合先计算温度，热电耦合先计算电场。

- 技巧 6：增大每个分离步的迭代次数，并降低其阻尼因子。
- 技巧 7：建模都是从简到繁的过程，不要试图一次建立完整的模型。先建立最简单的模型，只要能计算就行，然后逐步添加更多的项，耦合更多的模块，添加更复杂的方程。而对于本可以运行的程序，最后怎么修改都无法运行，则需要删掉重做。

练习题

1. 简述利用 COMSOL 进行有限元分析的流程。
2. 简述如何在 COMSOL 中找到常见参量。
3. 简述如何在 COMSOL 中自定义参数、函数、变量和材料。
4. 简述 COMSOL 中不收敛的原因。
5. 简述 COMSOL 中有哪些可以减少求解错误的技巧。

第3章 COMSOL 的网格划分

有限元网格划分是进行有限元数值模拟分析至关重要的一步，直接影响着后续数值计算分析结果的精确性。本章主要介绍 COMSOL 的网格划分。

3.1 网格设置

在 COMSOL Multiphysics 中，用户可以使用默认的自动划分方式，一键生成网格模型，也可以设置由点到边、再到面、到体，或从中间各级几何结构层次到体等多种网格划分方法。也就是说，在一个网格序列中，用户可以指定多种网格类型，并在不同的网格类型中分别设定相对应的尺寸大小和分布形式，从而轻松自由地生成各种形式的网格模型。

3.1.1 常用的网格

在 COMSOL 中有 3 种网格较为常用，分别为自由三角形网格、自由四边形网格和自由四面体网格。

1．自由三角形网格

自由三角形网格是在 3D 的边界面或者 2D 域上创建非结构化三角形网格，并且可以通过模型开发器网格的"大小"节点来选择软件内置的 9 级尺寸分布，或者添加"大小"和"分布"子节点来控制单元数目。自由三角形网格的设置界面如图 3-1 所示。

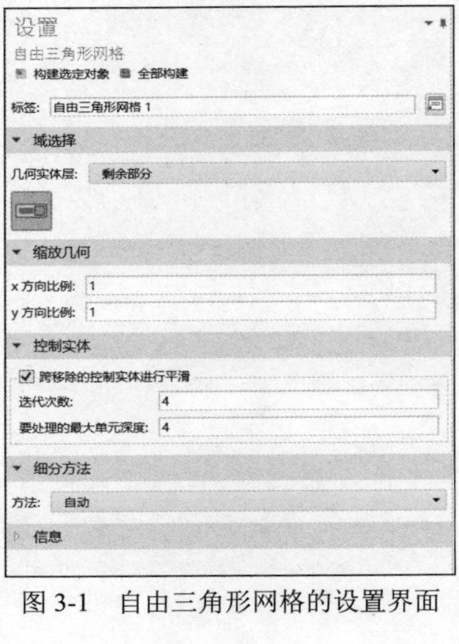

图 3-1　自由三角形网格的设置界面

在"自由三角形网格"设置窗口中，有"域选择"栏、"缩放几何"栏、"控制实体"栏、"细分方法"栏和"信息"栏。

在"域选择"栏中，几何实体层有"剩余部分""整个几何"和"域"3 个选项，如图 3-2 所示。"剩余部分"即对保留的、没有进行网格划分的边界指定非结构化三角形网格划分；"整个几何"即对整个几何进行非结构化三角形网格划分；"域"即在指定的域上划分三角形网格，在"选择"列表中选择"手动"选项时，在图形窗口可手动选择边界，也可以选择所有域。

图 3-2 "域选择"栏

在"缩放几何"栏中，如果 x、y 方向的比例不等于 1 时，在划分网格前，软件首先根据方向比例对几何尺寸进行虚拟缩放，然后划分网格，完成后再根据缩放因子反向映射到实际的几何模型中。若几何模型比较薄或者几何尺寸比例差别较大，则可能会导致网格划分失败，这时可选择使用缩放几何功能。

在"细分方法"栏中，有"自动""Delaunay"和"前沿"3 种划分三角形网格的方法，如图 3-3 所示。软件默认选择"自动"方法，即软件自动判断最合适的方法创建网格。若选择"Delaunay"方法，则将采用 Delaunay 算法创建网格。若选择"前沿"方法，则将采用前沿算法创建网格。

图 3-3 "细分方法"栏

2．自由四边形网格

自由四边形网格是在 3D 的边界面或者 2D 的域上创建非结构化四边形网格，可以通过添加"大小"和"分布"子节点来控制单元数目。自由四边形网格的设置界面如图 3-4 所示。其参数设定可参考自由三角形网格。

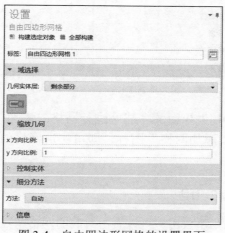

图 3-4 自由四边形网格的设置界面

3．自由四面体网格

自由四面体网格的功能是生成非结构化的四面体网格。其参数设定可参考自由三角形网格。但在"缩放几何"栏中，自由四面体网格比自由三角形网格多了一个 z 方向比例，需要用户注意，如图 3-5 所示。

图 3-5　自由四面体网格的"缩放几何"栏

3.1.2　添加网格的方法

右击模型树的组件，在出现的快捷菜单中，单击"添加网格"命令，即可进行网格的添加，如图 3-6 所示。

一组几何模型可以对应多组网格，用户可右击"模型开发器"窗口的网格，对选定的网格进行编辑和设置，如图 3-7 所示。

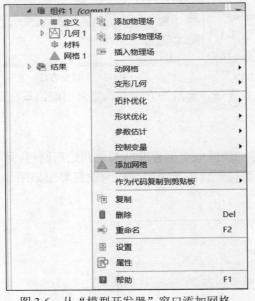

图 3-6　从"模型开发器"窗口添加网格

图 3-7　网格的编辑和设置菜单

用户也可以在 COMSOL 主界面的功能区进行网格的添加。单击"主屏幕"工具栏中的"添加网格"图标，即可实现网格的添加，如图 3-8 所示。

图 3-8　从功能区添加网格

3.1.3　网格的删除、禁用和启用

如果需要删除网格特征，那么用户可以右击对应的网格节点，在出现的快捷菜单中选择"删除"命令即可，如图 3-9（a）所示。如果需要禁用网格特征，那么用户可以右击对应的

网格节点,在出现的快捷菜单中选择"禁用"命令即可,如图 3-9(b)所示,此时网格节点对应的图标会变成灰色。如果需要激活网格特征,那么用户可以右击对应的网格节点,在出现的快捷菜单中选择"启用"命令即可,如图 3-9(c)所示。

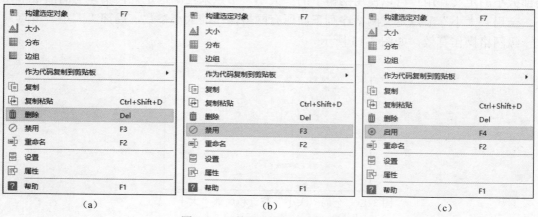

(a)　　　　　　　　　　(b)　　　　　　　　　　(c)

图 3-9　网格的删除、禁用和启用

值得注意的是,禁用功能仅用于暂时取消该网格操作,删除则是永久删除该网格操作,这两种操作将影响最终的网格模型。

3.1.4　网格的自动划分

COMSOL 中可自动对几何结构进行网格划分,如果所研究的几何结构较为简单,则可采用这种方法。单击模型树的网格,在"网格"设置窗口单击"全部构建"按钮(见图 3-10),或者在工具栏中单击"构建网格"按钮(见图 3-11),即可完成网格的自动划分。在二维中默认划分为自由三角形网格,在三维中默认划分为自由四面体网格,如图 3-12 所示。

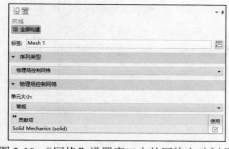

图 3-10　"网格"设置窗口中的网格自动划分

图 3-11　功能区中的网格自动划分

(a)二维自动划分为自由三角形网格

(b)三维自动划分为自由四面体网格

图 3-12　网格自动划分的效果

3.1.5　网格的尺寸设置

在 COMSOL 中，网格大小的定义有两种方式：一种称为全局大小的定义，另一种称为局部大小的定义。用户可以使用网格下的"大小"节点来控制选定几何实体上的网格单元大小。全局"大小"节点定义网格序列下面所有网格操作的大小参数，局部"大小"节点只对上一级网格操作有效，如图 3-13 所示。

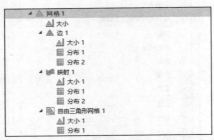

图 3-13　全局"大小"节点和局部"大小"节点

COMSOL 有两种方式控制网格大小。一种是预定义，系统预定义了 9 种网格大小，分别是极细化、超细化、较细化、细化、常规、粗化、较粗化、超粗化和极粗化。系统默认选项为"常规"，如图 3-14 所示。

另一种控制网格大小的方式则是定制。在"网格"设置窗口中，将序列类型由"物理场控制网格"修改为"用户控制网格"，即可实现从自动划分网格到用户控制网格的转变，如图 3-15 所示。在"网格"节点下，出现两个新的节点，分别为"大小"和"自由四面体网格"（三维），如图 3-16 所示。

图 3-14　预定义网格大小

图 3-15　设置用户控制网格

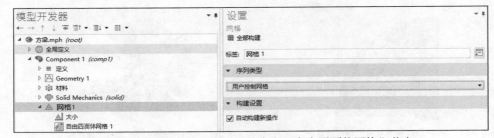

图 3-16　模型树中的"大小"节点和"自由四面体网格"节点

1．"大小"节点

可调整网格尺寸来控制网格大小，而影响网格尺寸的因素有下面几个。

（1）最大单元大小，即允许的最大网格单元大小。

（2）最小单元大小，即允许的最小网格单元大小。

（3）最大单元增长率，即从小的单元过渡到大的单元时的最大增长率。

（4）曲率因子，其影响弯曲边界上的网格密度，是边界单元大小与几何边界曲率之比。需要注意的是，曲率半径与曲率因子的乘积即最大单元大小。曲率因子的值越小，沿弯曲边界的网格越精细。

（5）狭窄区域分辨率，其值控制狭窄区域的网格层数。需要注意的是，其值如果小于1，可能得到各向异性的网格。图 3-17～图 3-20 为网格尺寸设置不同值的对比。

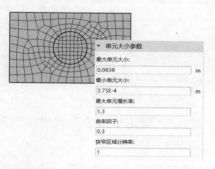

图 3-17　默认的单元尺寸参数

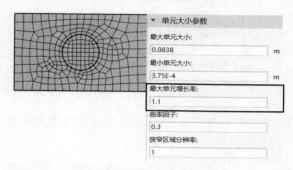

图 3-18　改变最大单元增长率

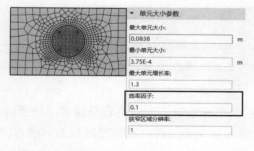

图 3-19　改变曲率因子

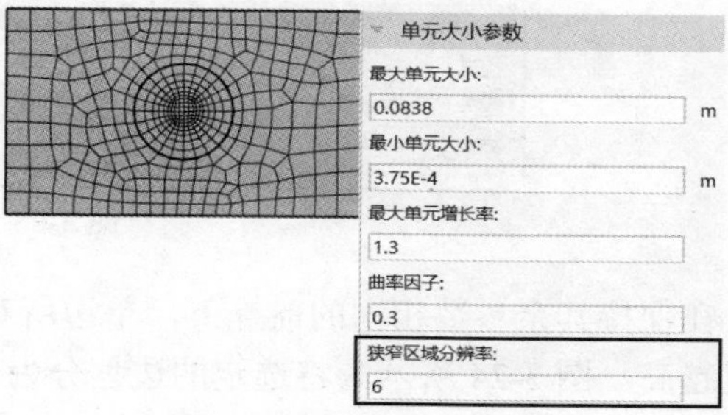

图 3-20　改变狭窄区域分辨率

2．"自由四面体网格"节点

选择"自由四面体网格"节点，可单独对某个区域或者整个几何域的网格进行调整。在"自由四面体网格"节点下可单独添加"大小"节点、"分布"节点和"角细化"节点，如图 3-21 所示。

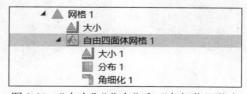

图 3-21　"大小""分布"和"角细化"节点

这三个节点控制网格的内容见表 3-1。

表 3-1　　　　　　　　　　　　　　　　节点控制内容

节点名称	控制内容
"大小"节点	控制某区域尺寸
"分布"节点	控制几何域中边的单元数量
"角细化"节点	控制两个边折角部位的网格

在"大小"节点下，有"预定义"和"定制"两个选项，可以按两种方式设置网格大小，如图 3-22 所示。

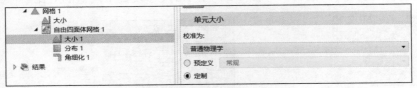

图 3-22　单元大小的选择

在"分布"节点下，可选择的分布类型分别为"显式""固定单元数"和"预定义"，如图 3-23 所示。

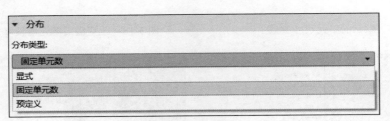

图 3-23　分布类型

在保持其余参数相同的前提下，单边所对应的单元数越多，网格数量越多，计算的精度也就越高。图 3-24 所示为将选定的边划分为 3 单元和 9 单元时，在特定区域的网格对比。

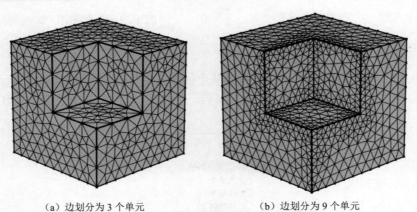

（a）边划分为 3 个单元　　　　　　（b）边划分为 9 个单元

图 3-24　划分不同单元数的网格对比

在"角细化"节点中，通过控制"边界之间最小夹角"和"单元大小比例因子"，可以完成对折角处网格的细化，如图 3-25 所示。其中，边界之间最小夹角的取值范围为 180°～360°，单元大小比例因子的取值范围为 0～1。经过角细化后，选定边界的网格尺寸明显减小，以利于网格精度的提高，如图 3-26 和图 3-27 所示。

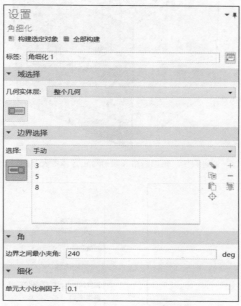

图 3-25 "角细化"设置窗口

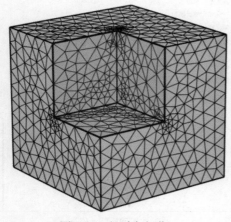

图 3-26 经过角细化

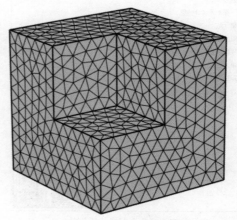

图 3-27 未经过角细化

3.1.6 映射网格

映射网格用于在 3D 的边界面或者 2D 域上创建结构化四边形网格，可以添加"大小"和"分布"子节点来控制单元数目。其参数设定可参考自由三角形网格。映射网格主要是为了使表面网格质量更佳。由图 3-28 的统计信息得知，映射网格对同面积内网格的划分数量更少，均形成单元角为 90°的正方形网格，单元网格质量更高。

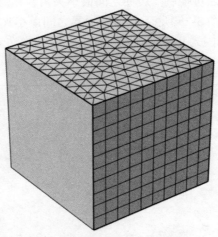

（a）通过自由三角形网格和映射对正方体各表面的划分

统计信息	统计信息
网格	网格
▦ 全部构建	▦ 全部构建
单元质量	单元质量
质量测量： 偏度 ▾	质量测量： 偏度 ▾
统计信息	统计信息
选择仅包含已划分网格的实体	选择仅包含已划分网格的实体
网格顶点： 149	网格顶点： 121
单元类型： 所有单元 ▾	单元类型： 所有单元 ▾
三角形： 256	三角形： 0
四边形： 0	四边形： 100
面单元统计信息	面单元统计信息
单元数： 256	单元数： 100
最小单元质量： 0.6677	最小单元质量： 1.0
平均单元质量： 0.897	平均单元质量： 1.0
单元面积比： 0.4739	单元面积比： 1.0
网格面积： 1 m²	网格面积： 1 m²
单元质量直方图	单元质量直方图

（b）自由三角形网格统计信息　　　　　　　　　　（c）映射网格统计信息

图 3-28　自由三角形网格和映射网格的划分对比

值得注意的是，对网格使用映射，几何模型必须很规则，通常需要满足下面的条件。

（1）每个子域有 4 段边界。

（2）每个子域只能有一组相连的边界限制，即中间不能存在其他模型或小孔。

（3）子域必须包含单独的顶点或单独的边界。

（4）每个子域的形状不能和矩形相差太大。

有些不满足要求的几何模型，修改后可以满足要求。例如，图 3-29 中的几何模型不满足第二个条件，对象 1 中存在其他模型和孔，但是添加一些内部边界，将整个几何结构分割成多个规整结构的集合，就可以分别创建映射网格。图 3-30 中的几何模型不满足第一个条件，该域边界数远大于 4，故需要对该几何图形进行分割。

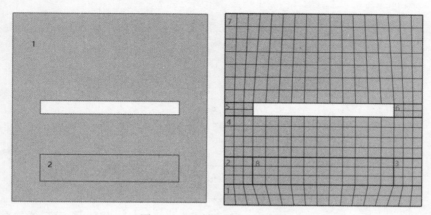

图 3-29　映射网格划分案例 1

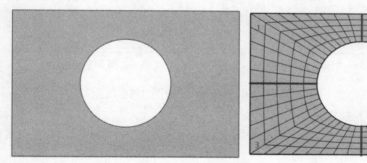

图 3-30　映射网格划分案例 2

3.1.7　扫掠网格

扫掠网格用于在 3D 域上从源面至目标面创建层次化的网格，如图 3-31 所示，可定义直线或圆弧扫掠路径，可采用多个相邻的面作为源面，但只能有一个目标面。在扫掠方向要求是结构化网格，而在垂直于扫掠的方向可以是结构化或非结构化网格。COMSOL 通常会自动确定源面和目标面。

"扫掠"设置窗口如图 3-32 所示。

（1）在"域选择"栏中，几何实体层有 3 种选择，如图 3-33 所示。

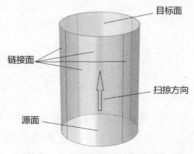

图 3-31　扫掠网格示意图

① 剩余部分：对保留的、没有进行网格划分的域指定非结构化四面体网格划分。

② 整个几何：对整个几何进行非结构化四面体网格划分。

③ 域：在指定域上划分四面体网格。在"选择"列表中，选择"手动"选项时，则在图形窗口手动选择求解域；也可选择"所有域"选项，即选择所有求解域。

（2）"源面"栏用于指定扫掠网格划分的源面，如图 3-34 所示。

图 3-32　"扫掠"设置窗口

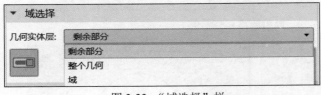

图 3-33　"域选择"栏

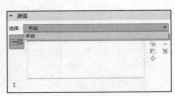

图 3-34　"源面"栏

（3）"目标面"栏用于指定扫掠网格划分的目标面，如图 3-35 所示。

（4）扫掠方法包括如下参数。

① 面网格划分方法：指定自动创建扫掠网格的源面采用四边形网格划分或者三角形网格划分，如图 3-36 所示。

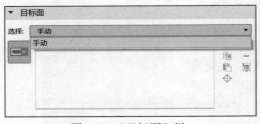

图 3-35　"目标面"栏

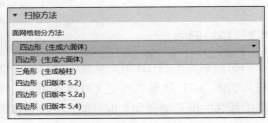

图 3-36　面网格划分方法选项

② 扫掠路径计算：指定扫掠路径的形状。"沿直线扫掠"表示在对应的源点和目标点之间，所有的内部网格点都在直线上；"沿圆弧扫掠"表示在对应的源点和目标点之间，所有的内部网格点都在圆弧上；"用插值扫掠"表示内部网格点的位置由广义插值程序决定；而默认为"自动"选项，表明软件自动判断扫掠路径，如图 3-37 所示。

③ 目标网格生成："使用刚性变换"表示目标网格是由源网格通过刚性变换得到的；"确定合适的方法"（默认）表示软件自动选择合适的方法创建目标网格；"从源变形到目标"表示目标网格由源网格通过变形方法得到；"从源投影到目标"表示目标网格是从源投影得来的。如图 3-38 所示。

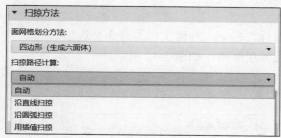

图 3-37 扫掠路径计算选项   图 3-38 目标网格生成选项

（5）如果源面在扫掠之前没有划分网格，软件会在扫掠之前自动生成四边形或者三角形网格。如果源面为三角形单元，则扫掠后为三棱柱网格，如图 3-39 所示；如果源面为四边形单元，则扫掠后为六面体网格，如图 3-40 所示。

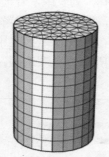

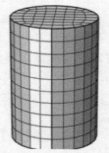

图 3-39 扫掠形成的三棱柱网格   图 3-40 扫掠形成的六面体网格

（6）值得注意的是，使用扫掠网格方法有时会遇到关于链接面的错误，这通常是由构建几何时面上自动生成的线导致的，用虚拟几何操作移除多余的线即可。

3D 几何模型必须满足如下条件才能创建扫掠网格。

（1）每个子域被同一个外壳限制，也就是说子域中一定不能包含孔，除非源面和目标面同时包含。

（2）一个子域只能有一个目标面。如果扫掠路径是直线或圆弧，几个相连的面作为目标面也是允许的。

（3）在域拓扑结构中，子域的源面和目标面分布必须相互对应。

（4）在域扫掠方向上的截面必须保持拓扑不变性。

3.1.8 边界层网格

边界层网格是指定边界附近沿着法向进行密集的网格划分，然后在远离边界的区域进行正常的网格划分，是一种很典型的网格加密方法。

这种网格划分方法常用于在边界附近存在解的急剧变化的模型中。例如，在流体流动应用中解析沿无滑移边界的边界层，当模型中有流体流动应用时，自动创建边界层网格；在传热应用中解析靠近加热表面的大温度梯度；在低频电磁场中解析集肤效应。

通过"边界层"网格命令可以在指定的表面附近生成加密网格，不需要对扫掠网格进行特殊设置。右击"网格"主节点，选择"边界层"命令即可添加边界层。"边界层"设置窗口如图 3-41 所示。

在"边界层"设置窗口的"几何实体选择"栏下，几何实体层有 3 个选项。

（1）"整个几何"。在整个几何上划分边界层网格，如图 3-42 所示。

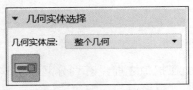

图 3-41　"边界层"设置窗口　　　　图 3-42　"整个几何"选项

（2）"域"。在指定的域上划分边界层网格。在"选择"列表中，若选择"手动"选项，则在图形窗口手动选择求解域；也可选择"所有域"选项，即选择所有求解域，如图 3-43 所示。

（3）"边界"。在指定的边界上划分边界层网格。在"选择"列表中，若选择"手动"选项，则在图形窗口手动选择求解边界；也可选择"所有边界"选项，即选择所有求解边界，如图 3-44 所示。

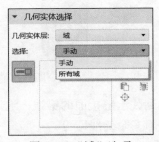
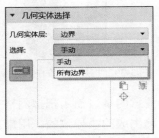

图 3-43　"域"选项　　　　　　　　图 3-44　"边界"选项

当添加边界层操作特征后，软件自动在"边界层"下添加一个新的子节点：边界层属性。在"边界层属性"设置窗口中，可设定边界层属性特征，如图 3-45 所示。当需要更多的边界层属性子节点时，通过右击"边界层"添加，注意相邻的边界需要设定相等的边界层数。

在"边界层属性"设置窗口的"边选择"栏下的"选择"列表中，可选择"手动"或"所有边"选项进行设置，如图 3-46 所示。

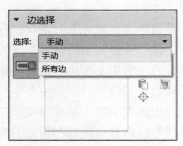

图 3-45　"边界层属性"设置窗口　　　图 3-46　"边选择"栏

在"边界层属性"设置窗口的"层"栏下，有如下选项。

（1）层数。层数即边界层数。

（2）拉伸因子。拉伸因子即边界层拉伸因子，其值与上一层边界厚度相乘所得数值即下一层边界厚度。

（3）厚度明细。有 3 种选择，如图 3-47 所示。

图 3-47 "厚度明细"选项

当"厚度明细"选择"自动"时，通过改变厚度调节因子可以控制边界层网格划分，如图 3-48 所示。

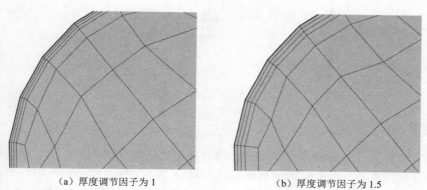

（a）厚度调节因子为 1　　　　　　　　　　（b）厚度调节因子为 1.5

图 3-48 不同厚度调节因子下的边界层网格划分（拉伸因子皆为 1.2，边界层数为 3）

当"厚度明细"选择"第一层"时，通过定义第一层的厚度和拉伸因子控制边界层网格划分，如图 3-49 所示。

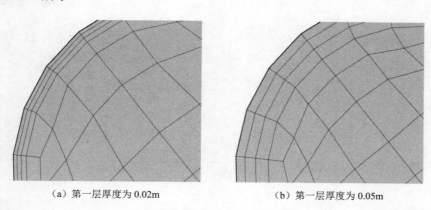

（a）第一层厚度为 0.02m　　　　　　　　　（b）第一层厚度为 0.05m

图 3-49 不同的第一层厚度下的边界层网格划分（拉伸因子皆为 1.2，边界层数为 3）

当"厚度明细"选择"所有层"时，通过定义边界层的总厚度、边界层数和拉伸因子来控制边界层网格划分，如图 3-50 所示。

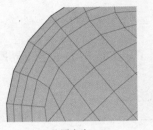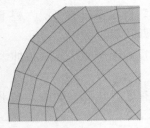

（a）总厚度为 0.2m　　　　　　　（b）总厚度为 0.6m

图 3-50　不同总厚度下的边界层网格划分（拉伸因子皆为 1.2，边界层数为 3）

图 3-51 所示为一个边界层网格划分实例。

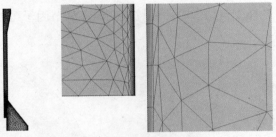

图 3-51　边界层网格划分实例

3.1.9　复制网格

对某一个物体进行网格划分后，用户可通过复制网格命令对相同大小但不同位置的实体进行复制，复制网格命令配合映射网格和扫掠网格命令在实际的网格划分操作中比较高效。

右击"模型开发器"窗口中的"网格"节点，在"正在复制操作选项"中，选择"复制域""复制面"或"复制边"选项，便可进行网格复制。

图 3-52 所示为通过"复制面"选项获得的两个面网格划分。

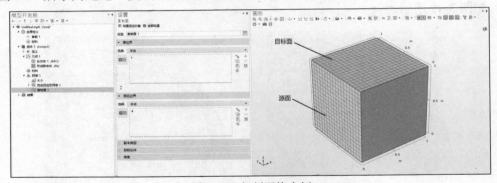

图 3-52　复制网格实例

3.2　不同定型几何的网格

在 COMSOL 中，用户可通过两种方式来定型几何，分别是"形成联合体"和"形成装配体"。

3.2.1 形成联合体

当使用"形成联合体"方式时，所有几何对象形成一个联合体，软件会生成由相互连接的域构成的复合对象，整个对象被边界自动地分为多个不同的域，而重叠的部分会形成新的域。形成联合体如图 3-53 所示，其中边界 6 为共享边，网格节点相互连接。

"形成联合体"在整个域内创建相互连接的网格，在不同的域的交界面处网格是连续的，网格单元顶点和面会共享，可实现场和通量的连续性，如图 3-54 所示。

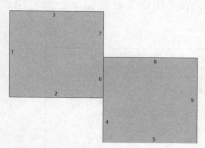

图 3-53　形成联合体（共享边 6）

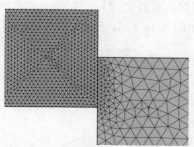

图 3-54　形成联合体（网格划分）

3.2.2 形成装配体

当使用"形成装配体"方式时，软件将多个对象组合成单个对象，而单个对象中的域集合并未相互连接。边界两边的网格划分疏密完全可以自由选择。如图 3-55 和图 3-56 所示，边界 4 和边界 5 并未共享，网格节点并未相互连接。形成装配体网格可通过增加约束方程来实现场和通量的连续性。

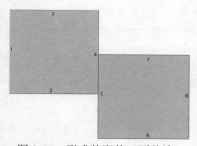

图 3-55　形成装配体（不共边）

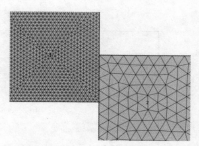

图 3-56　形成装配体（网格划分）

"形成联合体"在整个域内创建相互连接的网格，"形成装配体"创建的网格则不相连。针对后一种情况，整个域内的物理场通过对接触边界自动生成"一致对"来保证自身的连续性。如果几何对象需要在仿真中运动，"形成装配体"特征尤其适用。

3.3　网格检查

网格质量会对计算结果产生重要影响，因此有必要了解网格构建过程的警告和错误提示，知道如何修正网格，获取网格统计信息并检查网格质量。

3.3.1　网格的警告和错误提示

当创建网格节点出现问题时，如果在对应的网格划分操作中能修正错误，则创建过程将继续，否则停止，并将在对应的网格划分操作下显示警告或错误提示信息。

例如，当创建自由三角形、自由四边形或自由四面体网格时，如果遇到不能划分某些边界或域的情况，则保留不能划分的区域，仅划分剩余区域，并在对应的网格特征节点下出现黄色图标的警告信息，通过"警告"设置窗口可查看出错的原因。当不能划分指定的边界或域时，则直接报错，并给出红色的错误信息，在"错误"设置窗口可查看错误的原因。图 3-57 和图 3-58 所示分别为锐角结构及其网格警告。

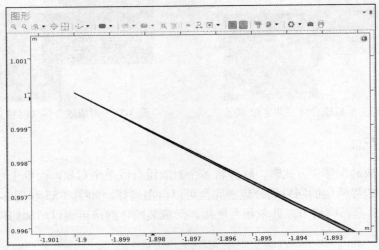

图 3-57　锐角结构

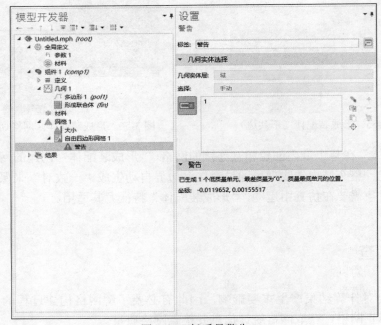

图 3-58　低质量警告

针对此种警告，用户可以在几何节点的构建中删除薄层或对具有急剧弯折的区域进行修改，也可以通过不断地减少网格尺寸以保证折角处网格质量满足软件计算要求，即在几何结构中通过圆角等方式避免这种大锐角结构的出现。

3.3.2　网格的统计信息

右击"模型开发器"窗口中的"网格"主节点，单击"统计信息"，打开划分后的网格的"统计信息"窗口，即可查看网格统计信息，如图 3-59 所示。

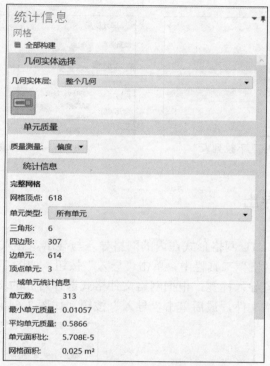

图 3-59　网格的"统计信息"窗口

在统计信息中，数字 1 表示网格的质量最佳；数字 0 代表整个网格单元成了一个平面或线，影响数值求解。虽然 COMSOL 软件在划分中会尽量地减少低质量的网格，但是由于几何模型的问题或用户自定义了过于粗略的网格，均会造成低质量网格。网格"统计信息"窗口底部的直方图直观地呈现了网格质量，以便判断是否需要对整体网格尺寸进行一定修改，如图 3-60 所示。

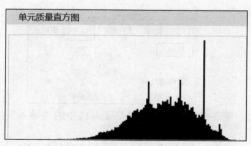

图 3-60　单元质量直方图

不同的物理场对网格质量的要求不同，且用户所要研究的几何模型差异性较大，不存在一个绝对数字可以保证在该网格质量下，网格的划分不会影响结果的精确性。通常而言，网格质量在 0.1 以下的网格单元均属于低质量单元。为获得精确数值解，COMSOL 自带的网格生成器会对质量低于 0.01 的网格单元进行警告。

当然，如果在模型的非关键部位出现了低质量网格单元，在一定数量的前提下，也是可以接受的。如果低质量网格出现在需要重点研究的位置，通过降低网格尺寸或采用 COMSOL 中若干近似接口替代也是必要的。

在网格"统计信息"窗口的"几何实体选择"栏下的"几何实体层"下拉列表中，用户可以选择不同的选项进行网格的统计信息查看，可以选择整个几何、域、边界或点，如图 3-61 所示。

同时在"单元质量"栏下的"质量测量"下拉列表中，也有一系列选项，如"偏度""最大角度""体积 vs.外接圆半径""体积 vs.长度""条件数""增长率"和"弯曲偏度"，如图 3-62所示。

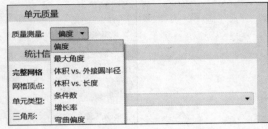

图 3-61　"几何实体层"下拉列表　　　　　图 3-62　"质量测量"下拉列表

3.4　网格导入和导出

COMSOL 支持包括 STL 网格形式在内的网格导入与导出。导入网格有以下两种方式。

第一种方式：在"网格"工具栏中，单击"导入"按钮，如图 3-63 所示。在"导入"设置窗口中，用户可以设置导入标签，根据网格文件格式选择对应的文件格式，单击"浏览"按钮选择需要导入的网格文件，最后单击"导入"按钮，如图 3-64 所示。

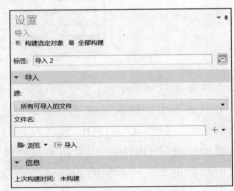

图 3-63　单击"网格"工具栏中的"导入"按钮　　　　图 3-64　"导入"设置窗口

第二种方式：在"模型开发器"窗口，右击"网格"节点，选择"导入"命令，打开"导入"设置窗口，剩余步骤同第一种方式。

如果需要导出网格划分后的结果，可以右击"网格"节点，选择"导出"命令，然后在弹出的"导出"窗口中选择保存的路径和文件类型，并单击"导出"按钮。默认保存的文件格式是 mphbin，该文件格式是 COMSOL 的二进制格式。还有一种文件格式是 mphtxt，该文件格式是 COMSOL 的文本格式。表 3-2 为支持导入和导出的网格文件格式，供读者在导入或导出网格时选择参考。

表 3-2　　　　　　　　　　　　　　导入和导出的网格文件格式

文件格式	扩展名	导入	导出
3MF	.3mf	是	是
NASTRAN	.nas, .bdf, .nastran, .dat	是	是
PLY	.ply	是	是
Sectionwise	.txt, .csv, .dat	是	是
STL	.stl	是	是
VRML,v1	.vrml, .wrl	是	否

3.5　网格划分实例

3.5.1　球阀二维网格划分

1. 创建模型

球阀的三维模型由入口管道、阀芯和出口管道组成，流道的直径为 20mm，入口管道长度为 100mm，出口管道长度为 200mm，如图 3-65 所示。

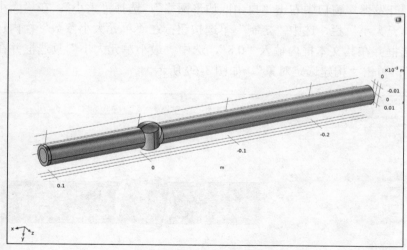

图 3-65　球阀三维模型

这里仅对球阀的纵向计算区域进行网格划分。在模型向导中选择"二维"进入主界面后，在"几何"工具栏中单击"导入"按钮，浏览到该几何模型所在文件地址，双击后导入。导入的二维几何模型如图 3-66 所示。

图 3-66　导入的二维几何模型

2．设置网格大小

在"模型开发器"窗口中单击"网格 1"节点，选择"大小"，在"大小"的设置窗口中选中"预定义"按钮，选择"较粗化"，如图 3-67 所示。

3．自由四边形网格

在"几何"工具栏中单击"自由四边形网格"，在"自由四边形网格"设置窗口中定位到"域选择"栏，在图形窗口中选择域 1、域 2 和域 5。图 3-68 所示的网格比较稀疏，质量不好，需进一步提高质量。

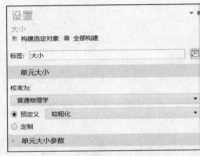

图 3-67　网格初始大小设置

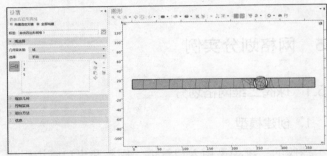

图 3-68　自由四边形设置的域

在"模型开发器"窗口中右击"自由四边形网格"，选择"大小"；在"大小"设置窗口内定位到"单元大小"栏，选中"定制"单选按钮；在"单元大小参数"栏内选中"最大单元大小"复选框并在其文本框内输入"0.8"，选中"最小单元大小"复选框并在其文本框内输入"0.005"；单击"构建选定对象"，如图 3-69 所示。

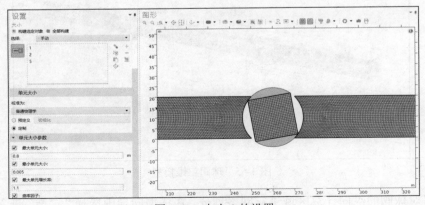

图 3-69　大小 1 的设置

在"模型开发器"窗口中右击"自由四边形网格"，选择"大小"；在"大小"设置窗口中定位到"几何实体选择"栏，在"几何实体层"列表中选择"边界"，在"图形"窗口中选择边界 13、边界 14、边界 17 和边界 19；定位到"单元大小"栏，选中"定制"单选按钮；在"单元大小参数"栏内选中"最大单元大小"复选框，在其文本框内输入"0.5"；单击"构建选定对象"，如图 3-70 所示。

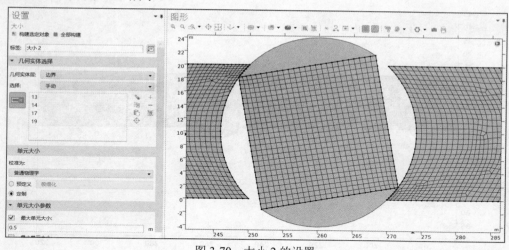

图 3-70　大小 2 的设置

4．自由三角形网格

在"网格"工具栏中单击"自由三角形网格"，在"自由三角形网格"设置窗口中定位到"域选择"栏，在图形窗口中选择域 3 和域 4。

在"模型开发器"窗口中右击"自由三角形网格"，选择"大小"；在"大小"设置窗口中定位到"几何实体选择"栏，在"几何实体层"列表中选择"边界"，在"图形"窗口中选择边界 13、边界 14、边界 15、边界 16、边界 17 和边界 19；定位到"单元大小"栏，选中"定制"单选按钮；在"单元大小参数"栏内选中"最大单元大小"复选框，在其文本框内输入"0.5"；在"单元大小参数"栏内选中"最小单元大小"复选框，在其文本框内输入"0.007"；单击"全部构建"，如图 3-71 所示。

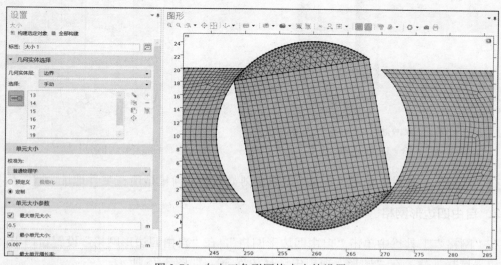

图 3-71　自由三角形网格大小的设置

球阀二维网格划分结果如图 3-72 所示。

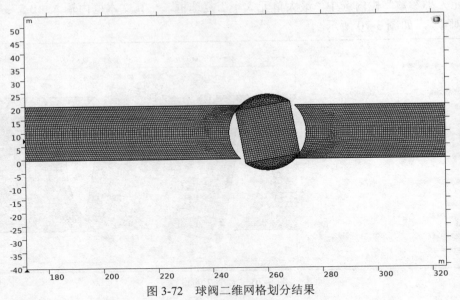

图 3-72　球阀二维网格划分结果

3.5.2　U 形管三维网格划分

1．创建模型

U 形管的三维模型由入口管道、中间管道和出口管道组成，流道的直径为 3.5mm，入口管道长度为 30mm，出口管道长度为 30mm，如图 3-73 和图 3-74 所示。

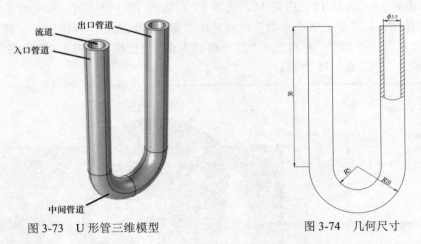

图 3-73　U 形管三维模型　　　　　　　　图 3-74　几何尺寸

在"几何"工具栏中单击"导入"按钮，浏览到该几何模型所在文件地址，双击后导入。

2．自由四边形网格

在"网格"工具栏中单击"自由四边形网格"，在"自由四边形网格"设置窗口中，定位到"边界选择"栏，在"图形"窗口中选择边界 30，如图 3-75 所示。

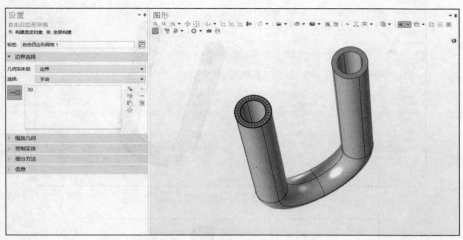

图 3-75 自由四边形网格设置

在"模型开发器"窗口中右击"自由四边形网格"节点，选择"分布"；在"分布"设置窗口中，定位到"边选择"栏，在"图形"窗口中选择边界 52、边界 53、边界 57、边界 58、边界 61、边界 64、边界 67 和边界 70；再定位到"分布"栏，在"单元数"文本框内输入"20"；单击"构建选定对象"，如图 3-76 所示。

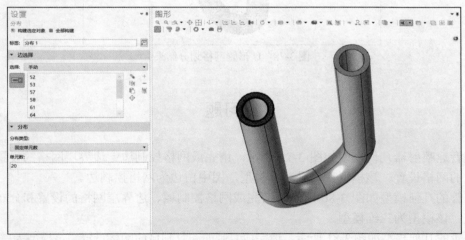

图 3-76 分布设置

3. 扫掠

在"网格"工具栏中单击"扫掠"，在"扫掠"设置窗口中，定位到"域选择"栏，从"几何实体层"中选择"域"，在"图形"窗口中选择域 1、域 2 和域 3，如图 3-77 所示。

在"模型开发器"窗口中右击"扫掠"节点，选择"分布"，定位到"分布"栏，在"单元数"文本框内输入"50"，单击"全部构建"，结果如图 3-78 所示。

本示例中的完整网格包含 60000 个域单元、25600 个边界单元和 2000 个边单元，平均单元质量为 0.9746，单元体积比为 0.3052。

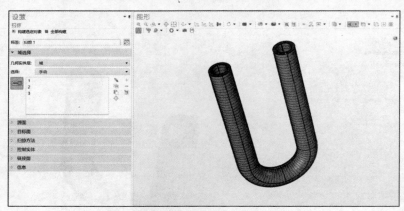

图 3-77　域选择

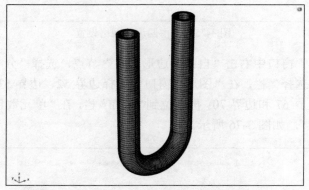

图 3-78　U 形管网格划分结果

练习题

1. 某超音速喷射器几何模型如图 3-79 所示，请完成网格控制边、边界层网格的设置和局部细化的网格设置。该模型为二维对称模型，图中白边为网格控制边。
2. 某弯管的几何模型如图 3-80 所示，请完成网格控制域、边界层网格的设置和分布网格的设置。该模型为三维模型。
3. 某叶轮的几何模型如图 3-81 所示，请完成复制面和复制域的网格设置。该模型为三维模型。

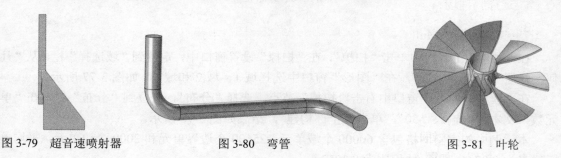

图 3-79　超音速喷射器　　　　　图 3-80　弯管　　　　　图 3-81　叶轮

第 4 章 结构力学分析

4.1 结构静力学分析

4.1.1 问题描述

结构静力学是一门很重要的学科，它主要研究工程结构在静载荷作用下的弹塑性变形和应力状态，以及结构优化问题。

这里对某支架进行静力学分析。支架材料为结构钢，支架厚度均为 10mm，固定孔的直径为 20mm，连接孔的直径为 60mm，支架基本尺寸如图 4-1 所示，三维几何图形如图 4-2 所示。

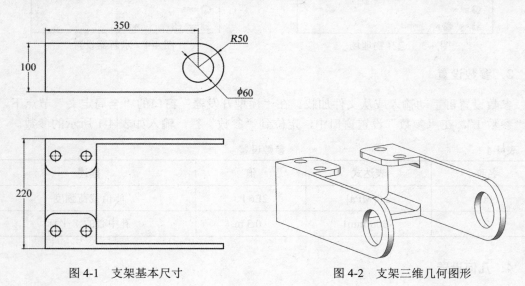

图 4-1 支架基本尺寸　　　　　　　　　　　图 4-2 支架三维几何图形

4.1.2 具体计算

1. 选择物理场

打开 COMSOL Multiphysics 软件，在"新建"窗口中，单击"模型向导"，选择"空间维度"为"三维"。然后在"选择物理场"窗口的物理场树中选择"结构力学"下的"固体力学"节点，单击"添加"按钮，如图 4-3 所示。

2. 设置求解器

单击"研究"按钮，在"选择研究"窗口中，选择"一般研究"下的"稳态"节点，单击"完成"按钮，如图 4-4 所示。

图 4-3　选择物理场　　　　　　　　　　　　图 4-4　求解器设置

3．参数设置

参数设置可手动输入或从文件加载。在"模型开发器"窗口的"全局定义"节点下，单击"参数 1"，在"参数"设置窗口中，定位到"参数"栏，输入如表 4-1 所示的参数。

表 4-1　　　　　　　　　　　　　　　　　参数设置

名称	表达式	值	描述
P0	2.0[MPa]	2E6 Pa	峰值载荷强度
YC	–300[mm]	–0.3 m	孔中心的 Y 坐标

4．几何设置

COMSOL Multiphysics 可以在软件内部创建几何结构，也可以从外部程序导入。软件支持多种 CAD 程序和文件格式。

本节将导入支架的几何模型。首先在"主屏幕"工具栏中单击"导入"按钮，在"导入"设置窗口中，单击"浏览"按钮，浏览到该模型所处的文件夹，然后双击"支架模型.mphbin"，最后单击"导入"设置窗口中的"导入"按钮。

5．载荷和材料定义

（1）载荷定义。在"主屏幕"工具栏中单击"函数"，然后选择"局部"子选项下的"解析"。弹出"解析"设置窗口，在"函数名称"文本框内输入"load"；定位到"定义"栏，在"表达式"文本框内输入"F*cos(atan2(py,abs(px)))"，在"变元"文本框内输入"F, py, px"；定位到"单位"栏，在"变元 F"的单位文本框中输入"Pa"，在"变元 py"的单位文本框内输入"m",在"变元 px"的单位文本框内输入"m",在"函数"文本框内输入"Pa",如图 4-5 所示。

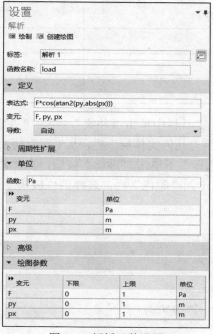

图 4-5 解析函数设置

（2）螺栓。在"定义"工具栏中单击"显式",弹出"显式"设置窗口。在"标签"文本框内输入"螺栓 1";定位到"输入实体"栏,从"几何实体层"列表中选择"边界",在"图形"窗口中选择边界 40 和边界 41,选中"按连续相切分组"复选框,如图 4-6 所示。

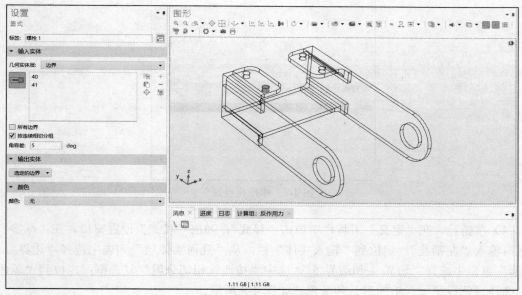

图 4-6 螺栓 1 的设置

重复上述步骤，设置另外 3 个螺栓。螺栓与边界的对应关系见表 4-2。

表 4-2　　　　　　　　　　　　　　　螺栓与边界的对应关系

新节点标签	选择边界
螺栓 2	43
螺栓 3	55
螺栓 4	57

（3）螺栓孔。在"定义"工具栏中单击"并集"，弹出"并集"设置窗口。在"标签"文本框内输入"螺栓孔"；定位到"几何实体层"栏，从"层"列表中选择"边界"；定位到"输入实体"栏，在"要添加的选择"下单击"添加"按钮，在"添加"窗口中选择螺栓 1 至螺栓 4，单击"确定"按钮；定位到"颜色"栏，选择调色板第一行中的第九种颜色，如图 4-7 所示。

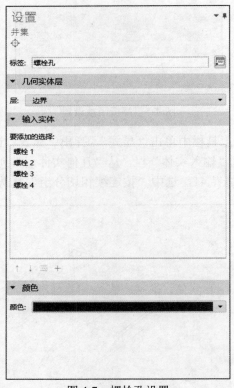

图 4-7　螺栓孔设置

（4）左销孔。在"定义"工具栏中单击"显式"，弹出"显式"设置窗口。在"标签"文本框内输入"左销孔"；定位到"输入实体"栏，从"几何实体层"列表中选择"边界"，在"图形"窗口中选择"边界 4 和边界 5"，选中"按连续相切分组"复选框；定位到"颜色"栏，选择调色板第一行中的第八种颜色，如图 4-8 所示。

（5）右销孔。在"定义"工具栏中单击"显式"，弹出"显式"设置窗口。在"标签"文本框内输入"右销孔"；定位到"输入实体"栏，从"几何实体层"列表中选择"边界"，在"图形"窗口中选择边界 75 和边界 76，选中"按连续相切分组"复选框；定位到"颜色"栏，选择调色板第一行中的第二种颜色，如图 4-9 所示。

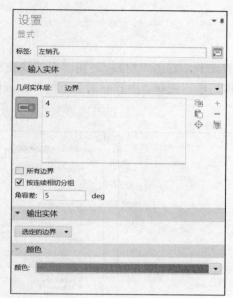

图 4-8　左销孔设置

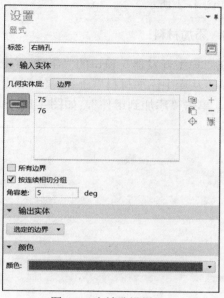

图 4-9　右销孔设置

（6）销钉孔。在"定义"工具栏中单击"并集"，弹出"并集"设置窗口。在"标签"文本框内输入"销钉孔"；定位到"几何实体层"栏，在"要添加的选择"下，单击"添加"按钮，在"添加"窗口内选择"左销孔"和"右销孔"，单击"确定"按钮，如图 4-10 所示。

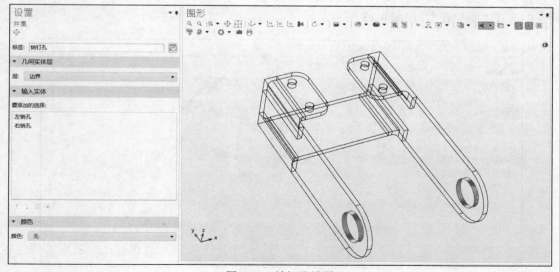

图 4-10　销钉孔设置

（7）螺栓孔边。在"定义"工具栏中单击"相邻"，弹出"相邻"设置窗口。在"标签"文本框内输入"螺栓孔边"；定位到"输入实体"栏，从"几何实体层"列表中选择"边界"；定位到"输出实体"栏，从"几何实体层"列表中选择"相邻边"；定位到"输入实体"栏，在"输入选择"下，单击"添加"按钮，在"添加"窗口中选择"螺栓孔"，单击"确定"按钮，如图 4-11 所示。

6．添加材料

在"模型开发器"窗口的"组件 1(comp1)"节点下，右击"材料"，在出现的快捷菜单中选择"从库中添加材料"命令；在"添加材料"窗口中，选择"内置材料"下的"Structural steel"，单击"添加到组件"，如图 4-12 所示。

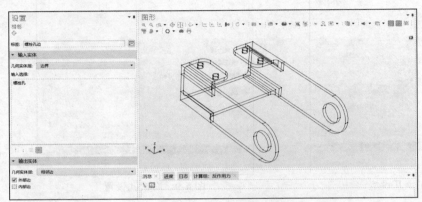

图 4-11　螺栓孔边的设置　　　　　　　　图 4-12　添加材料

7．物理场设置

（1）固定约束。在"模型开发器"窗口中，右击"固体力学"节点，在出现的快捷菜单中选择"固定约束"命令；在"固定约束"设置窗口中，定位到"边界选择"栏，从"选择"列表中选择"螺栓孔"，如图 4-13 所示。

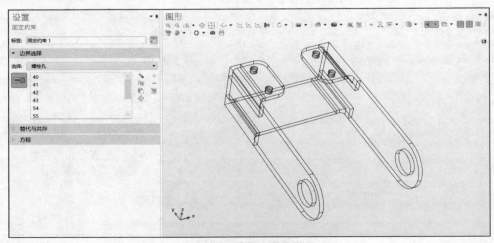

图 4-13　固定约束的设置

（2）边界载荷。对支架孔施加边界载荷，使用预定义的边界坐标系将载荷定义在法向。

在"物理场"工具栏中单击"边界"，然后选择"边界载荷"；在"边界载荷"设置窗口中，定位到"边界选择"栏，从"选择"列表中选择"手动"；定位到"坐标系选择"栏，从"坐标系"列表中选择"边界坐标系1"；定位到"力"栏，在"F_A"矢量的"n"文本框内输入"load(-P0,Y-YC,Z)*(Z<0)"，如图4-14所示。

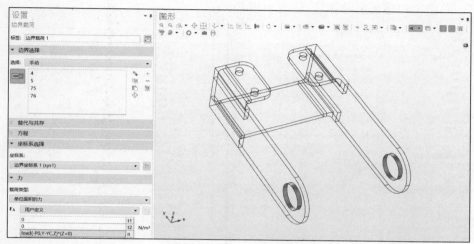

图4-14 边界载荷的设置

8. 网格的划分

网格的划分分为两步进行，分别为扫掠和自由四面体网格划分。

（1）扫掠。在"网格"工具栏中单击"边界"，选择"边"；在"边"设置窗口中，定位到"边选择"栏，从"选择"列表中选择"螺栓孔边"；右击"边1"并选择"分布"，在"分布"设置窗口中，定位到"分布"栏，在"单元数"文本框内输入"10"，如图4-15所示。

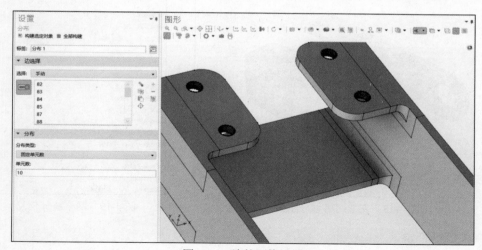

图4-15 边的网格设置

在"网格"工具栏中单击"扫掠"，在"扫掠"设置窗口中，定位到"域选择"栏，从"几何实体层"列表中选择"域",在"图形"窗口中选择域 1、域 4、域 5、域 6 和域 9;展开"源面"栏,在"图形"窗口中选择边界 1、边界 33、边界 37、边界 50 和边界 72,如图 4-16 所示。

右击"扫掠 1"并选择"大小",在"大小"设置窗口中,定位到"单元大小"栏,单击"定制"按钮;定位到"单元大小参数"栏,选中"最大单元大小"复选框,在文本框内输入"8[mm]";单击"构建选定对象",如图 4-17 所示。

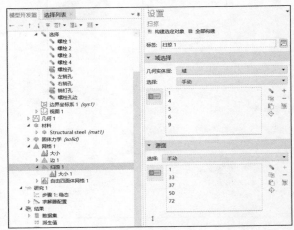

图 4-16 扫掠 1 域选择设置

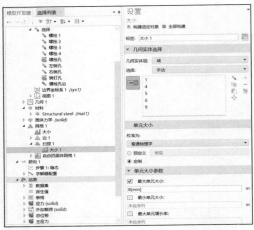

图 4-17 扫掠 1 大小设置

(2)自由四面体网格划分。在"网格"工具栏中单击"自由四面体网格",右击"网格 1"节点,选择"大小"命令,在"大小"设置窗口中定位到"单元大小"栏,从"预定义"列表中选择"较细化",单击"全部构建"。支架网格划分结果如图 4-18 所示。网格统计信息如图 4-19 所示。

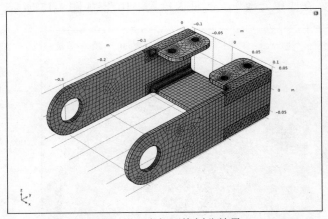

图 4-18 支架网格划分结果

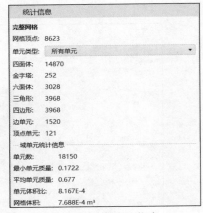

图 4-19 网格统计信息

9. 求解器设定

在"研究"节点中,系统会根据选定的物理场和研究类型自动定义仿真的求解器序列。在"研究"工具栏中单击"获取初始值";在"模型开发器"窗口中展开"外加载荷"节点，然后单击"边界载荷"，再单击"绘制"按钮。

单击"模型开发器"窗口中的"研究 1"节点，在"研究"设置窗口中单击"计算"按钮，然后等待计算完成。

10. 后处理

（1）应力图。在"模型开发器"窗口中单击"应力"节点，定位到"颜色图例"栏，选中"显示最大值和最小值"；单击"应力"节点下的"体 1"，在"体"设置窗口中，定位到"表达式"栏，从"单位"列表中选择"MPa"。支架应力图如图 4-20 所示。

（2）边界载荷。在"模型开发器"窗口中单击"外加载荷"下的"边界载荷"节点，右击"边界载荷 1"，并选择"复制"。在"模型开发器"窗口中，右击"应力"，并选择"粘贴面上箭头"。在"面上箭头"设置窗口中，定位到"着色和样式"栏，从"箭头基"列表中选择"头部"，选中"比例因子"复选框，在文本框内输入"1E-8"；展开"继承样式"栏，从"绘图"列表中选择"体 1"，清除"箭头比例因子"复选框，清除"颜色"复选框，清除"颜色和数据范围"复选框，如图 4-21 所示。

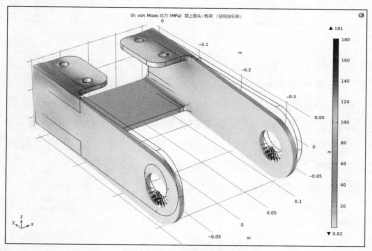

图 4-20　支架应力图

图 4-21　边界载荷面上箭头设置

在"模型开发器"窗口中展开"边界载荷 1"节点，然后单击"颜色表达式"，在"颜色表达式"设置窗口中，定位到"着色和样式"栏，清除"颜色图例"复选框。在"图形"工具栏中单击"显示格栅"按钮。

（3）总位移。在"主屏幕"工具栏中单击"添加绘图组"，选择"三维绘图组"。在"三维绘图组"设置窗口中，于"标签"文本框内输入"总位移"。右击"总位移"，并选择"表面"，在"表面"设置窗口中，定位到"表达式"栏，在"单位"列表中选择"mm"；定位到"着色和样式"栏，从"颜色表"列表中选择"SpectrumLight"。

右击"表面 1"，在出现的快捷菜单中选择"标记"命令。在"标记"设置窗口中，定位到"显示"栏，从"显示"列表中选择"最大值"；定位到"着色和样式"栏，从"背景色"列表中选择"来自主题"；定位到"文本格式"栏，在"显示精度"文本框内输入"3"，如图 4-22 所示。

在"模型开发器"窗口的"结果"节点下，单击"总位移"，在"三维绘图组"设置窗口中，定位到"颜色图例"栏，从"位置"列表中选择"右"，单击"绘制"，绘制的总位移图如图 4-23 所示。

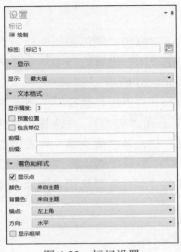

图 4-22　标记设置

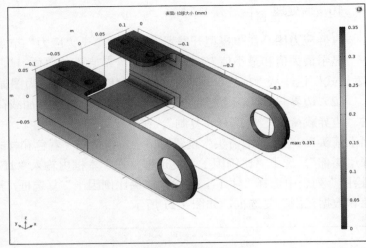

图 4-23　总位移图

（4）主应力图。在"主屏幕"工具栏中单击"添加绘图组"，然后选择"三维绘图组"，在"三维绘图组"设置窗口中，于"标签"文本框内输入"主应力"。

在"主应力"工具栏中单击"更多绘图"，然后选择"体主应力"。在"体主应力"设置窗口中，定位到"定位"栏，在"X 栅格点"的"点"文本框内输入"25"，在"Y 栅格点"的"点"文本框内输入"45"，在"Z 栅格点"的"点"文本框内输入"15"；定位到"着色和样式"栏，从"箭头长度"列表中选择"对数"，如图 4-24 所示。

单击"绘制"，绘制的体主应力图如图 4-25 所示。

图 4-24　体主应力设置

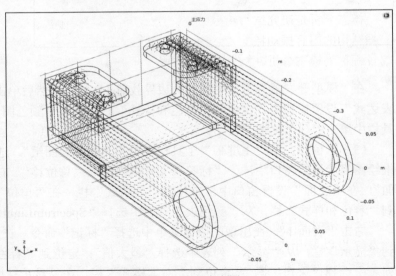

图 4-25　体主应力图

（5）位移旋度。在"主屏幕"工具栏中单击"添加绘图组"，于出现的快捷菜单中选择"一维绘图组"命令；在"一维绘图组"设置窗口中，于"标签"文本框内输入"位移旋度"。

在"模型开发器"窗口中右击"位移旋度"，于出现的快捷菜单中选择"线结果图"。在"线结果图"设置窗口中，于"图形"窗口中选择"线 7"；定位到"y 轴数据"栏，在"参数"列表中选择表达式"solid.curlUZ"，在"单位"列表中选择"%"；定位到"x 轴数据"栏，在"参数"列表中选择表达式"solid.disp"，"单位"选择"mm"；定位到"着色和样式"栏，在"宽度"文本框内输入"2"，单击"绘制"。绘制的位移旋度如图 4-26 所示。

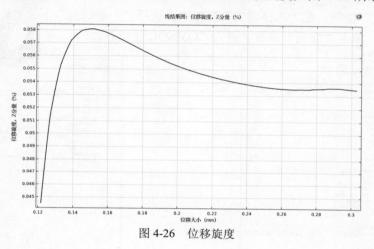

图 4-26　位移旋度

4.2　模态分析

4.2.1　问题描述

模态分析是研究结构动力特性的一种方法，一般应用在工程振动领域。其中，模态是指机械结构的固有振动特性，每一个模态都有特定的固有频率和模态振型。分析这些模态参数的过程称为模态分析。按计算方法，模态分析可分为计算模态分析和试验模态分析。

由有限元法进行的模态分析为计算模态分析。机器、建筑物、航天航空飞行器、船舶、汽车等的实际振动千姿百态、瞬息变化，模态分析提供了研究各种实际结构振动的一条有效途径。模态分析的最终目标是识别出系统的模态参数，为结构系统的振动特性分析、振动故障诊断和预报以及结构动力特性的优化设计提供依据。

这里以展开式二级斜齿圆柱齿轮减速器下箱体为研究对象，研究其固有频率和模态振型。其结构如图 4-27 所示。

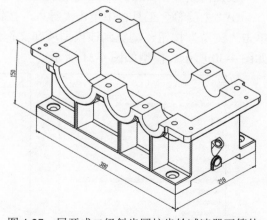

图 4-27　展开式二级斜齿圆柱齿轮减速器下箱体

4.2.2　具体计算

1．选择物理场

打开 COMSOL Multiphysics 软件，在"新建"窗口中，单击"模型向导"，选择"空间维度"为"三维"。随后在"选择物理场"窗口的物理场树中，定位到"结构力学"节点，并选择"固体力学"，单击"添加"按钮，如图 4-28 所示。

2．设置求解器

单击"研究"按钮，在"选择研究"窗口中，选择"一般研究"下的"特征频率"节点，如图 4-29 所示。单击"完成"按钮，进入 COMSOL 建模界面。

图 4-28　选择物理场

图 4-29　求解器设置

3．几何设置

该几何模型由 SolidWorks 建模完成，之后导入 COMSOL Multiphysics 进行分析。

在"主屏幕"工具栏中单击"导入"按钮，在"导入"设置窗口中，定位到"导入"栏，单击"浏览"按钮，浏览到该模型所在文件位置，然后双击文件，最后单击"导入"按钮，如图 4-30 所示。模型如图 4-31 所示。

图 4-30　导入设置

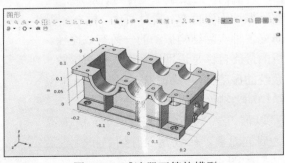

图 4-31　减速器下箱体模型

4．材料定义

展开式二级斜齿圆柱齿轮减速器下箱体的材料选用球墨铸铁 QT450-10，密度为 $\rho = 7.3 \times 10^3 \, \text{kg} / \text{m}^3$，弹性模量为 $E = 1.7 \times 10^{11} \, \text{Pa}$，泊松比为 $\mu = 0.3$。

右击"模型开发器"窗口"组件"节点下的"材料"，选择"空材料"，在"材料"设置窗口中，定位到"材料属性明细"栏，在"密度"的"值"文本框内输入"7.3e3"，在"杨氏模量"的"值"文本框内输入"1.7e11"，在"泊松比"的"值"文本框内输入"0.3"，如图 4-32 所示。

5．物理场设置

由模态分析的理论可知，对减速器下箱体进行模态分析就是求解该结构的固有属性，也即固有频率和振型，是该结构在无阻尼自由振动状态下的响应，与外载荷无关。

对于减速器下箱体的模态分析，如果采用实际的边界条件，能更准确地反映下箱体实际工作时的动态特性，而下箱体通常是底面与安装面（如地面或机架台面）固定，因此应约束箱体底部和地面或其他安装面的接触面。

在"物理场"工具栏中，单击"边界"，选择"固定约束"，弹出"固定约束"设置窗口，在"图形"窗口中选择边界 33 和边界 36，如图 4-33 所示。

图 4-32　材料设置

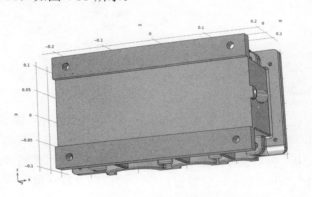

图 4-33　固定约束面

6．网格的划分

在"模型开发器"窗口中，单击"网格"，在"网格"设置窗口中单击"全部构建"，即下箱体被自由四面体网格划分。网格划分结果如图 4-34 所示，网格统计信息如图 4-35 所示。

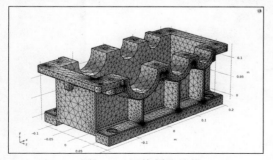

图 4-34　网格划分结果

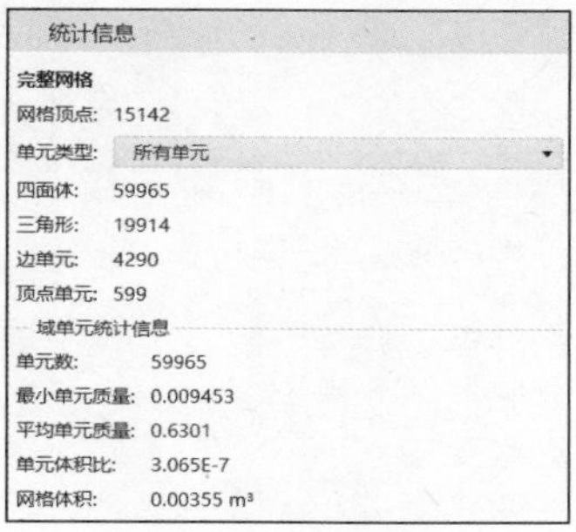

图 4-35　网格统计信息

7. 求解器的设定

在"模型开发器"窗口的"研究 1"节点下，单击"步骤 1：稳态"。在"稳态"设置窗口中，单击"计算"按钮，然后等待计算完成。

8. 后处理

（1）第一阶。在"模型开发器"窗口中展开"振型"节点，右击"表面 1"，在"表面"设置窗口中，定位到"数据"栏，从"数据集"列表中选择"研究 1/解 1"，从"特征频率"列表中选择"1332.3"。第一阶振型如图 4-36 所示。

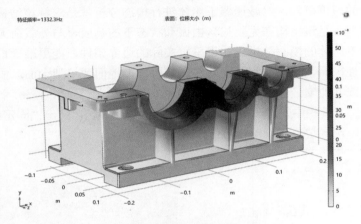

图 4-36 第一阶振型

（2）第二阶。在"模型开发器"窗口中展开"振型"节点，右击"振型"，选择"复制粘贴"，在"三维绘图组"设置窗口中，在"标签"文本框内输入"振型 2"，定位到"数据"栏，从"特征频率"列表中选择"1333.2"。在"模型开发器"窗口中展开"振型 2"，单击"表面 1"，在"表面"设置窗口中，定位到"数据集"，在"特征频率"列表中选择"1333.2"。第二阶振型如图 4-37 所示。

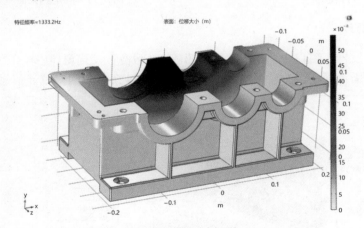

图 4-37 第二阶振型

（3）第三阶到第六阶。进行类似设置，得到第三阶到第六阶的频率和振型。

第三阶频率为 1843.8Hz，振型如图 4-38 所示。
第四阶频率为 2159.2Hz，振型如图 4-39 所示。
第五阶频率为 2164.8Hz，振型如图 4-40 所示。
第六阶频率为 2428.5Hz，振型如图 4-41 所示。

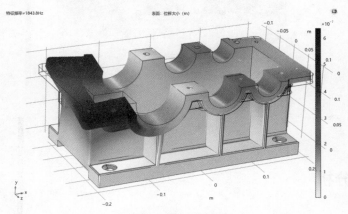

图 4-38　第三阶振型

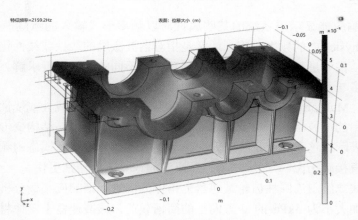

图 4-39　第四阶振型

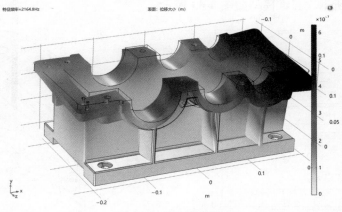

图 4-40　第五阶振型

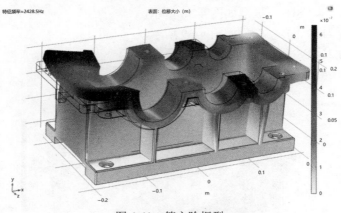

特征频率=2428.5Hz　　　　　表面：位移大小（m）

图 4-41　第六阶振型

4.3　谐响应分析

4.3.1　问题描述

　　系统的频率响应能显示出系统的某些属性对以频率形式输入的激励产生响应的函数。COMSOL Multiphysics 中的频率响应，通常是指对谐波激励的线性或线性化的响应。为了生成频率响应曲线，需要进行频率扫描，也就是对很多不同的频率进行求解。通常，频率响应曲线将表现出许多与系统固有频率对应的不同峰值。

　　在 COMSOL Multiphysics 中，"频域，模态"研究用于计算线性或线性化结构力学模型在一个或多个频率的谐波激励作用下的响应。在模态叠加分析中，结构变形通过结构特征模态的线性组合来表示。这意味着，要研究的频率受限于计算的特征模态的频率。与使用"频域"研究得到的直接解相比，"频域，模态"研究的计算速度通常更快。

　　这里以展开式二级斜齿圆柱齿轮减速器上箱体为例进行谐响应案例分析。在上箱体的轴承孔的边界上施加大小为 5kPa 的 y 方向上的简谐载荷，该减速器上箱体材料选用球墨铸铁 QT450-10，密度为 $\rho = 7.3 \times 10^3 \text{kg}/\text{m}^3$，弹性模量为 $E = 1.7 \times 10^{11}\text{Pa}$，泊松比为 $\mu = 0.3$。其几何模型如图 4-42 所示，三维模型如图 4-43 所示。

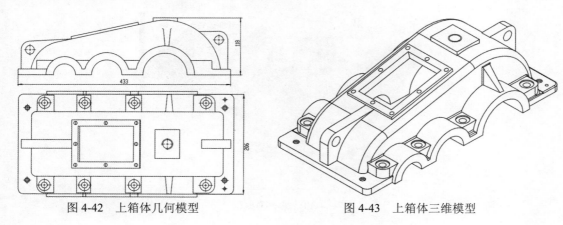

图 4-42　上箱体几何模型　　　　　　　　　图 4-43　上箱体三维模型

4.3.2　具体计算

1. 选择物理场

打开 COMSOL Multiphysics 软件，在"新建"窗口中，单击"模型向导"，选择"空间维度"为"三维"。然后在"选择物理场"窗口的物理场树中，找到"结构力学"节点，并选择"固体力学"，单击"添加"按钮。

2. 设置求解器

单击"研究"按钮，在"选择研究"窗口中，选择研究树的"所选物理场接口的预设研究"下的"频域，模态"节点，如图 4-44 所示。单击"完成"按钮，进入 COMSOL 建模界面。

3. 几何设置

该几何模型由 SolidWorks 建模完成，之后导入 COMSOL Multiphysics 进行分析。

在"主屏幕"工具栏中单击"导入"按钮，在"导入"设置窗口中，定位到"导入"栏，单击"浏览"按钮，浏览到该模型所在文件位置，然后双击文件，最后单击"导入"按钮。模型如图 4-45 所示。

图 4-44　选择研究

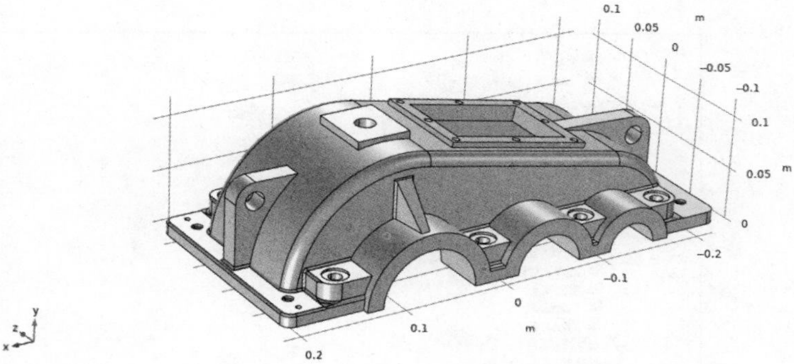

图 4-45　几何模型

4. 材料定义

右击"模型开发器"窗口"组件"节点下的"材料"，选择"空材料"，在"材料"设置窗口中，定位到"材料属性明细"栏，在"密度"的"值"文本框内输入"7.3e3"，在"杨氏模量"的"值"文本框内输入"1.7e11"，在"泊松比"的"值"文本框内输入"0.3"，如图 4-46 所示。

5. 物理场设置

在"物理场"工具栏中单击"边界"，选择"固定

图 4-46　材料设置

约束",弹出"固定约束"设置窗口,在"图形"窗口中选择边界 2、边界 84、边界 85、边界 117、边界 118 和边界 176,如图 4-47 所示。

在"物理场"工具栏中单击"边界",选择"边界载荷",在"模型开发器"窗口中右击"边界载荷 1",选择"谐波扰动",如图 4-48 所示。

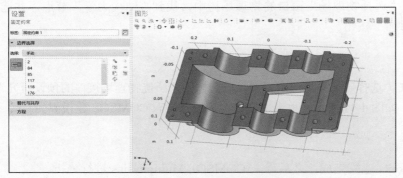 

图 4-47　固定约束的边界　　　　　　　　　　图 4-48　选择"谐波扰动"

在"边界载荷"设置窗口中,定位到"边界选择"栏,在"图形"窗口中选择边界 66、边界 67、边界 111、边界 112、边界 151 和边界 152;定位到"力"栏,在"y"文本框内输入"1[kPa]",如图 4-49 所示。边界载荷谐波扰动的边界选择如图 4-50 所示。

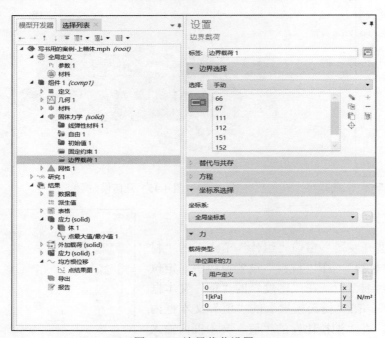

图 4-49　边界载荷设置

6.网格的划分

在"模型开发器"窗口中,单击"网格",在"网格"设置窗口中单击"全部构建",即上箱体被自由四面体网格划分。网格划分结果如图 4-51 所示,网格统计信息如图 4-52 所示。

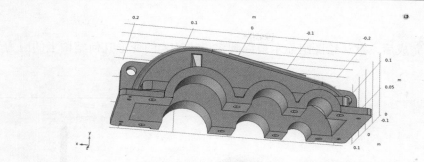

图 4-50 边界载荷谐波扰动的边界选择

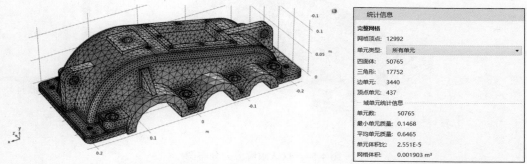

图 4-51 网格划分结果

图 4-52 网格统计信息

7. 求解器的设定

在"模型开发器"窗口的"研究 1"节点下，单击"步骤 2：频域，模态"。在"频域，模态"设置窗口中，定位到"研究设置"栏，在"频率"文本框内输入"range(2500,1,3500)"，如图 4-53 所示。单击"计算"按钮，然后等待计算完成。

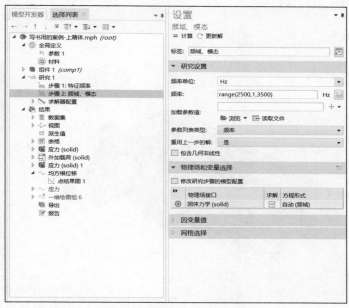

图 4-53 "频域，模态"设置

8. 后处理

求解器计算完成后，默认绘图组显示最终频率 3500Hz 的变形几何结构上的应力分布，如图 4-54 所示。

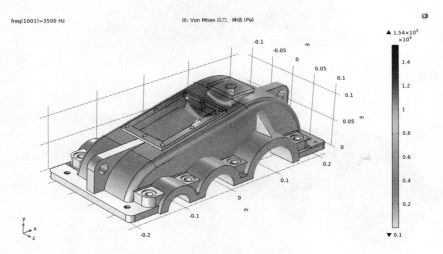

图 4-54　默认求解应力分布图

该展开式二级斜齿圆柱齿轮减速器上箱体的前两阶固有频率为 2591Hz 和 3444Hz。现绘制这两种频率下的应力图。

单击"模型开发器"窗口中的"结果"节点下的"应力"节点，在"三维绘图组"设置窗口中，定位到"数据"栏，在"参数值"列表中选择"2591"。然后单击"应力"节点下的"体 1"，在"体"设置窗口中，定位到"表达式"栏，在"单位"列表中选择"Pa"，单击"绘制"。绘制的应力图如图 4-55 所示。

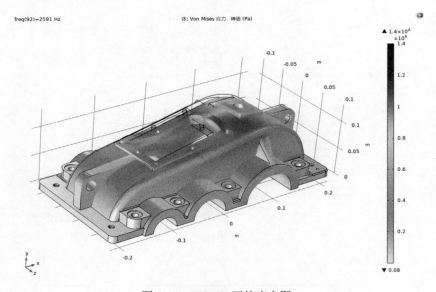

图 4-55　2591Hz 下的应力图

为方便确定最大值点和最小值点所在位置，用户可以右击"模型开发器"窗口中的"应力"节点，在出现的快捷菜单中选择"更多绘图"下的"点最大值/最小值"命令，如图 4-56 所示。绘制的点最大值/最小值图如图 4-57 所示。

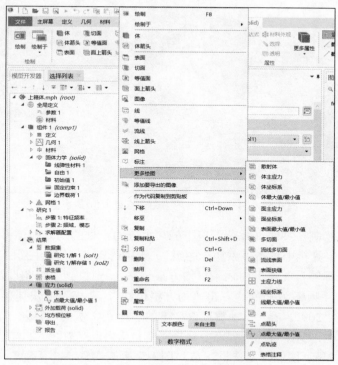

图 4-56　选择"点最大值/最小值"命令

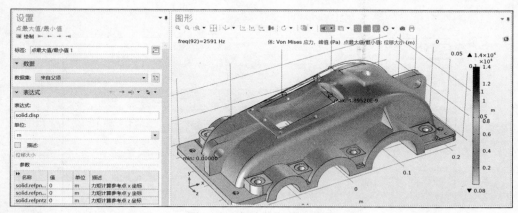

图 4-57　点最大值/最小值图

接下来要做的是绘制 3444Hz 下的应力图。右击"模型开发器"窗口中的"应力"节点，在出现的快捷菜单中选择"复制粘贴"命令，在复制粘贴后的"应力"节点中，包含前频率的应力图和点最大值/最小值相关结果，故在此只需更改其参数值。在"三维绘图组"设置窗口中，定位到"数据"栏，在"参数值"列表中选择"3444"，单击"绘制"。绘制的应力图和点最大值/最小值图如图 4-58 所示。

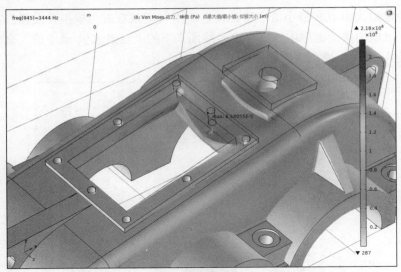

图 4-58　3444Hz 下的应力图和点最大值/最小值图

最后要做的是绘制在纯简谐载荷工况下的最大应力点处的均方根位移图。

在"主屏幕"工具栏中单击"添加绘图组",然后选择"一维绘图组"。在"一维绘图组"设置窗口中,在"标签"文本框内输入"均方根位移";定位到"绘图设置"栏,在"x 轴"标签文本框内输入"频率(Hz)"。右击"均方根位移",在出现的快捷菜单中选择"点结果图"命令,选择点"209",在"y 轴数据"栏下的表达式文本框内输入"solid.disp_rms";展开"着色和样式"栏,从"颜色"列表中选择"蓝色",在"宽度"文本框内输入"2";展开"图例"栏,选中"显示图例"复选框,从"图例"列表中选择"手动",在表中输入"均方根位移",结果如图 4-59 所示。

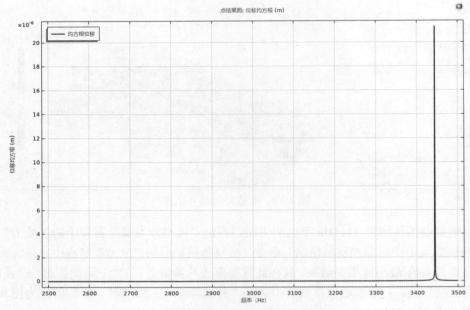

图 4-59　点 209 均方根位移(突变)

4.4 瞬态动力学分析

4.4.1 问题描述

齿轮传动系统是应用最广的运动或动力传递装置，是加工制造、航空航天、电力、核能等许多领域中的重要设备，它的动力学行为和工作性能对整个机械系统振动特性和稳定特性有着重要的影响。对齿轮传动系统进行建模、分析一直是研究的重点。运用有限元法分析齿轮传动系统动态特性具有准确、直观、方便等优点。

本节将利用 COMSOL Multiphysics 软件中的多体动力学接口进行齿轮传动的动力学分析。齿轮箱总体尺寸如图 4-60 所示。箱体内部细节如图 4-61 所示。

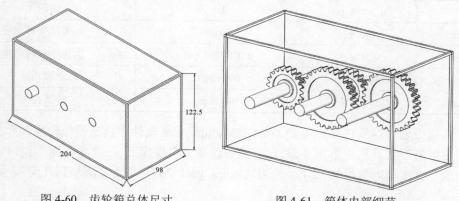

图 4-60　齿轮箱总体尺寸　　　　　　图 4-61　箱体内部细节

4.4.2 具体计算

在本实例中，模型分为两个部分：在第一部分中，通过接触分析来计算啮合周期中齿轮啮合刚度的变化；在第二部分中，利用第一部分计算得出的齿轮啮合刚度来作用于该部分的齿轮副节点，以此来计算齿轮传动的动力学以及外壳的振动。

图 4-62　选择物理场

1．齿轮啮合刚度的计算

（1）选择物理场。打开 COMSOL Multiphysics 软件，在"新建"窗口中，单击"模型向导"，选择"空间维度"为"二维"。然后在"选择物理场"窗口的物理场树中，找到"结构力学"节点，并选择"多体动力学"，单击"添加"按钮，在"添加的物理场接口"列表中显示已添加的"多体动力学（mbd）"，如图 4-62 所示。

（2）设置求解器。单击"研究"按钮，在"选择研究"窗口中，选择"一般研究"下的"稳态"节点，单击"完成"按钮，进入 COMSOL 建模界面。

（3）参数设置。在"模型开发器"窗口中的"全局定义"节点下，单击"参数 1"，在"参数"设置窗口中，定位到"参数"栏内，输入如表 4-3 所示的参数名称、表达式和值等。

表 4-3　　　　　　　　　　　　　　　参数设置

名称	表达式	值	描述
n_pn	20	20	齿数，小齿轮
dp_pn	50[mm]	0.05 m	节圆直径，小齿轮
n_wh	30	30	齿数，大齿轮
dp_wh	75[mm]	0.075 m	节圆直径，大齿轮
alpha	25[deg]	0.43633 rad	压力角
wg	10[mm]	0.01 m	齿轮宽度
gr	n_wh/n_pn	1.5	齿轮比
theta	0[deg]	0 rad	小齿轮旋转角度
twist	0.5[deg]	0.0087266 rad	大齿轮扭转角度
omega	600[rad/s]	600 rad/s	传动轴角速度
T_ext	100[N*m]	100 N·m	外部扭矩

（4）几何设置。这里直接应用 COMSOL Multiphysics 软件中自带的齿轮零件库。

在"主屏幕"工具栏中单击"窗口"，然后选择"零件库"，在"零件库"窗口中，选择模型树中的"多体动力学模块>二维>外齿轮>supr_gear_2d"，单击"添加到几何"，如图 4-63 所示。

图 4-63　零件库的零件添加

① 定义直齿轮的参数以确定齿轮的几何形状。在"主屏幕"工具栏中单击"全部构建"，这样在"图形"窗口中显示出初始的齿轮对。在"模型开发器"窗口的"组件 1"节点中，单击"几何 1"节点下的"直齿轮（二维）1"，在"零件实例"设置窗口的"输入参数"栏中，输入表 4-4 中的参数。

表 4-4　　　　　　　　　　　　　　　小齿轮参数

名称	表达式	值	描述
n	n_pn	20	齿数
dp	dp_pn	0.05m	节圆直径
alpha	alpha	25°	压力角
adr	0.85	0.85	齿顶高与模数比
htr	2.1	2.1	齿高度与齿顶高比
blr	1.00E-03	0.001	齿隙与节圆直径比
tfr	1.00E-02	0.01	齿顶圆角半径与节圆直径比（无圆角时设为 0）
rfr	1.00E-02	0.01	齿根圆角半径与节圆直径比（无圆角时设为 0）
dhr	0.2	0.2	孔径与节圆直径比（无孔时设为 0）
xc	0[mm]	0m	齿轮中心，x 坐标
yc	0[mm]	0m	齿轮中心，y 坐标

定位到"选择设置"栏，选中"保留闭流选择"复选框。建立的小直齿轮模型如图 4-64 所示。

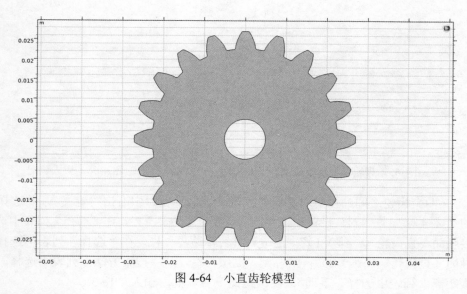

图 4-64　小直齿轮模型

在"几何"工具栏中单击"零件"，然后选择"直齿轮（二维）"，在"零件实例"设置窗口的"输入参数"栏中，输入表 4-5 中的参数。

表 4-5　　　　　　　　　　　　　　　　　大齿轮参数

名称	表达式	值	描述
n	n_wh	30	齿数
dp	dp_wh	0.075 m	节圆直径
alpha	alpha	25°	压力角
adr	0.85	0.85	齿顶高与模数比
htr	2.1	2.1	齿高度与齿顶高比
blr	1.00E-03	0.001	齿隙与节圆直径比
tfr	1.00E-02	0.01	齿顶圆角半径与节圆直径比（无圆角时设为 0）
rfr	1.00E-02	0.01	齿根圆角半径与节圆直径比（无圆角时设为 0）
dhr	0.2	0.2	孔径与节圆直径比（无孔时设为 0）
xc	(dp_pn+dp_wh)/2	0.0625 m	齿轮中心，x 坐标
yc	0[mm]	0 m	齿轮中心，y 坐标

　　定位到"选择设置"栏，选中"保留闭流选择"复选框。建立的齿轮配合几何模型如图 4-65 所示。

　　因直齿轮 1 和直齿轮 2 为装配体，故在"模型开发器"窗口中单击"形成联合体"节点，在"形成联合体/装配"设置窗口中，定位到"动作"列表，选择"形成装配"，清除"创建对"复选框，单击"构建选定对象"，如图 4-66 所示。

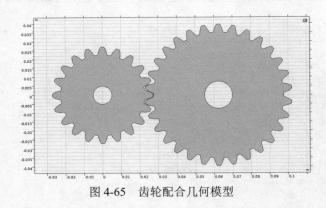

图 4-65　齿轮配合几何模型　　　　　　　　　图 4-66　形成装配

　　② 定义两个齿轮之间的接触对。在"模型开发器"窗口中右击"定义"，并选择"对"列表中的"接触对"。在"对"设置窗口中，定位到"源边界"栏，在"选择"列表中选择"齿轮齿，接触面（直齿轮（二维）1）"；定位到"目标边界"栏，在"选择"列表中选择"齿轮齿，接触面（直齿轮（二维）2）"；定位到"高级"栏，从"搜索方法"列表中选择"直接"，从"搜索距离"列表中选择"手动"，在"距离"文本框内输入"1e-3"。

　　(5) 材料定义。在"主屏幕"工具栏中，单击"添加材料"，打开"添加材料"窗口，在模型树中选择"内置材料"中的"Structrual steel"，单击"添加到组件"。在"主屏幕"工具栏中，单击"添加材料"，关闭"添加材料"窗口。

（6）物理场设置。

① 厚度的设置。在"模型开发器"窗口的"组件 1"节点下，单击"多体动力学"，在"多体动力学"设置窗口中，定位到"厚度"栏，在"d"文本框内输入"wg"。

② 接触的设置。在"物理场"工具栏中单击"对"，选择"接触"。在"接触"设置窗口中，定位到"对选择"栏，在"对"下，单击"添加"。在"添加"窗口中，从"对"列表中选择"接触对 1"，单击"确定"；在"接触"设置窗口中，定位到"接触压力罚因子"栏，从"罚因子控制"列表中选择"自动，软"，如图 4-67 所示。

③ 主动齿轮（小齿轮）的设置。在"物理场"工具栏中单击"边界"，然后选择"连接件"，在"图形"窗口中选择边界 52、边界 53、边界 64 和边界 65。

在"物理场"工具栏中单击"全局"，选择"铰链关节"。在"铰链关节"设置窗口中，定位到"连接件选择"栏，从"源"列表中选择"固定"，从"目标"列表中选择"连接件 1"，如图 4-68 所示。

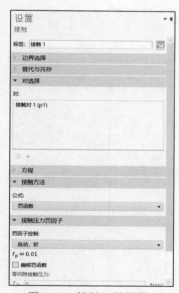

图 4-67　接触 1 的设置

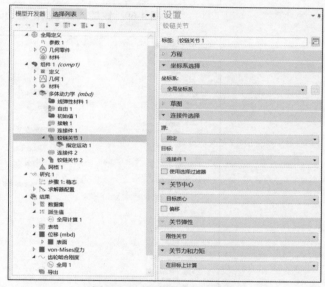

图 4-68　铰链关节的设置

在"物理场"工具栏中单击"属性"，选择"指定运动"。在"指定运动"设置窗口中，定位到"指定旋转运动"栏，在"θ_P"文本框内输入"theta"，如图 4-69 所示。

④ 大齿轮的设置。在"物理场"工具栏中单击"边界"，选择"连接件"，在"图形"窗口中选择边界 246、边界 247、边界 257 和边界 262。

在"物理场"工具栏中单击"全局"，选择"铰链关节"。在"铰链关节"设置窗口中，定位到"连接件选择"栏，在"源"列表中选择"固定"，从"目标"列表中选择"连接件 2"。

在"物理场"工具栏中单击"属性"，选择"指定运动"。在"指定运动"设置窗口中，定位到"指定旋转运动"栏，在"θ_P"文本框内输入"-theta/gr+twist"；展开"反作用力设置"栏，选中"计算反作用力"复选框，如图 4-70 所示。

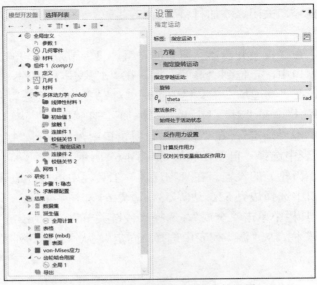

图 4-69　铰链关节 1 指定运动的设置

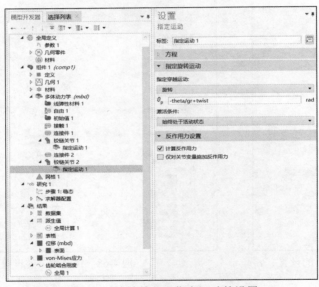

图 4-70　铰链关节 2 指定运动的设置

⑤ 定义变量。在"模型开发器"窗口中的"组件 1"节点下，右击"定义"，并选择"变量"。在"变量"设置窗口中，定位到"变量"栏，在表中输入如表 4-6 所示的值。

表 4-6　　　　　　　　　　　　　　　　变量的值

名称	表达式	值	描述
T	mbd.hgj2.pm1.RM	N·m	所需扭矩
kt	T/twist	N·m/rad	抗扭刚度
kg	kt/(dp_wh/2*cos(alpha))^2	N/m	沿作用线的刚度

（7）网格设置。在"模型开发器"窗口中，单击"网格 1"节点。在"网格"设置窗口中，单击"全部构建"，完成网格的划分，如图4-71所示。

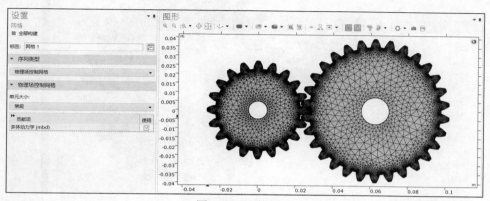

图4-71　网格划分

（8）求解器的设置。在"模型开发器"窗口的"研究 1"节点下，单击"步骤 1：稳态"。在"稳态"设置窗口中，展开"研究扩展"栏，选中"辅助扫描"复选框，单击"添加"按钮；在"参数名称"框内选择"theta（小齿轮）"，在"参数值列表"文本框中输入"range(1,1,40)"，在"参数单位"文本框中输入"deg"，单击"计算"按钮，等待计算完成，如图4-72所示。

（9）后处理。

① 位移图。计算完成后的默认绘图组为位移结果图，如图4-73所示。

图4-72　研究 1 的设置

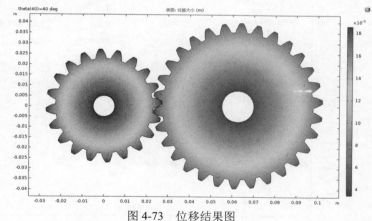

图4-73　位移结果图

② von Mises 应力图。右击"模型开发器"窗口中的"结果"节点下的"位移"节点，并选择"复制粘贴"。在"二维绘图组"设置窗口中，于"标签"文本框内输入"von Mises 应力"。在"模型开发器"窗口中，展开"von Mises 应力"下的"表面"，在"表面"设置窗口中定位到"表达式"栏，在"表达式"文本框内输入"mbd.mises"；展开"范围"栏，选中"手动控制颜色范围"复选框，在"最小值"文本框内输入"0"，在"最大值"文本框内输入"5e8"，单击"绘制"。绘制的 von Mises 应力图如图4-74所示。

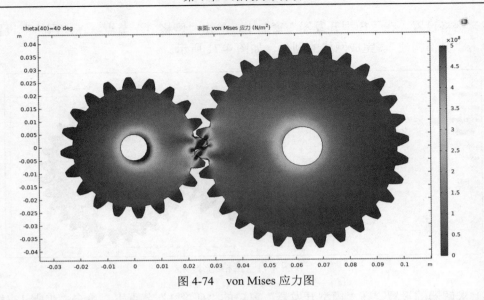

图 4-74　von Mises 应力图

③ 齿轮啮合刚度曲线图。在"结果"工具栏中单击"全局计算",在"全局计算"设置窗口中,单击"表达式"栏中的"替换表达式"按钮,从"模型"中选择"组件 1>定义>变量>kg-沿作用线的刚度-N/m",单击"计算"按钮,如图 4-75 所示。

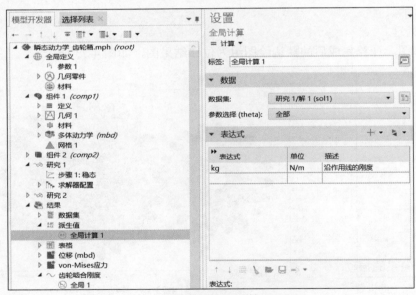

图 4-75　全局计算

在"结果"工具栏中单击"一维绘图组",在"一维绘图组"设置窗口中,于"标签"文本框内输入"齿轮啮合刚度";展开"标题"栏,在"标题类型"中选择"标签"。右击"齿轮啮合刚度",选择"全局"。在"全局"设置窗口中,单击"y 轴数据"栏中的"替换表达式"按钮,从"模型"中选择"组件 1>定义>变量>kg-沿作用线的刚度-N/m",如图 4-76 所示。

图 4-76 "y 轴数据"栏的设置

定位到"x 轴数据"栏,从"参数"列表中选择"表达式",在"表达式"文本框内输入"theta",从"单位"列表中选择"°";展开"着色和样式"栏,在"宽度"文本框内输入"3";展开"图例"栏,取消勾选"显示图例"复选框,如图 4-77 所示。

单击"绘制"按钮,绘制的齿轮啮合刚度图如图 4-78 所示。

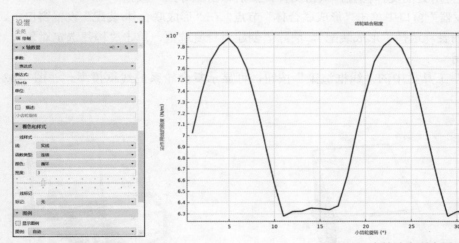

图 4-77 "x 轴数据"栏、"着色和样式"栏和"图例"栏的设置

图 4-78 齿轮啮合刚度图

2. 复合轮系的振动

(1)选择物理场。在"模型开发器"窗口中右击"瞬态动力学_齿轮箱.mph(root)"节点,选择"添加组件"中的"三维"。

(2)设置求解器。在"主屏幕"工具栏中,单击"添加物理场",在"添加物理场"窗口中选择"多体动力学",定位到"研究中的物理场接口"子栏,在表格中清除"研究 1"的"求解"复选框,单击"添加到'组件 2'",如图 4-79 所示。

在"主屏幕"工具栏中,单击"添加研究",在"添加研究"窗口中,选择"一般研究"下的"瞬态",定位到"研究中的物理场接口"子栏,清除"多体动力学"的"求解"复选框,单击"添加研究",如图 4-80 所示。

图 4-79　添加物理场

图 4-80　添加研究

(3)几何设置。在"主屏幕"工具栏中单击"导入",在"导入"设置窗口中,单击"浏览",浏览到该模型所处的文件位置,双击文件,然后单击"导入"按钮。

在"模型开发器"窗口中单击"形成联合体"节点,在"形成联合体/装配"设置窗口中,定位到"动作"列表,选择"形成装配",清除"创建对"复选框,单击"构建选定对象",结果如图 4-81 所示。

单击"图形"工具栏中的"线框渲染"按钮,可显示复合轮系的线框模型,如图 4-82 所示。

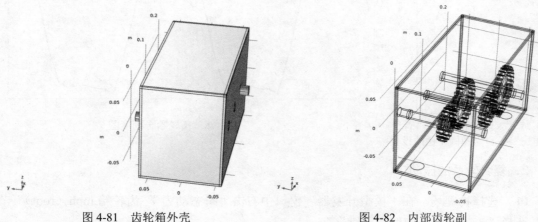

图 4-81　齿轮箱外壳　　　　　　　　　图 4-82　内部齿轮副

(4)定义参数。在"模型开发器"窗口中右击"组件 2"下的"定义"节点,选择"函数"列表中的"插值"。在"插值"设置窗口中,定位到"定义"栏,从"数据源"列表中选择"结果表",在"函数"子栏下的"函数名称"文本框中输入"kg",如图 4-83所示。

在"主屏幕"工具栏中单击"函数",选择"局部"栏下的"阶跃"。在"阶跃"设置窗口中，定位到"参数"栏，在"位置"文本框中输入"0.5e-3"；展开"平滑处理"栏，在"过渡区大小"文本框内输入"1e-3"，如图 4-84 所示。

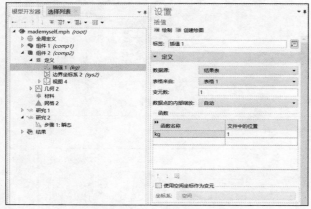

图 4-83 插值的设置

图 4-84 阶跃的设置

在"定义"工具栏中单击"显式"，在"显式"设置窗口中，定位到"输入实体"栏，在"几何实体层"列表中选择"边界"，在"图形"窗口中选择边界 71、边界 72、边界 75 和边界 76，选中"按连续相切分组"复选框，如图 4-85 所示。

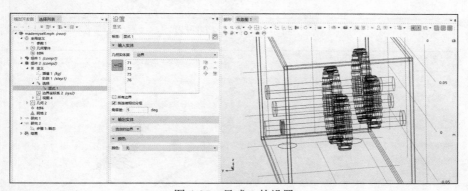

图 4-85 显式 1 的设置

按上述步骤，对其余 5 个轴承孔位进行显式选择，分别如图 4-86 至图 4-90 所示。

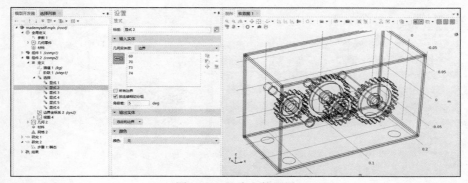

图 4-86 显式 2 的设置

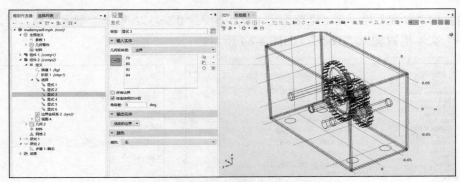

图 4-87　显式 3 的设置

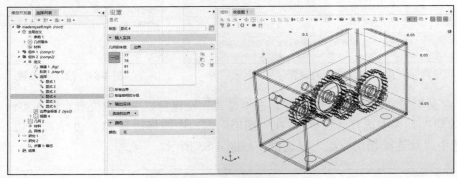

图 4-88　显式 4 的设置

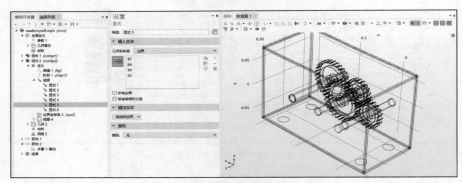

图 4-89　显式 5 的设置

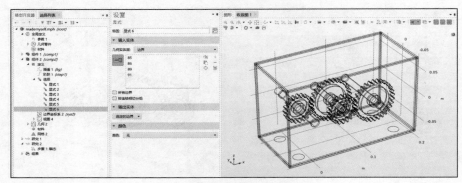

图 4-90　显式 6 的设置

（5）材料定义。在"主屏幕"工具栏中，单击"添加材料"，打开"添加材料"窗口，在模型树中选择"内置材料"中的"Structrual steel"，单击"添加到组件"。在"主屏幕"工具栏中，单击"添加材料"，关闭"添加材料"窗口。

（6）物理场设置。

① 创建齿轮。在"物理场"工具栏中单击"域"，选择"直齿轮"，在"图形"窗口中选择"域 27"和"域 28"；在"直齿轮"设置窗口中，定位到"齿轮属性"栏，在"齿数"文本框内输入"n_pn"，在"节圆直径"文本框内输入"dp_pn"，在"压力角"文本框内输入"alpha"；再定位到"齿轮轴"栏，在"y"文本框内输入"1"；在"初始值"栏的列表中选择"局部定义"，如图 4-91 所示。

展开"直齿轮 1"节点并单击"初始值 1"，在"初始值"设置窗口中，定位到"初始值：旋转"栏，在"角速度"子栏的"y"文本框内输入"omega"，如图 4-92 所示。

图 4-91 直齿轮的设置

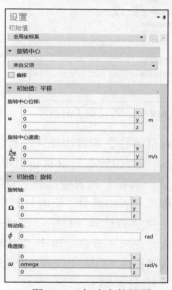

图 4-92 角速度的设置

按照以上步骤，对剩余 3 个齿轮进行创建。这 3 个齿轮的信息如表 4-7 所示。

表 4-7 直齿轮设置

名称	选择域	齿数	节圆直径	压力角	初始角速度
直齿轮 2	29、30	n_wh	dp_wh	alpha	-omega/gr
直齿轮 3	31	n_pn	dp_pn	alpha	-omega/gr
直齿轮 4	32、33	n_wh	dp_wh	alpha	-omega/gr^2

② 添加齿轮副节点来连接两个直齿轮。在"物理场"工具栏中单击"全局"，选择"齿轮副"。在"齿轮副"设置窗口中，定位到"齿轮选择"栏，从"轮"列表中选择"直齿轮 1"，从"小齿轮"列表中选择"直齿轮 2"；定位到"齿轮副属性"栏，选中"包含齿轮弹性"复选框；定位到"接触力计算"栏，从列表中选择"使用弱约束计算"，如图 4-93 所示。

展开"齿轮副 1"节点，单击"齿轮弹性 1"。在"齿轮弹性"设置窗口中，定位到"啮合刚度"栏，从"指定"列表中选择"齿轮副总刚度"，在"k_g"文本框内输入"kg(mbd2.grp1.thm_wh*180/pi)"，如图 4-94 所示。

图 4-93　齿轮副 1 的设置

图 4-94　齿轮弹性的设置

同样，对直齿轮 3 和直齿轮 4 进行齿轮副设置。在"物理场"工具栏中单击"全局"，选择"齿轮副"。在"齿轮副"设置窗口中，定位到"齿轮选择"栏，从"轮"列表中选择"直齿轮 3"，从"小齿轮"列表中选择"直齿轮 4"；定位到"作用线"栏，从"通过在以下位置旋转切线获取"列表中选择"逆时针方向"；定位到"齿轮副属性"栏，选中"包含齿轮弹性"复选框；在"接触力计算"栏中，选择"使用弱约束计算"，如图 4-95 所示。

展开"齿轮副 2"节点，单击"齿轮弹性 1"。在"齿轮弹性"设置窗口中，定位到"啮合刚度"栏，从"指定"列表中选择"齿轮副总刚度"，在"k_g"文本框内输入"kg(mbd2.grp2.thm_wh*180/pi)"，如图 4-96 所示。

图 4-95　齿轮副 2 的设置

图 4-96　齿轮弹性的设定

③　固定关节。在"物理场"工具栏中单击"全局"，选择"固定关节"。在"固定关节"设置窗口中，定位到"连接件选择"栏，从"源"列表中选择"直齿轮 2"，从"目标"列表中选择"直齿轮 3"，如图 4-97 所示。

④　连接件。在"物理场"工具栏中单击"边界"，选择"连接件"。在"连接件"设置窗口中，定位到"边界选择"栏，在"选择"列表中选择"显式 1"，如图 4-98 所示。同样地，进行连接件 2 至连接件 6 的设置。在"边界选择"栏中，连接件 2 至连接件 6 分别对应显式 2 至显式 6。

⑤　铰链关节。在"物理场"工具栏中单击"全局"，选择"铰链关节"。在"铰链关节"设置窗口中，定位到"连接件选择"栏，从"源"列表中选择"连接件 1"，从"目标"列表中选择"直齿轮 1"；定位到"关节轴"栏，将"x"文本框清零，在"y"文本框内输入"1"，如图 4-99 所示。

图 4-97　固定关节的设置

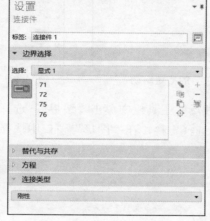

图 4-98　连接件的设置

图 4-99　铰链关节的设置

对铰链关节 2 至铰链关节 6 的设定如上述铰链关节 1 一样,有差异的是在连接件选择中，源的选择和目标的选择不同。读者只需按表 4-8 进行选择即可。

表 4-8　铰链关节选择表

名称	源	目标	关节轴 x 方向	关节轴 y 方向	关节轴 z 方向
铰链关节 2	连接件 2	直齿轮 1	0	1	0
铰链关节 3	连接件 3	直齿轮 2	0	1	0
铰链关节 4	连接件 4	直齿轮 2	0	1	0
铰链关节 5	连接件 5	直齿轮 4	0	1	0
铰链关节 6	连接件 6	直齿轮 4	0	1	0

⑥　指定传动轴的旋转并在输出轴上添加外部载荷。在"模型开发器"窗口中，单击"铰链关节 1"，在"物理场"工具栏中单击"属性"，选择"指定运动"。在"指定运动"设置窗口中，定位到"指定旋转运动"栏，从"指定穿越运动"列表中选择"角速度"，

在"角速度"文本框内输入"omega"，如图 4-100 所示。

单击"铰链关节 5"，在"物理场"工具栏中单击"属性"，选择"作用力和力矩"。在"作用力和力矩"设置窗口中，定位到"作用于"栏，从列表中选择"关节"；定位到"作用力和力矩"栏，在"作用力矩"文本框内输入"-T_ext*step1(t[1/s])"，如图 4-101 所示。

图 4-100　铰链关节的指定运动

图 4-101　作用力和力矩的设置

⑦ 固定约束。在"物理场"工具栏中单击"边界"，选择"固定约束"。在"固定约束"设置窗口中，定位到"边界选择"栏，在"图形"窗口中选择边界 67、边界 68、边界 93 和边界 94，如图 4-102 所示。

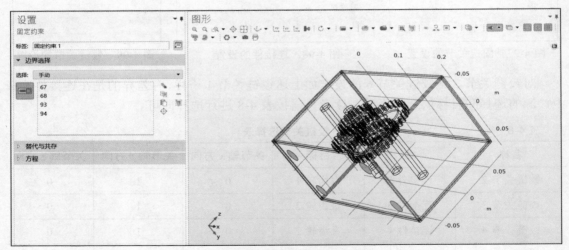

图 4-102　固定约束

（7）网格设置。在"模型开发器"窗口中单击"组件 2"节点下的"网格 2"，在"网格"设置窗口中，定位到"物理场控制网格"栏，在"单元大小"列表中选择"细化"，单击"全部构建"，如图 4-103 所示，内部网格划分如图 4-104 所示。

（8）求解器的设置。单击"研究"按钮，在"选择研究"窗口中，选择"一般研究"下的"瞬态"。在"瞬态"设置窗口中，定位到"研究设置"栏，在"输出时步"文本框内输入

"range(0,3.5e-5,7e-3)",从"容差"列表中选择"用户控制",在"相对容差"文本框内输入"1e-6",如图 4-105 所示。

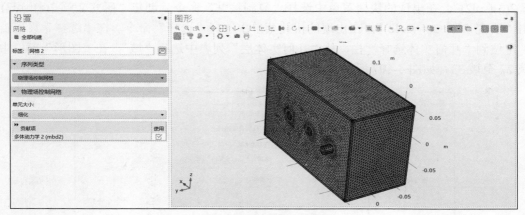

图 4-103 箱体网格划分

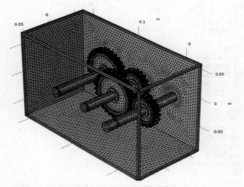

图 4-104 齿轮箱内部网格划分

在"研究"工具栏中,单击"显示默认求解器",在"模型开发器"窗口中展开"解 2"节点,然后单击"瞬态求解器 1"。在"瞬态求解器"设置窗口中,展开"绝对容差"栏,从"容差方法"列表中选择"手动",单击"计算",等待计算完成,如图 4-106 所示。

图 4-105 瞬态的设置

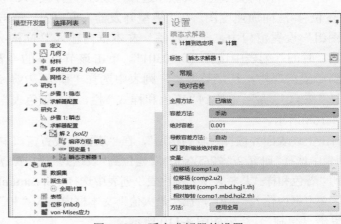

图 4-106 瞬态求解器的设置

（9）后处理。这里将创建多个数据集，以便更好地将轮系总成分析结果可视化。

① 建立研究 2/解 2（4）。在"模型开发器"窗口中展开"数据集"节点，右击"研究 2/解 2(3)(sol2)"，在出现的快捷菜单中选择"复制粘贴"命令，创建"研究 2/解 2(4)(sol2)"。右击"研究 2/解 2(4)(sol2)"，在出现的快捷菜单中选择"选择"命令，在"选择"设置窗口中，定位到"几何实体选择"栏，从"几何实体层"列表中选择"域"，在"图形"窗口中选择域 27 至域 33，如图 4-107 所示。

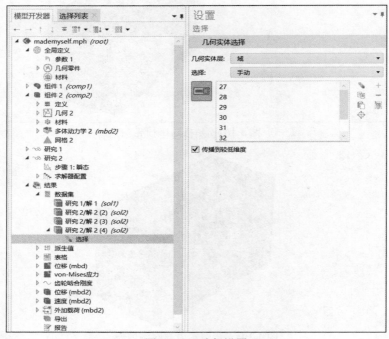

图 4-107　选择设置

② 建立研究 2/解 2（5）。同样，如上述操作，建立"研究 2/解 2(5)(sol2)"，建立完成后右击该节点，在出现的快捷菜单中选择"选择"命令，在"选择"设置窗口中，定位到"几何实体选择"栏，从"几何实体层"列表中选择"域"，选择域 11、域 13、域 22。

③ 位移-法向加速度图。在"模型开发器"窗口中，单击"位移（mbd2）"节点，在"三维绘图组"设置窗口中，于"标签"文本框内输入"位移-法向加速度"，定位到"数据"栏，从"时间"列表中选择"0.00301"。单击该节点下的"表面"，在"表面"设置窗口中，定位到"数据"栏，从"数据集"列表中选择"研究 2/解 2(4)(sol2)"，从"解参数"列表中选择"来自父项"；定位到"着色和样式"栏，从"颜色表"列表中选择"AuroraAustralis"，如图 4-108 所示。

右击上述表面并选择"复制粘贴"，在"表面"设置窗口中，定位到"数据"栏，从"数据集"列表中选择"研究 2/解 2(5)(sol2)"；定位到"表达式"栏，在"表达式"文本框内输入"mbd2.an"；定位到"着色和样式"栏，从"颜色表"列表中选择"SpectrumLight"；展开"范围"栏，在"最小值"文本框内输入"–30"，在"最大值"文本框内输入"30"，如图 4-109 所示。

单击"绘制"，结果如图 4-110 所示。

④ 接触力图。在"主屏幕"工具栏中单击"添加绘图组",选择"一维绘图组"。在"一维绘图组"设置窗口中,于"标签"文本框内输入"接触力";定位到"数据"栏,从"数据集"列表中选择"研究 2/解 2(3)(sol2)";定位到"标题"栏,从"标题类型"列表中选择"无";定位到"图例"栏,从"位置"列表中选择"右下角",如图 4-111 所示。

图 4-108 法向加速度表面设置(一)

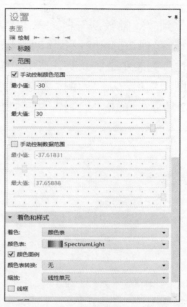

图 4-109 法向加速度表面设置(二)

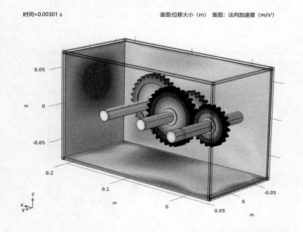

图 4-110 位移-法向加速度图

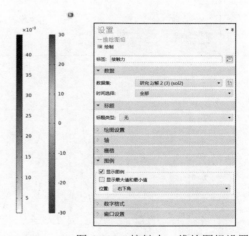

图 4-111 接触力一维绘图组设置

在"模型开发器"窗口中右击"接触力",并选择"全局"。在"全局"设置窗口中,单击"y 轴数据"栏的"替换表达式",从模型中选择"组件 2(comp2)>多体动力学 2>齿轮副>齿轮副 1>mbd2.grp1.Fc-接触力的点-N";单击"y 轴数据"栏中的"添加表达式",从模型中选择"组件 2(comp2)>多体动力学 2>齿轮副>齿轮副 1>mbd2.grp2.Fc-接触力的点-N";定位到"y 轴数据"栏,在表中输入如表 4-9 所示的内容。

表 4-9		力表达式
表达式	单位	描述
mbd2.grp1.Fc	N	接触点的力
−mbd2.grp2.Fc	N	接触点的力

定位到"x 轴数据"栏，在"参数"列表中选择"表达式"，单击"替换表达式"，从模型中选择"组件 2(comp2)>多体动力学 2>铰链关节>铰链关节 11>mbd2.hgj1.th-相对旋转-rad"，在"单位"列表中选择"°"，选中"描述"复选框，在关联文本框内输入"传动轴旋转"；定位到"图例"栏，从"图例"列表中选择"手动"，分别输入"齿轮副 1"和"齿轮副 2"，如图 4-112 所示。单击"绘制"，接触力图如图 4-113 所示。

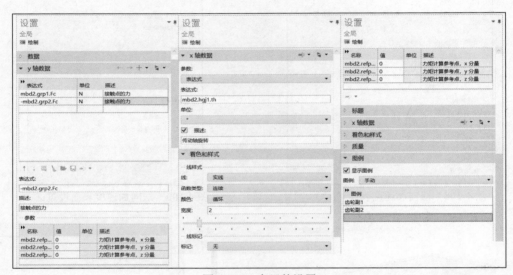

图 4-112　全局的设置

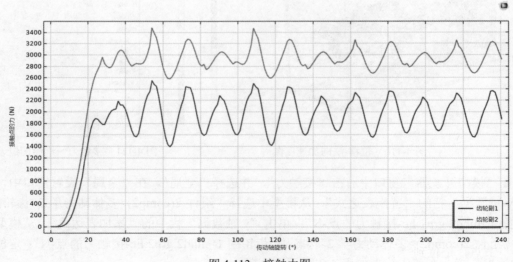

图 4-113　接触力图

⑤ 角速度图。在"模型开发器"窗口中右击"接触力"，并选择"复制粘贴"。在"一维绘图组"设置窗口中，于"标签"文本框内输入"角速度"；定位到"绘图设置"栏，选中"y轴标签"复选框，在关联文本框中输入"角速度（rad/s）"；定位到"图例"栏，从"位置"列表中选择"右上角"，如图4-114所示。

在"模型开发器"窗口中单击"角速度"节点下的"全局"节点，在"全局"设置窗口中，单击"y轴数据"栏中的"替换表达式"，从模型中选择"组件 2>多体动力学 2>铰链关节>铰链关节 1>mbd2.hgj1.th_t-相对角速度-rad/s"；定位到"图例"栏，在"图例"文本框中输入"传动轴"，如图4-115（a）所示。

继续添加两个全局，以绘制中间轴和输出轴的角速度图。相应地，在各自的"y轴数据"栏中的表达式文本框内分别输入"−mbd2.hgj3.th_t"和"mbd2.hgj5.th_t"；定位到"图例"栏，在各自的"图例"文本框中分别输入"中间轴"和"输出轴"，如图4-115（b）、（c）所示。

图4-114　角速度一维绘图组设置

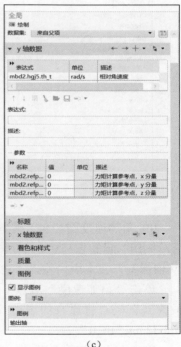

（a）　　　　　　（b）　　　　　　（c）

图4-115　角速度全局设置

为方便区分 3 个轴的角速度曲线，对 3 种线型进行设定。单击"角速度"的"全局 1"节点，定位到"着色和样式"栏，从"线"列表中选择"点划线"；单击"角速度"的"全局 2"节点，定位到"着色和样式"栏，从"线"列表中选择"实线"；单击"角速度"的"全局 3"节点，定位到"着色和样式"栏，从"线"列表中选择"虚线"，如图4-116所示。

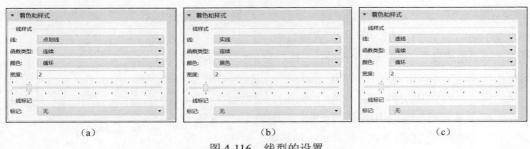

（a）　　　　　　　　　　（b）　　　　　　　　　　（c）

图 4-116　线型的设置

单击"角速度"节点，在"一维绘图组"设置窗口中，定位到"轴"栏，选中"手动轴限制"复选框，在"y 最小值"文本框内输入"200"，在"y 最大值"文本框内输入"800"，单击"绘制"，如图 4-117 所示。

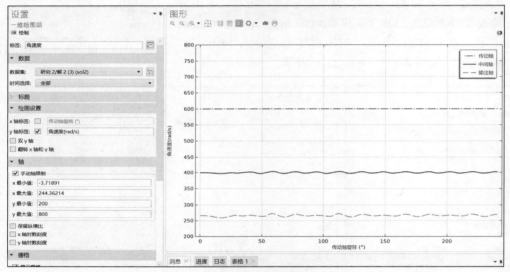

图 4-117　角速度图

⑥ 角加速度图。在"模型开发器"窗口中右击"角速度"，并选择"复制粘贴"。在"一维绘图组"设置窗口中，于"标签"文本框内输入"角加速度"；定位到"绘图设置"栏，在"y 轴标签"文本框内输入"角加速度（rad/s^2）"。

单击"角加速度"节点下的"全局"节点，在各自的"全局"设置窗口中，定位到"y 轴数据"栏，将原有的表达式清除后，分别输入"mbd2.hgj1.th_tt""−mbd2.hgj3.th_tt"和"mbd2.hgj5.th_tt"。

单击"角加速度"节点，在"一维绘图组"设置窗口中，定位到"轴"栏，取消勾选"手动轴限制"复选框，单击"绘制"，如图 4-118 所示。

⑦ 法向加速度图。在"主屏幕"工具栏中单击"添加绘图组"，选择"一维绘图组"。在"一维绘图组"设置窗口中，于"标签"文本框内输入"法向加速度"；定位到"数据"栏，从"数据集"列表中选择"研究 2/解 2(3)(sol2)"；定位到"标题"栏，从"标题类型"列表中选择"手动"，在"标题"文本框内输入"连接件 5 的法向加速度"。

右击"法向加速度"，并选择"全局"。在"全局"设置窗口中，定位到"y 轴数据"栏，在"表达式"文本框内输入"mbd2.att5.u_tty";定位到"x 轴数据"栏,从"参数列表"中选择"表达式",在"表达式"文本框内输入"mbd2.hgj1.th",从"单位"列表中选择"°",选中"描述"复选框,在关联文本框内输入"传动轴旋转";定位到"着色和样式"栏,在"宽度"文本框内输入"3";定位到"图例"栏,清除"显示图例"复选框,单击"绘制"。绘制的法向加速度图如图 4-119 所示。

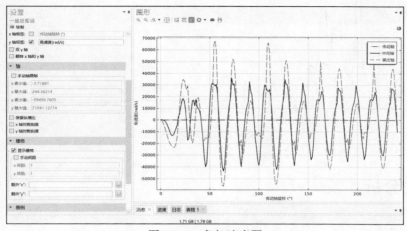

图 4-118　角加速度图

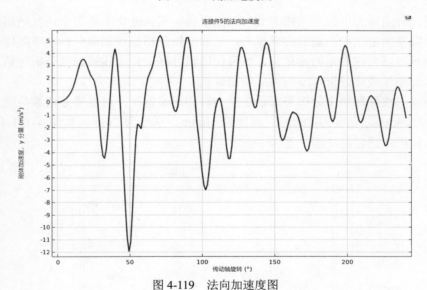

图 4-119　法向加速度图

⑧ 法向加速度-频谱图。在"模型开发器"窗口中,右击"法向加速度",并选择"复制粘贴"。在"一维绘图组"设置窗口中,于"标签"文本框内输入"法向加速度-频谱"。单击该节点下的"全局"节点,在"全局"设置窗口中,定位到"x 轴数据"栏,从"参数"列表中选择"离散傅里叶变换",从"显示"列表中选择"频谱",单击"绘制"。绘制的法向加速度-频谱图如图 4-120 所示。

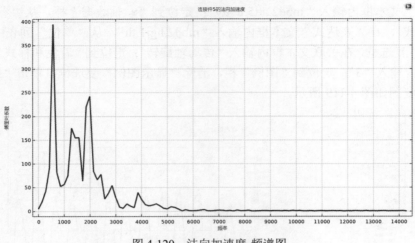

图 4-120　法向加速度-频谱图

4.5　屈曲分析

4.5.1　问题描述

屈曲是一种由压力引起的结构突然失效的现象。屈曲分析主要用于研究结构在特定载荷下的稳定性以及确定结构失稳的临界载荷，屈曲分析包括线性屈曲分析和非线性屈曲分析。线性屈曲分析可以考虑固定的预载荷，也可使用惯性释放；非线性屈曲分析包括几何非线性失稳分析、弹塑性失稳分析、非线性后屈曲分析。

本案例使用线性屈曲来分析茶罐顶盖受力时的屈曲情况，对临界屈曲载荷进行计算。顶盖的长度为 100mm，宽度为 70mm，高度为 10mm，厚度为 2mm，如图 4-121 所示。100N 屈曲预载荷作用在顶盖的中心位置。

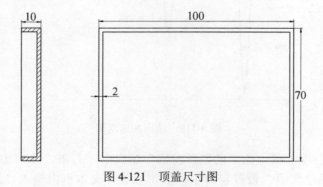

图 4-121　顶盖尺寸图

4.5.2　具体计算

1．选择物理场

打开 COMSOL Multiphysics 软件，在"新建"窗口中，单击"模型向导"，选择"空间维度"为"三维"。然后在"选择物理场"窗口的物理场树中，找到"结构力学"节点，并选择"固体力学"，单击"添加"按钮，在"添加的物理场接口"栏中显示出已添加"固体力学（solid）"，如图 4-122 所示。

2．设置求解器

单击"研究"按钮，在"选择研究"窗口中，于模型树中定位到"所选物理场接口的预设研究"节点下，选择"线性屈曲"，单击"完成"，如图 4-123 所示。

图 4-122　选择物理场

图 4-123　选择研究

3．几何设置

该几何模型由 SolidWorks 建模完成后导入 COMSOL Multiphysics 进行分析。在"主屏幕"工具栏中单击"导入"，在"导入"设置窗口中，定位到"导入"栏，单击"浏览"按钮，浏览到该模型所在文件位置，然后双击文件，最后单击"导入"按钮。顶盖模型如图 4-124 所示。

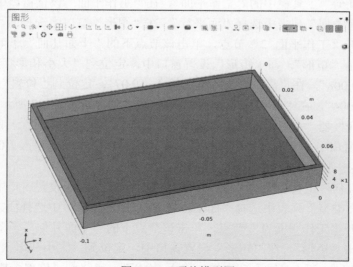

图 4-124　顶盖模型图

为方便后续的结构化网格划分，还需将顶盖分割以达到网格控制域的目的。

（1）单击"几何"工具栏中的"工作平面"，在"工作平面"设置窗口中定位到"平面定义"栏，在"平面类型"列表中选择"面平行"，在"图形"窗口中选择面"9"。在"模型开发器"窗口中展开"工作平面 1"节点，单击该节点下的"平面几何"子节点。在"工作平面"工具栏中单击"矩形"，在"矩形"设置窗口中，定位到"大小和形状"栏，在"宽度"文本框内输入"0.008"，在"高度"文本框内输入"0.07"；定位到"位置"栏，在"xw"文本框内输入"−0.004"，在"yw"文本框内输入"−0.035"，如图 4-125 所示。

单击"模型开发器"窗口中的"工作平面 1"节点后，单击"几何"工具栏中的"拉伸"。在"拉伸"设置窗口中，定位到"距离"栏，在"距离"文本框内输入"0.002"，单击"构建选定对象"，如图 4-126 所示。

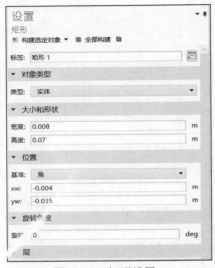

图 4-125　矩形设置

图 4-126　拉伸 1 设置

（2）单击"几何"工具栏中的"工作平面"，在"工作平面"设置窗口中定位到"平面定义"栏，在"平面类型"列表中选择"面平行"，在"图形"窗口中选择面"8"。在"模型开发器"窗口中展开"工作平面 2"节点，单击该节点下的"平面几何"子节点。在"工作平面"工具栏中单击"矩形"，在"矩形"设置窗口中，定位到"大小和形状"栏，在"宽度"文本框内输入"0.008"，在"高度"文本框内输入"0.07"；定位到"位置"栏，在"xw"文本框内输入"−0.004"，在"yw"文本框内输入"−0.035"，如图 4-127 所示。

单击"模型开发器"窗口中的"工作平面 2"节点后，单击"几何"工具栏中的"拉伸"。在"拉伸"设置窗口中，定位到"距离"栏，在"距离"文本框内输入"0.002"，单击"构建选定对象"，并选中"反向"复选框，如图 4-128 所示。

（3）单击"几何"工具栏中的"工作平面"，在"工作平面"设置窗口中定位到"平面定义"栏，在"平面类型"列表中选择"面平行"，在"图形"窗口中选择面"6"。在"模型开发器"窗口中展开"工作平面 1"节点，单击该节点下的"平面几何"子节点。在"工作平面"工具栏中单击"矩形"，在"矩形"设置窗口中，定位到"大小和形状"栏，在"宽度"文本框内输入"0.1"，在"高度"文本框内输入"0.07"；定位到"位置"栏，在"xw"文本框内输入"-0.05",在"yw"文本框内输入"-0.035",如图4-129所示。

单击"模型开发器"窗口中的"工作平面3"节点后,单击"几何"工具栏中的"拉伸"。在"拉伸"设置窗口中,定位到"距离"栏,在"距离"文本框内输入"0.002",单击"构建选定对象",并选中"反向"复选框,如图4-130所示。

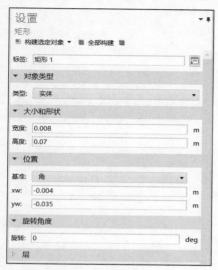

图4-127 矩形设置

图4-128 拉伸2设置

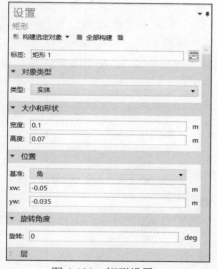

图4-129 矩形设置

图4-130 拉伸3设置

(4)单击"几何"工具栏中的"布尔操作和分割"列表的"分割对象",在"分割对象"设置窗口中,定位到"分割对象"栏,激活"要分割的对象"选择,在"图形"窗口中选择"imp1";激活"工具对象"选择,在"图形"窗口中选择"ext5""ext6"和"ext7",单击"构建选定对象",如图4-131所示。

单击"几何"工具栏中的"虚拟操作"内的"网格控制域",在"网格控制域"设置窗口中,定位到"输入"栏,在"图形"窗口中选择域1至域5,单击"全部构建",如图4-132所示。

图 4-131　分割对象设置

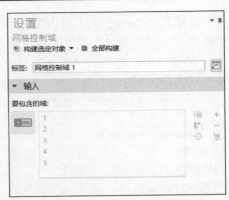

图 4-132　网格控制域设置

4. 材料定义

右击"模型开发器"窗口中的"材料"节点，选择"从库中添加材料"，在"添加材料"窗口中，选择"内置材料"中的"Aluminum"，并单击"添加进组件 1"。

5. 物理场设置

在执行线性屈曲分析时，需要先在任意载荷水平下运行应力分析，接着将屈曲载荷作为相对于前一个分析中所用载荷的比例因子进行计算，故需要在物理场设置中定义参考载荷，即屈曲预载荷。

在"模型开发器"窗口中展开"组件 1"节点，单击"固体力学"节点，在"固体力学"设置窗口中，定位到"结构瞬态特性"栏，选择"准静态"。

在"物理场"工具栏中，单击"边界"，选择"固定约束"。在"固定约束"设置窗口中，定位到"边界选择"栏，在"图形"窗口中选择边界 27 至边界 42，如图 4-133 所示。

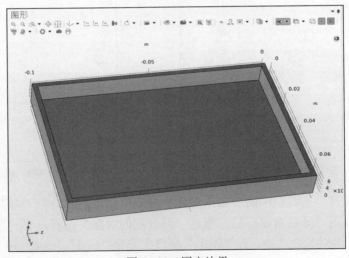

图 4-133　固定边界

在"物理场"工具栏中，单击"边界"，选择"边界载荷"。在"边界载荷"设置窗口中，在"标签"文本框内输入"屈曲预载荷"，在"图形"窗口中选择边界 1；定位到"力"栏中，从"载荷类型"列表中选择"总力"，在"F_{tot}"的"x"文本框内输入"100"，如图 4-134 所示。

6．网格的划分

在"模型开发器"窗口中右击"网格"节点，选择"扫掠"。在"扫掠"设置窗口中，定位到"域选择"栏，在"几何实体层"列表中选择"整个几何"。在"模型开发器"窗口中右击"扫掠 1"选择"分布"。在"分布"设置窗口中，定位到"域选择"栏，在"图形"窗口中选择域 1；定位到"分布"栏，在"单元数"文本框内输入"2"，如图 4-135 所示。

在"模型开发器"窗口中右击"扫掠 1"，选择"大小"。在"大小"设置窗口中，定位到"单元大小"栏，在"预定义"列表中选择"极细化"，接着选中"定制"单选按钮；定位到"单元大小参数"栏，勾选"最大单元大小"复选框，在其文本框内输入"0.001"，如图 4-136 所示。网格划分结果如图 4-137 所示。

图 4-134　边界载荷设置

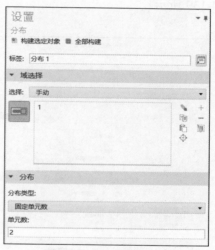

图 4-135　分布设置

图 4-136　大小设置

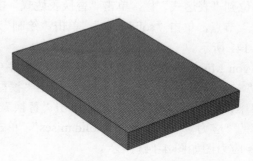

图 4-137　网格划分结果

7．求解器的设定

在 COMSOL Multiphysics 中，选择线性屈曲研究时，软件会自动准备两个研究步骤，分别为稳态和线性屈曲。

在"模型开发器"窗口的"研究 1"节点下，单击"步骤 1：稳态"。在"稳态"设置窗口中，单击"计算"，等待计算完成。

8．后处理

（1）位移大小。在"主屏幕"工具栏中，单击"添加绘图组"，选择"三维绘图组"，在"三维绘图组 2"中选择"体"。单击"模型开发器"窗口下的"体 1"节点，在"体"设置窗口中，定位到"表达式"栏，单击"替换表达式"按钮，展开"组件 1"，选择"固体力学"下的"位移"节点，单击"solid.disp"，单击"绘制"。表达式的选择如图 4-138 所示，位移图如图 4-139 所示。

图 4-138　表达式选择

图 4-139　位移图

（2）体积应变。在"主屏幕"工具栏中，单击"添加绘图组"，选择"三维绘图组"，在"三维绘图组 3"中选择"体"。单击"模型开发器"窗口下的"体 1"节点，在"体"设置窗口中，定位到"表达式"栏，单击"替换表达式"按钮，展开"组件 1"，选择"固体力学"下的"应变"节点，单击"solid.evol"，单击"绘制"。表达式的选择如图 4-140 所示，体积应变图如图 4-141 所示。

（3）von Mises 应力图。在"主屏幕"工具栏中，单击"添加绘图组"，选择"三维绘图组"，在"三维绘图组 4"中选择"体"。单击"模型开发器"窗口下的"体 1"节点，在"体"设置窗口中，定位到"表达式"栏，单击"替换表达式"按钮，展开"组件 1"，选择"固体力学"下的"应力"节点，单击"solid.mises"，单击"绘制"。表达式的选择如图 4-142 所示，von Mises 应力图如图 4-143 所示。

图 4-140 表达式选择

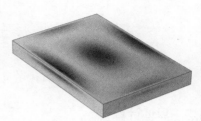

图 4-141 体积应变图

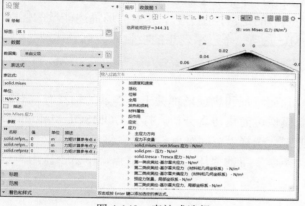

图 4-142 表达式选择

图 4-143 von Mises 应力图

4.6 声场分析

4.6.1 问题描述

超重低音扬声器（低音炮）能发出较长波长的低频声音，可产生低频热烈的效果，在日常生活中应用广泛。

本案例将分析超重低音扬声器膜与扬声器箱内外空气之间的耦合对系统力阻抗的贡献，此外也会分析外部辐射相关结果，以演示低音炮声场的均匀强度分布。

分析模型为一个放置在地板上的圆台形下射式低音炮。低音炮箱的高度为 0.7m，箱体底部直径为 0.7m，其底部内嵌一个直径为 0.3m 的膜，顶部直径为 0.4m 且有一个直径为 0.14m 的通风口，如图 4-144 所示，三维模型如图 4-145 所示。

膜在加速度 $a=a_0e^{i\omega t}$ 下产生谐波振动，其中 $a_0=10m/s^2$，$\omega=2\pi f$ 是角频率（rad/s）。本示例分析的频率是 $f=50\sim70Hz$，这是低音炮通常使用的频率范围的上沿。

假设箱壁是完全刚性的，声介质为空气。保持扬声器直立所需的支架对声场的影响可以忽略不计。

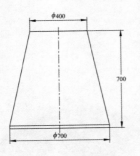

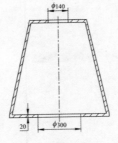

图 4-144　尺寸图

图 4-145　三维模型

4.6.2　具体计算

在开始具体计算前须简单介绍一个概念，即完美匹配层（PML）。

完美匹配层的域功能本质上可作为波形的定常控制方程，其中的场描述能量的辐射，"电磁波，频域"接口就属于这种情况。PML 充当一个近乎理想的吸收体或辐射体域。

1．选择物理场

由于忽略支架对声场的影响，所有几何特征和物理场都关于扬声器的轴具有轴对称性，因此，在二维轴对称物理场接口中建立模型可简化仿真分析。打开 COMSOL Multiphysics 软件，在"新建"窗口中，单击"模型向导"，选择"空间维度"为"二维轴对称"。然后在"选择物理场"窗口的物理场树中，选择"声学"下的"压力声学"节点，单击"压力声学，频域（acpr）"，然后单击"添加"按钮。

2．研究设置

单击"研究"按钮，在"选择研究"窗口中，选择研究树中"一般研究"下的"稳态"节点，单击"完成"按钮。

3．参数设置

在"模型开发器"窗口的"全局定义"节点下，单击"参数 1"。在"参数"设置窗口中，定位到"参数"栏，将表 4-10 中的参数值输入其中。需要说明的是，模型中使用一个参数来表示膜的峰值加速度，使用变量来作用于膜的总力和膜-空气系统的力阻抗，并使用积分算子来计算力。

表 4-10　　　　　　　　　　　　　　参数设置表

名称	表达式	值	描述
w_p	1.1[m]	1.1 m	完美匹配层宽度
h_p	1.8[m]	1.8 m	完美匹配层高度
layer	0.5[m]	0.5 m	层厚
a0	10[m/s^2]	10 m/s²	峰值加速度

在"定义"工具栏中，单击"非局部耦合"，然后选择"积分"。在"积分"设置窗口中，在"算子名称"文本框中输入"mem_int"；在"源选择"栏中，从"几何实体层"列表中选择"边界"，在"图形"窗口中选择边界 4 和边界 11；在"高级"栏中，清除"计算回转几何中的积分"复选框，如图 4-146 所示。

在"定义"工具栏中，单击"非局部耦合"，选择"积分"。在"积分"设置窗口中，在"算子名称"文本框中输入"pml_int"；定位到"源选择"栏中，从"几何实体层"列表中选择"边界"，然后在"图形"窗口中选择边界 6 和边界 18，如图 4-147 所示。

图 4-146　积分 1 的设置

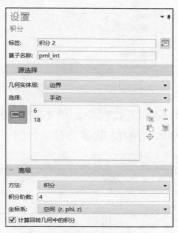

图 4-147　积分 2 的设置

在"定义"工具栏中，单击"局部变量"，在"变量"设置窗口的"变量"栏中输入表 4-11 的参数值。

表 4-11　　　　　　　　　　　　　　变量 1 的设置

名称	表达式	单位	描述
F_a	mem_int(2*pi*r*nz*(down(p)-up(p)))	N	膜上的净力
Z_a	-F_a/(a0/acpr.iomega)	N·s/m	力阻抗
P_AR	-pml_int(up(acpr.Ir)*nr+up(acpr.Iz)*nz)	W	辐射功率

在"定义"工具栏中，单击"完美匹配层"，在"图形"窗口中选择域 2、域 3、域 4。在"完美匹配层"设置窗口中，定位到"几何"栏，在"类型"列表中选择"圆柱型"；因为开口泄漏的波的倏逝部分会以特征长度衰减，该特征长度比该波长更短，故使用有理数拉伸类型来处理开口的辐射问题，在"坐标拉伸类型"列表中选择"有理数"，如图 4-148 所示。

4. 几何设置

在"几何"工具栏中，单击"矩形"。在"矩形"设置窗口中，定位到"大小和形状"栏，在"宽度"文本框中输入"w_p"，在"高度"文本框中输入"h_p"；定位到"层"栏，在"层 1"后输入"layer"，选中"层在右侧"和"层在顶面"复选框，其他层的相关复选框取消选择，单击"构建选定对象"，空气域和周围的完美匹配层参数即设定完成，如图 4-149 所示。

图 4-148　完美匹配层设置

图 4-149　矩形 1 的设置

在"几何"工具栏中，单击"多边形"。在"多边形"设置窗口中，定位到"坐标"栏，在表格中输入表 4-12 的参数值。

表 4-12　多边形 1 参数值

r/m	z/m
0.07	0.78
0.19	0.78
0.2	0.8
0.07	0.8
0.07	0.78

在"几何"工具栏中，单击"矩形"。在"矩形"设置窗口中，定位到"大小和形状"栏，在"宽度"文本框中输入"0.2"，在"高度"文本框中输入"0.02"；定位到"位置"栏，在"r"文本框中输入"0.15"，在"z"文本框中输入"0.1"，单击"构建选定对象"，如图 4-150 所示。

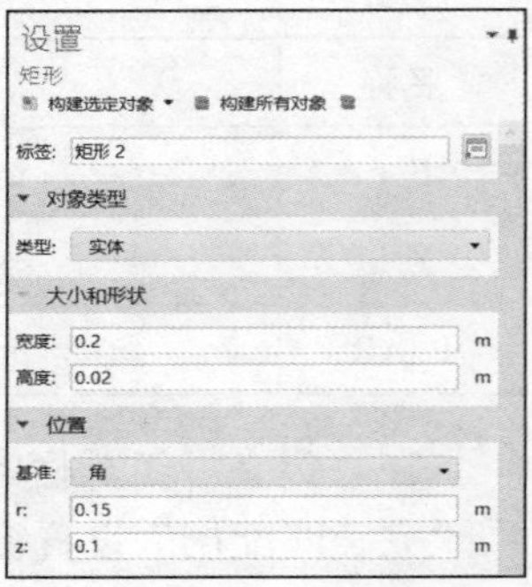

在"几何"工具栏中，单击"多边形"。在"多边形"设置窗口中，定位到"坐标"栏，在表格中输入表 4-13 的参数值。单击"构建选定对象"。

图 4-150　矩形 2 的设置

表 4-13　多边形 2 参数值

r/m	z/m
0.35	0.12
0.33	0.12
0.19	0.78
0.2	0.8
0.35	0.12

在"几何"工具栏中，单击"布尔操作和分割"，选择"求差"。在"差集"设置窗口中，定位到"差集"栏，在"要添加的对象"中，于"图形"窗口中选择矩形1、多边形1、矩形2、多边形2；在"要减去的对象"中，于"图形"窗口中选择多边形1、矩形2、多边形2，单击"构建所有对象"，如图4-151所示。至此，低音炮的壁就设置完毕。

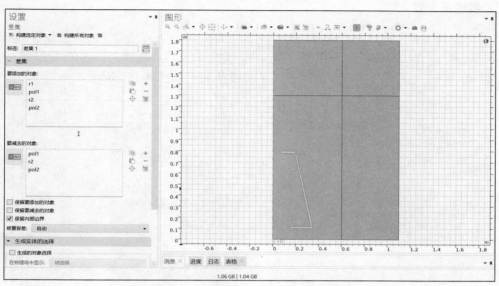

图4-151   PML和低音炮壁的几何设置

最后要做的是创建一个膜。在"几何"工具栏中，单击"多边形"。在"多边形"设置窗口中，定位到"对象类型"栏，在"类型"列表中选择"开放曲线"；定位到"坐标"栏，从"数据源"列表中选择"矢量"，在"r"文本框中输入"0 0.08 0.15"，在"z"文本框中输入"0.2 0.2 0.12"。建立的几何模型如图4-152所示。

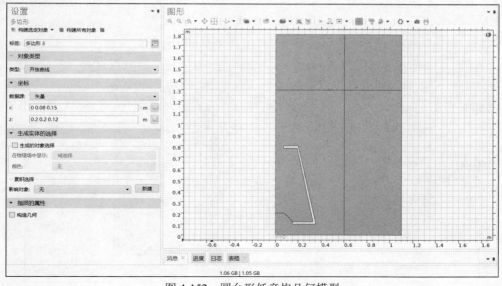

图4-152   圆台形低音炮几何模型

5. 材料定义

右击"模型开发器"窗口中的"材料"节点，选择"从库中添加材料"。在"添加材料"窗口中，选择"内置材料"中的"Air"，将它添加进组件 1。

6. 物理场设置

在"模型开发器"窗口中，右击"压力声学，频域（acpr）"，选择"内部条件"，单击"内部法向加速度"。在"内部法向加速度"窗口中，定位到"边界选择"栏，在"选择"列表中选择"手动"，在"图形"窗口中选择边界 4 和边界 11，如图 4-153 所示。

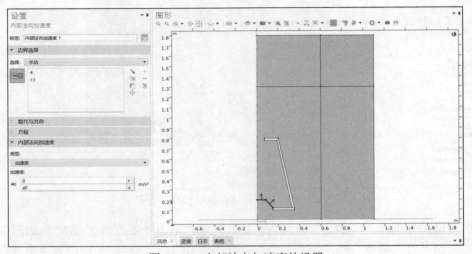

图 4-153　内部法向加速度的设置

值得注意的是，在对膜的几何建模中，应按从对称轴到底部的矢量方向设置，其内部法向加速度方向才是指向低音炮内部；如果矢量方向相反，其内部法向加速度方向指向地面，如图 4-154 所示。

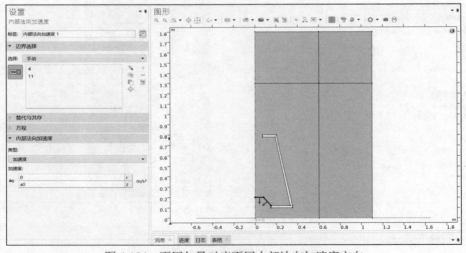

图 4-154　不同矢量对应不同内部法向加速度方向

选择完边界后，在"内部法向加速度"设置窗口中定位到"内部法向加速度"栏，在"加速度"的"z"文本框内输入"a0"，如图 4-155 所示。

在"物理场"工具栏中单击"边界"，选择"外场计算"。在"外场计算"设置窗口中，定位到"边界选择"栏，在"选择"列表中选择"手动"，在"图形"窗口中选择边界 6 和边界 18；定位到"外场计算"栏，从"z=z$_0$ 平面上的条件"列表中选择"对称/无限硬声场边界"，如图 4-156 所示。

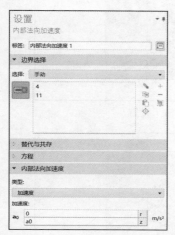

图 4-155 内部法向加速度设置

图 4-156 外场计算设置

7. 网格的划分

在声学模型中，波长必须通过网格进行解析。另外，几何结构中的小特征也将引起较高的局部压力梯度。因此，网格与坐标的拉伸方向和吸收方向相匹配非常重要。在二维中使用映射网格，在三维中使用扫掠网格，注意不要过度扭曲或拉伸这些域中的单元。在此模型中，波长大于 5m，故需要对几何结构进行解析，在 PML 域中使用映射网格。

在"网格"工具栏中，单击"自由三角形网格"，在"模型开发器"窗口中，单击"网格 1"节点下的"大小"。在"大小"设置窗口中，"单元大小"栏下的"预定义"选择"细化"。单击"自由三角形网格 1"，在其设置窗口中，定位到"域选择"栏，从"几何实体层"列表中选择"域"，选中"域 1"。

右击"自由三角形网格 1"，选择"大小"。在其设置窗口中，在"几何实体层"列表中选择"边界"，在"图形"窗口中选择边界 4 和边界 11；定位到"单元大小"栏，选择"定制"单选按钮，在"单元大小参数"栏的"最大单元大小"文本框中输入"0.01[m]"。该部分网格划分如图 4-157 所示。

在"网格"工具栏中，单击"边界层"。在"边界层"设置窗口中，定位到"域选择"栏，在"几何实体层"列表中选择"域"，在"图形"窗口中选择"域 1"，并展开"过渡"栏，清除"平滑过渡到内部网格"选项。单击"边界层 1"节点下的"边界层属性"，打开"边界层属性"设置窗口，在"边界选择"下的"选择"列表中选择"手动"，在"图形"窗口中选择边 6 和边 18，并在"层"栏的"层数"文本框中输入"1"，如图 4-158 所示。

在"网格"工具栏中，选择"映射"。在"映射"设置窗口中，单击"全部构建"。最终的网格划分如图 4-159 所示。

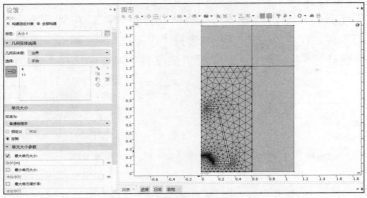

图 4-157　自由三角形网格 1 设置

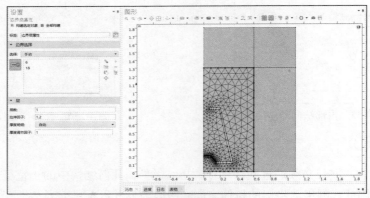

图 4-158　边界层网格设置

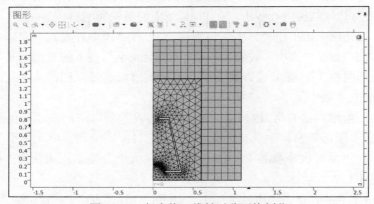

图 4-159　低音炮二维轴对称网格划分

8. 求解器的设定

在"模型开发器"窗口的"研究 1"节点下，单击"步骤 1：频域"。在"频域"设置窗口中，定位到"研究设置"栏，在"频域"文本框内输入"range(30,0.25,70)"，并单击"计算"按钮，等待计算完成。

9. 后处理

（1）声压图。在"模型开发器"窗口中展开"声压"节点，然后单击"表面 1"。在"表面"设置窗口中，展开"质量"栏，在"平滑处理"列表中选择"无"，单击"绘制"，如图 4-160 所示。

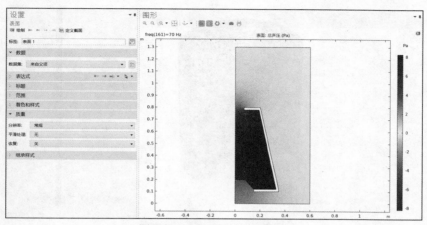

图 4-160　表面设置和声压图

（2）声压级图。在"模型开发器"窗口中单击"声压级"，在"声压级"工具栏中单击"绘制"。绘制的声压级图如图 4-161 所示。

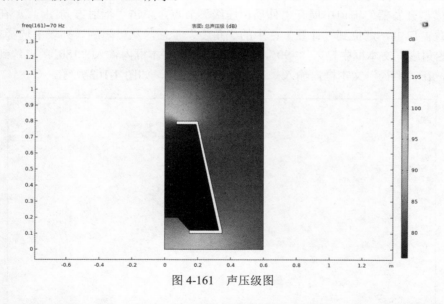

图 4-161　声压级图

（3）声压级 3D 图。首先，创建一个选择来隐藏 PML 域。在"模型开发器"窗口中，展开"结果"下的"数据集"节点，然后单击"研究 1/解 1"。在"结果"工具栏中单击"属性"，然后单击"选择"，在"选择"设置窗口中，定位到"几何实体选择"栏，从"几何实体层"列表中选择"域"，在"图形"窗口中选择"域 1"。

在"模型开发器"窗口中，右击"声压级，3D"并在出现的快捷菜单中选择"等值线"

命令。在"等值线"设置窗口中，定位到"表达式"栏，于"表达式"文本框内输入"acpr.Lp_t"；定位到"着色和样式"栏，从"着色"列表中选择"均匀"，从"颜色"列表中选择"白色"，清除"颜色图例"复选框，单击"绘制"。结果如图 4-162 所示。

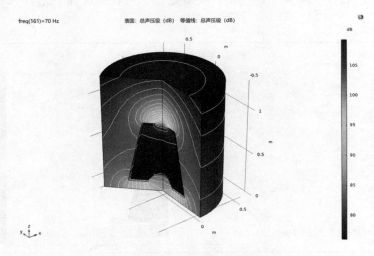

图 4-162　声压级 3D 图

（4）外场声压级图。用户可以通过外场声压级图来检查外场压力分布是否与设计期望的低音炮所具有的一样均匀。

在"模型开发器"窗口中展开"外场声压级"节点，单击"辐射方向图 1"。在"辐射方向图"设置窗口中，定位到"计算"栏中的"角度"子栏，从"限制"列表中选择"手动"，在"φ 起始角度"文本框中输入"-90"，在"φ 范围"文本框内输入"180"；定位到"计算距离"子栏，在"半径"文本框内输入"2"，单击"绘制"，如图 4-163 所示。

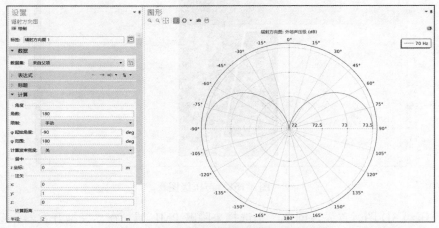

图 4-163　辐射方向设置和外场声压级图

（5）力阻抗图。用户可以通过力阻抗图来描绘阻抗变量 Z_a 与频率的函数关系。在"主屏幕"工具栏中单击"添加绘图组"，然后选择"一维绘图组"。在"一维绘图组"设置窗口中，于"标签"文本框内输入"力阻抗"，展开"标题"栏，从"标题类型"列表中选择"标签"，选中"绘图设置"栏中的"y 轴标签"复选框。右击"力阻抗"并选择"全局"，在"全局"设置窗口中，定位到"y 轴数据"栏，在表中输入如图 4-164 所示的表达式。

接下来要做的是定位到"着色和样式"栏，找到"线标记"子栏，在"标记"列表中选择"循环"，单击"绘制"。绘制的力阻抗图如图 4-165 所示。

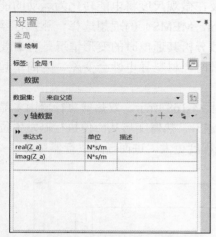

图 4-164　力阻抗全局设置

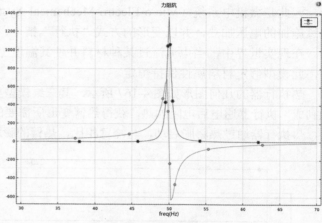

图 4-165　力阻抗图

（6）辐射能量图。在"主屏幕"工具栏中单击"添加绘图组"，然后选择"一维绘图组"。在"一维绘图组"设置窗口中，于"标签"文本框内输入"辐射的能量"；定位到"轴"栏，选中"x 轴对数刻度"和"y 轴对数刻度"复选框。右击"辐射的能量"，在出现的快捷菜单中选择"全局"命令。在"全局"设置窗口中，定位到"y 轴数据"栏，在表达式中输入"P_AR"；展开"图例"栏，清除"显示图例"复选框，单击"绘制"。绘制的辐射能量图如图 4-166 所示。

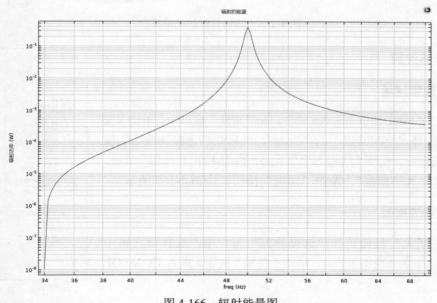

图 4-166　辐射能量图

4.7　MEMS 分析

4.7.1　问题描述

由于热执行器具有较小的尺寸和强大的驱动力，以及在微观尺度将电能转化为运动的能力，因此是微机电系统（Micro-Electro-Mechanical System，MEMS）的理想选择。热执行器通过施加的电压加热，并以变形的方式"执行"指令，故分析其通电时的变形情况是有必要的。在现实世界中，当电流流过某种材料并使其温度上升时，材料导电性会变差，为简单起见，此模型假定材料属性保持恒定。

热执行器的几何图形如图 4-167 所示，其三维模型如图 4-168 所示。双热臂执行器由多晶硅制成，执行器通电后电阻加热，获得热臂变形所需要的温升，热臂变形从而使执行器发生位移，热执行器通过热膨胀启动，与冷臂相比，热臂的膨胀程度更大，进而导致执行器弯曲。

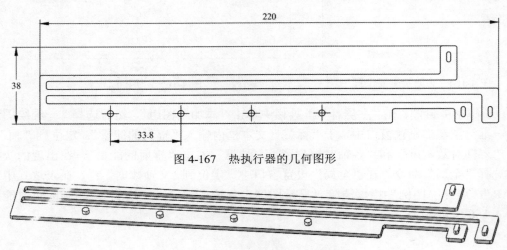

图 4-167　热执行器的几何图形

图 4-168　热执行器的三维模型

4.7.2　具体计算

1．选择物理场

打开 COMSOL Multiphysics 软件，在"新建"窗口中，单击"模型向导"，选择"空间维度"为"三维"。然后在"选择物理场"窗口的物理场树中，找到"结构力学"下的"热-结构相互作用"节点，选择"焦耳热和热膨胀"，单击"添加"按钮，如图 4-169 所示。

2．设置求解器

单击"研究"按钮，在"选择研究"窗口中，选择研究树中"一般研究"下的"稳态"节点。单击"完成"按钮，进入 COMSOL 建模界面。

图 4-169　选择物理场

3. 参数设置

在"模型开发器"窗口的"全局定义"节点下，单击"参数 1"，在"参数"设置窗口中，定位到"参数"栏，在表中输入如表 4-14 所示的参数。

表 4-14 全局参数设置

名称	表达式	值	描述
dh	3[um]	3×10^{-6} m	热臂的高度
dc	10[um]	1×10^{-5} m	冷臂的高度
gap	4[um]	4×10^{-6} m	臂间的间隙
wb	8[um]	8×10^{-6} m	底座宽度
wv	20[um]	2×10^{-5} m	热臂的长度差异
L	240[um]	2.4×10^{-4} m	执行器长度
L1	L-wb	2.32×10^{-4} m	最长热臂的长度
L2	L-wb-wv	2.12×10^{-4} m	最短热臂的长度
L3	L-2*wb-wv-L/48-L/8	1.69×10^{-4} m	厚的冷臂长度
L4	L/8	3×10^{-5} m	薄的冷臂长度
htc_s	0.04[W/(m*K)]/2[um]	20000 W/(m²·K)	传热系数
htc_us	0.04[W/(m*K)]/100[um]	400 W/(m²·K)	传热系数（上表面）
DV	5[V]	5 V	外加电压

4. 几何设置

（1）上表面的几何建模。

① 在"几何"工具栏中，单击"工作平面"，在其设置窗口中单击"构建选定对象"，然后单击"构建选定对象"左侧的"显示工作平面"按钮。在"工作平面"工具栏中，单击"矩形"，在其设置窗口中定位到"标签"栏，输入"厚部分冷臂"；定位到"大小和形状"栏，在"宽度"文本框中输入"L3"，在"高度"文本框中输入"dc"；定位到"位置"栏，在"xw"文本框中输入"L-L3"，单击"构建选定对象"。

② 单击"工作平面"工具栏中的"矩形"，在其设置窗口中定位到"标签"栏，输入"薄部分冷臂"；定位到"大小和形状"栏，在"宽度"文本框中输入"L4"，在"高度"文本框中输入"dh"；定位到"位置"栏，在"xw"文本框中输入"L-L3-L4"，在"yw"文本框中输入"dc-dh"，单击"构建选定对象"。冷臂部分的几何建模如图 4-170 所示。

③ 单击"工作平面"工具栏中的"矩形"，在其设置窗口中定位到"标签"栏，输入"底座"；定位到"大小和形状"栏，在"宽度"文本框中输入"wb"，在"高度"文本框中输入"dw"；定位到"位置"栏，在"xw"文本框中输入"L-L3-L4-wb"，单击"构建选定对象"，如图 4-171 所示。

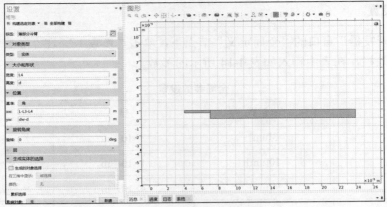

图 4-170　冷臂几何建模

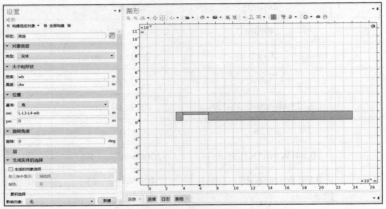

图 4-171　底座几何建模

④ 单击"工作平面"工具栏中的"矩形",在其设置窗口中定位到"标签"栏,输入"最长热臂";定位到"大小和形状"栏,在"宽度"文本框中输入"L2",在"高度"文本框中输入"d";定位到"位置"栏,在"xw"文本框中输入"L-L2",在"yw"文本框中输入"dw+gap",单击"构建选定对象",如图 4-172 所示。

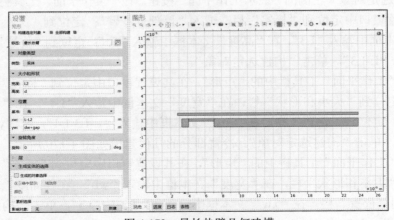

图 4-172　最长热臂几何建模

⑤ 单击"工作平面"工具栏中的"矩形",在其设置窗口中定位到"标签"栏,输入"最长热臂底座";定位到"大小和形状"栏,在"宽度"文本框中输入"wb",在"高度"文本框中输入"dw+gap+d";定位到"位置"栏,在"xw"文本框中输入"L-L2-wb",单击"构建选定对象",如图 4-173 所示。

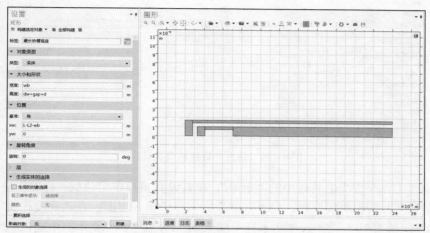

图 4-173　最长热臂底座几何建模

⑥ 单击"工作平面"工具栏中的"矩形",在其设置窗口中定位到"标签"栏,输入"最短热臂";定位到"大小和形状"栏,在"宽度"文本框中输入"L1-4*dw",在"高度"文本框中输入"d";定位到"位置"栏,在"xw"文本框中输入"L-L1+4*dw",在"yw"文本框中输入"dw+d+2*gap",单击"构建选定对象",如图 4-174 所示。

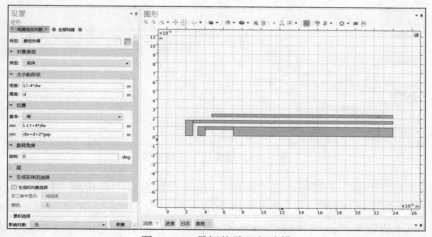

图 4-174　最短热臂几何建模

⑦ 单击"工作平面"工具栏中的"矩形",在其设置窗口中定位到"标签"栏,输入"最短热臂底座";定位到"大小和形状"栏,在"宽度"文本框中输入"wb",在"高度"文本框中输入"dw+gap+d",定位到"位置"栏,在"xw"文本框中输入"4*dw",在"yw"文本框中输入"dw+d+2*gap",单击"构建选定对象",如图 4-175 所示。

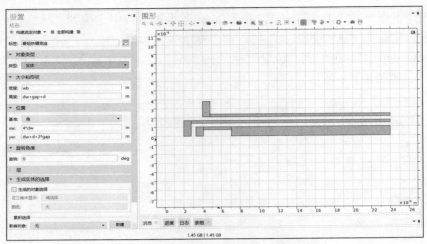

图 4-175　最短热臂底座几何建模

⑧ 单击"工作平面"工具栏中的"矩形"，在其设置窗口中定位到"标签"栏，输入"连接 1"；定位到"大小和形状"栏，在"宽度"文本框中输入"d"，在"高度"文本框中输入"gap"；定位到"位置"栏，在"xw"文本框中输入"L-d"，在"yw"文本框中输入"dw+gap+d"，单击"构建选定对象"，如图 4-176 所示。

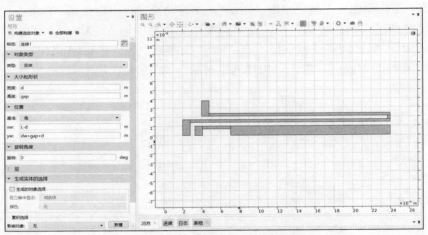

图 4-176　连接件 1 几何建模

⑨ 单击"工作平面"工具栏中的"矩形"，在其设置窗口中定位到"标签"栏，输入"连接 2"；定位到"大小和形状"栏，在"宽度"文本框中输入"d"，在"高度"文本框中输入"gap"；定位到"位置"栏，在"xw"文本框中输入"L-d"，在"yw"文本框中输入"dw"，单击"构建选定对象"，如图 4-177 所示。

⑩ 单击"工作平面"工具栏中的"布尔操作和分割"，选择"并集"，在"并集"设置窗口中，取消勾选"保留内部边界"复选框，单击"构建选定对象"，如图 4-178 所示。

⑪ 单击"工作平面"工具栏中的"倒圆角"，在"倒圆角"设置窗口的"半径"文本框中输入"d/3"，在"图形"窗口中选择需要倒圆角的点，单击"构建选定对象"，如图 4-179 所示。

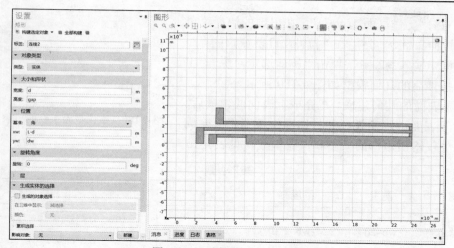

图 4-177 连接件 2 几何建模

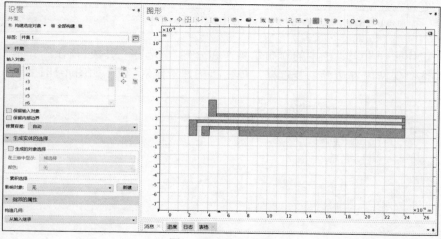

图 4-178 并集设置

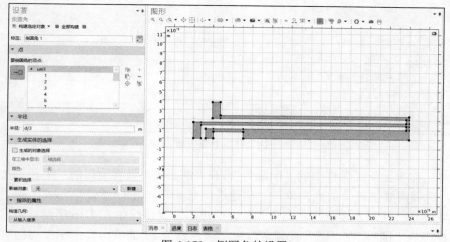

图 4-179 倒圆角的设置

⑫ 右击"工作平面 1(wp1)",在出现的快捷菜单中选择"拉伸"命令,然后在"拉伸"设置窗口的"距离"文本框中输入"2e-6",单击"构建选定对象"。工作平面 1 拉伸后的几何模型如图 4-180 所示。

图 4-180　工作平面 1 拉伸后的几何模型

(2)下表面的几何建模。在完成上表面的建模后,用户需对下表面进行建模。其具体操作跟上表面建模一致,此处仅给出矩形的大小和位置参数,见表 4-15。

表 4-15　　　　　　　　　　　　　　　矩形参数

位置	宽度	高度	xw	yw
最短热臂锚点	wb–2d	2.5*(wb–2d)	dh+4*dw	(dw+d+2*gap)+(dw+gap+d) – 2.5*(wb–2*d) –dh
最长热臂锚点	wb–2d	2.5*(wb–2d)	L–L2–wb+d	d
冷臂锚点	wb–2d	2.5*(wb–2d)	L–L3–L4–wb+d	d

单击"工作平面"工具栏中的"布尔操作和分割",选择"并集",在"并集"设置窗口中,取消勾选"保留内部边界"复选框,单击"构建选定对象",如图 4-181 所示。

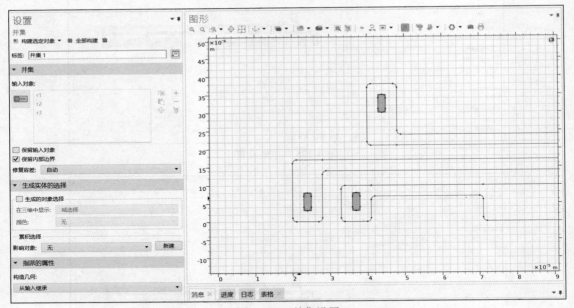

图 4-181　并集设置

单击"工作平面"工具栏中的"倒圆角",在"倒圆角"设置窗口的"半径"文本框中输入"d/3",选择需要倒圆角的点,单击"构建选定对象",如图 4-182 所示。

构建完锚点几何后,接着构建凸点几何。凸点的设置参数如表 4-16 所示。单击"工作平面"工具栏中的"圆",在"圆"设置窗口中,输入表 4-16 的值,其余操作与构建锚点几何一致。图 4-183 所示为凸点 4 的几何建模设置。

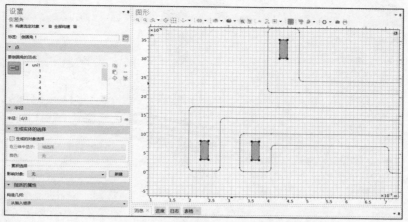

图 4-182 锚点倒圆角设置

表 4-16   凸点参数

位置	半径	xw	yw
凸点 1	d/2	L-L3/5	dw/2
凸点 2	d/2	L-2*L3/5	dw/2
凸点 3	d/2	L-3*L3/5	dw/2
凸点 4	d/2	L-4*L3/5	dw/2

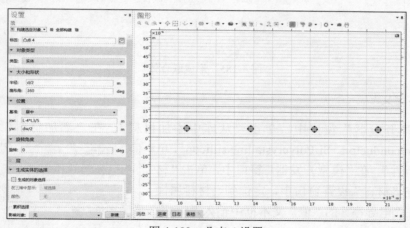

图 4-183 凸点 4 设置

右击"工作平面 1(wp1)",在出现的快捷菜单中选择"拉伸"命令,在"拉伸"设置窗口的"距离"文本框中输入"2e-6",选中"反向"复选框,单击"构建选定对象",如图 4-184所示。

(3)形成联合体。单击"工作平面"工具栏中的"布尔操作和分割",选择"并集",在"并集"设置窗口中,选择"所有对象",单击"构建选定对象"。

单击"形成联合体"节点,在"形成联合体/装配"窗口中,单击"全部构建",如图 4-185所示。

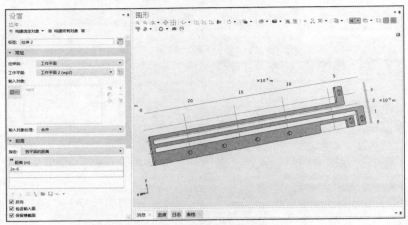

图 4-184　拉伸 2 的设置

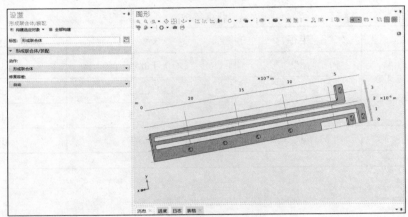

图 4-185　形成联合体

5.材料定义

在"模型开发器"窗口中,单击"从库中添加材料",在"添加材料"窗口中选择"MEMS>Semiconductors>Si-Polycrystalline sillicon",单击"添加到组件"。在"模型开发器"窗口中,单击"材料"节点,在"材料"设置窗口中,定位到"材料属性明细"栏,在"电导率"的"值"文本框中输入"5e4",如图 4-186 所示。

6.物理场设置

热执行器的运作涉及三种耦合的物理场现象,分别是通电时的电流传导、电阻加热时的热传导以及热膨胀引起的结构应力和应变。

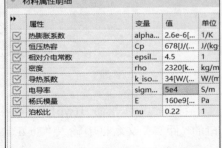

图 4-186　材料设置

(1)固体力学设置。在"模型开发器"窗口中,右击"固体力学(solid)"节点并在出现的快捷菜单中选择"固定约束"命令,在"图形"窗口中将锚点的底面全部选中,如图 4-187 所示。

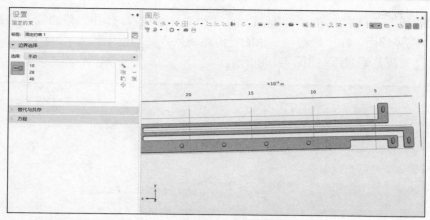

图 4-187 固定约束设置

继续右击"固体力学（solid）"节点并在出现的快捷菜单中选择"辊支承"命令，随后在"图形"窗口中将 4 个凸点全部选中，如图 4-188 所示。

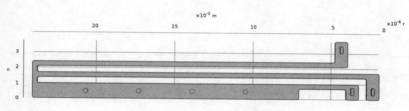

图 4-188 辊支承设置

（2）固体传热设置。在"物理场"工具栏中单击"边界"，并选择"热通量"，打开"热通量"设置窗口。因为锚点底部的温度、凸点底部的温度和基板的温度保持一致且恒温，故在"图形"窗口中，将除了顶面、与基板接触的面的其余面选中，在"热通量"栏中的"传热系数"文本框内输入"htc_s"，并选择"通量类型"为"对流热通量"，如图 4-189 所示。

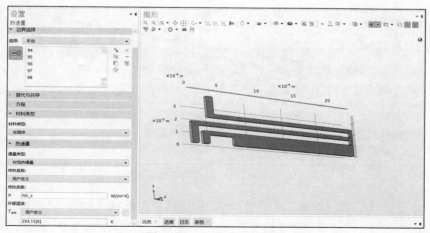

图 4-189 热通量 1 的设置

在"物理场"工具栏中单击"边界",并选择"热通量",打开"热通量"设置窗口。在"图形"窗口选择顶面,在"热通量"栏的"传热系数"文本框中输入"htc_us",并选择"通量类型"为"对流热通量",如图 4-190 所示。

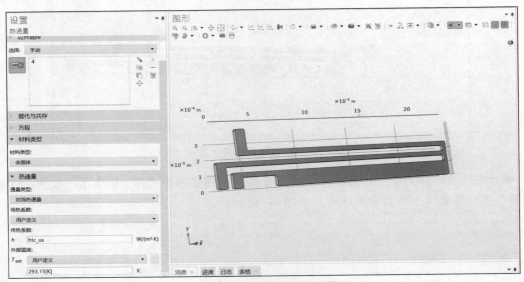

图 4-190　热通量 2 的设置

在"物理场"工具栏中单击"边界",并选择"温度"。在"温度"设置窗口中,定位于"边界选择"栏,在"选择"列表中选择"基板接触",如图 4-191 所示。

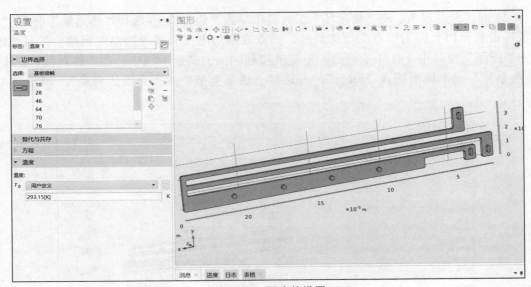

图 4-191　温度的设置

（3）电势设置。在"物理场"工具栏中单击"边界",选择"接地",选择最长热臂锚点底面;在"物理场"工具栏中单击"边界",选择"电势",选择最短热臂锚点底面,并在"电势"栏中的文本框内输入"DV",如图 4-192 所示。

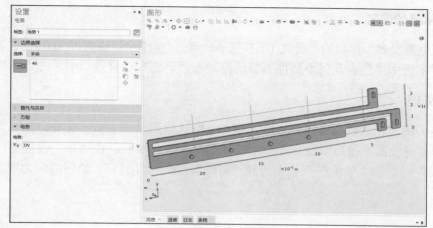

图 4-192   电势的设置

7. 网格的划分

在"网格"工具栏中单击"自由四面体网格",在"模型开发器"窗口中右击"网格 1",并在出现的快捷菜单中选择"大小"命令。在"大小"设置窗口中,定位到"单元大小"栏,从"预定义"列表中选择"细化",选中"定制"单选按钮;定位到"单元大小参数"栏,在"最大单元大小"文本框内输入"1.5E-6",在"最小单元大小"文本框内输入"0.5E-6",在"最大单元增长率"文本框内输入"1.2",如图 4-193 所示。

在"模型开发器"窗口的"自由四面体网格 1"节点下,单击"大小 1"。在"大小"设置窗口中,定位到"单元大小"栏,从"预定义"列表中选择"极细化",选中"定制"单选按钮;定位到"单元大小参数"栏,在"最大单元大小"文本框内输

图 4-193   网格大小设置

入"0.5E-6";定位到"几何实体"栏,从"几何实体层"列表中选择"边界",在"图形"窗口中选择边界 86 至边界 91,单击"全部构建",如图 4-194 所示。

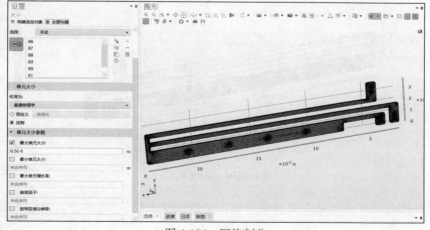

图 4-194   网格划分

8. 求解器的设定

在"模型开发器"窗口的"研究 1"节点下，单击"步骤 1：稳态"，在其设置窗口的"研究设置"栏中选中"包含几何非线性"复选框，在"研究"设置窗口中单击"计算"。

9. 后处理

（1）应力图。在求解器计算完成后，第一个默认绘图显示了 von Mises 应力。

在"模型开发器"窗口中展开"应力"节点，单击"体 1"。在"体"设置窗口中，定位到"表达式"栏，于"单位"列表中选择"MPa"，单击"绘制"。绘制的应力图如图 4-195 所示。

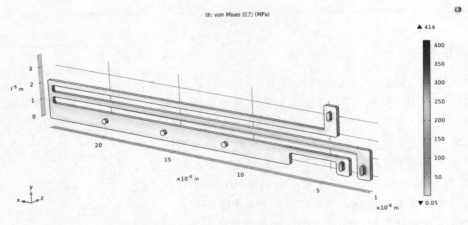

图 4-195　应力图

（2）温度场图。第二个默认绘图显示温度场图，如图 4-196 所示。

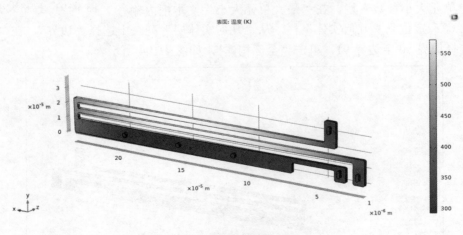

图 4-196　温度场图

（3）位移图。在"主屏幕"工具栏中单击"添加绘图组"，选择"三维绘图组"。在"三维绘图组"设置窗口中，于"标签"文本框内输入"位移"，右击"位移"，并在出现的快捷菜单中选择"表面"命令。在"表面"设置窗口中，定位到"表达式"栏，从"单位"列表中选择"μm"；定位到"着色和样式"栏，在"颜色"列表中选择"SpectrumLight"。右击"表面1"，并选择"变形"，单击"绘制"。绘制的位移图如图 4-197 所示。

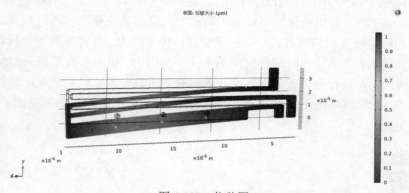

图 4-197　位移图

（4）温度线图。在"主屏幕"工具栏中单击"添加绘图组"，选择"一维绘图组"。在"一维绘图组"设置窗口中，于"标签"文本框内输入"温度"。在"模型开发器"窗口中右击"温度"，并于出现的快捷菜单中选择"线结果图"命令，定位到"选择"栏，在"图形"窗口中选择"线 131"；定位到"y 轴数据"栏，在"表达式"文本框中输入"T"，单击"绘制"。绘制的温度线图如图 4-198 所示。

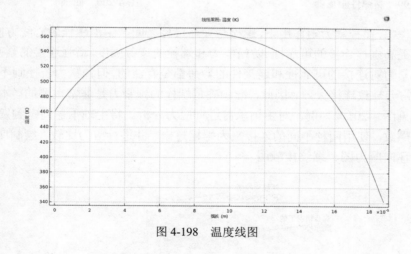

图 4-198　温度线图

练习题

1. 含黏弹性材料层的阻尼元件通常用于减小建筑物和其他高层结构中因地震和大风而产生的振动，其共同特点是强迫振动的频率都很低。本模型用于研究一种典型黏弹性阻尼器的强迫响应。黏弹性阻尼器的几何形状如图 4-199 所示。阻尼器由限制在钢制安装元件之间的两层黏弹性材料组成，其中一个安装元件被固定，另外两个安装元件则受到频率为 3Hz 的周期作用力载荷。固定孔固定约束；左销孔指定其在 x 和 y 方向的位移为 0，在 z 方向的受力为 "8.5[MPa]*sin(pi/2+ 2*pi*t*3[Hz])*rm1(t[1/s])"；右销孔指定其在 y 方向的位移为 0，在 x 方向的受力为 "0.5[MPa]*sin(2*pi*t*3[Hz])*rm1(t[1/s])"，在 z 方向的受力为 "8.5[MPa]*sin(2*pi*t*3[Hz])* rm1(t[1/s])"。黏弹性层材料密度为 "1060kg/m^3"，体积模量为 "4e8N/m^2"，剪切模量为 "5.86e4N/m^2"。绘制其位移图和滞回线图。

2. 曲轴是发动机中最重要的部件之一，它承受连杆传来的力，并将其转变为转矩输出，驱动发动机上其他附件工作。在时间和空间上迅速多变的力、扭矩和弯矩使曲轴承受高且复杂的载荷。因此，在进行曲轴设计时，设计人员必须进行仔细、精确的振动特性计算。请创建柱坐标系，指定位移面限定其在 r 方向上的位移为 0，固定约束法兰盘面（见图 4-200），并绘制振型图。

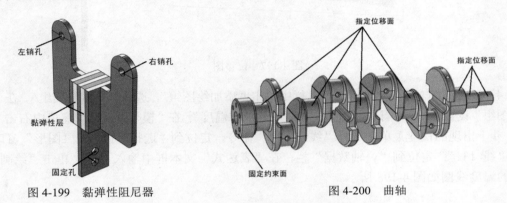

图 4-199　黏弹性阻尼器　　　　　　　图 4-200　曲轴

3. 拧螺栓过程中，在拧紧力矩作用下，螺栓与被连接件之间产生沿螺栓轴心线方向的预紧力。预紧可以提高螺栓连接的可靠性、防松能力和螺栓的疲劳强度，增强连接的紧密性和刚性。较高的预紧力对连接的可靠性和连接件的寿命都是有益的，但预紧力若控制不当或者偶然过载，也常会导致连接失效。因此，准确确定螺栓的预紧力是非常重要的。本题以主轴承盖螺栓（见图 4-201）为例，对主轴承盖进行应力分析。将主轴承盖固定到发动机缸体的螺栓不带螺纹。使用两种不同的连接来为螺栓建模，并进行应力比较。绘制应力图、接触压力图、环向应力图、螺纹接触图。

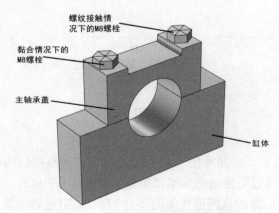

图 4-201　缸体与主轴承盖的连接

4. 试分析某铁皮食品盒顶盖受力时的屈曲情况，给出相应的应力应变图，并计算其临界屈曲载荷。顶盖的长度为 150mm，宽度为 80mm，高度为 20mm，厚度为 2.5mm，如图 4-202 所示。210N 的预屈曲载荷作用位置为 A 点。

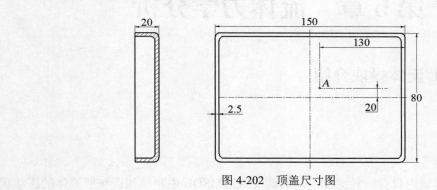

图 4-202　顶盖尺寸图

第 5 章　流体力学分析

5.1　COMSOL 流体模块介绍

5.1.1　单相流模块

1．单相流简介

单相流指计算区域内只有一种流体流动的情况。COMSOL 中将单相流按照流体的流动状态分为蠕动流、层流和湍流。一般情况下，当 $Re \ll 1$ 时为蠕动流，假设流体的惯性力足够小，黏性力足够大，阻碍了流体产生的所有脉动；$1 < Re < 2000$ 为层流，惯性力的重要性逐渐增加，黏性力被限制在边界层、剪切层和尾迹内；$Re > 4000$ 为湍流，流体产生强烈的脉动，做无序、混沌的流动。除了可以在建模前期选定流体的流动状态，为了用户操作方便，在已建立的模型中也可以通过流体模块接口随时对流体的流动状态进行切换。

2．单相流模块边界条件简介

"边界条件"是指在求解区域边界上所求解的变量或其导数随时间和地点的变化规律。边界条件是控制方程有确定解的前提，对于任何问题，都需要给定边界条件。按照几何维度进行划分，在 COMSOL 中一般将"边界条件"分为域条件、边界条件（这里的"边界"指的是几何维度上的边界）、边条件和点条件。

（1）域条件。

初始值：用于指定计算区域在初始时刻的状态。一般情况下，计算区域在初始时刻是"静止"的，"初始值"中的速度和压力都为零，不需要进行修改。需要修改的情况主要有两种：①根据对模型的分析，计算区域在初始时刻不是"静止"的，则应根据需要对"初始值"进行修改；②在某些情况下，"初始值"和其他边界条件的设置相差过大甚至发生冲突，可能会导致模型不收敛，此时则需要根据整体边界条件的设置情况对模型的"初始值"进行优化以提高模型的收敛性。

体积力：纳维-斯托克斯方程是包含外力的，域条件中的"体积力"就是作用在纳维-斯托克斯方程中的外力项。当考虑多物理场作用的时候，流体可能会受到重力、磁力、电力等外力的作用，此时就需要通过"体积力"来对这些外力进行添加。

（2）边界条件。

壁：可以理解成"墙壁"或者"壁面"，流体是无法流过去的。很多模型中都包含"墙壁"，因此"壁"是最常用的边界条件之一。"壁"只能设置在计算区域的最外围，当"墙壁"处于计算区域的内部时，则可以用"内壁"边界条件进行设置。

入口：流体的流动一般涉及流体的流入和流出，"入口"用来设置流体的流入，一般可以指定"入口"为"速度入口"或者"压力入口"，即设置入口的速度或者压力。COMSOL 对"速度入口"进行了延伸，还可以设置相应的"质量流入口"。

出口：大多数情况下，模型会同时包含"出口"和"入口"，"出口"与"入口"相对应，也有"速度出口"或者"压力出口"。一般会将"速度出口"与"压力入口"进行配对使用，将"压力出口"与"速度入口"进行配对使用。

开放边界：当计算区域出口外部是更大的流体区域时，一般设置成"开放边界"。在设置了"开放边界"的边界处，流体会根据数值计算的结果自动分析流体的流入流出情况。

（3）边条件、点条件。

线质量源：在三维模型中，相对于整体的计算区域尺寸而言，当出入口有两个几何维度的尺寸非常小可以被忽略，但是第三个几何维度的尺寸不能被忽略的时候，则可以将出入口假设成是一条线，此时就用"线质量源"边条件进行设置。

点质量源：在模型中，相对于整体的计算区域尺寸而言，当出入口所有几何维度的尺寸都可以被忽略时，则可以将出入口假设成是一个点，此时就可以用"点质量源"点条件进行设置。

5.1.2　多相流模块

1. 多相流简介

多相流指计算区域内同时有多种流体相互作用、流动的情况。根据不同的区分方法，COMSOL 将其分为多种类型，本章主要给出两种类型的多相流案例，分别是：分离多相流模型，即不互溶的、每一相都是连续相的两相流问题；分散多相流模型，即一相是分散相、另一相是连续相的两相流问题。与单相流类似，多相流也可按照流体的流动状态分为蠕动流、层流和湍流。

对于分离多相流模型，COMSOL 提供了 3 种方法进行仿真，分别是相场法、水平集法和移动网格法。对于分散多相流模型，COMSOL 提供了 4 种模型进行仿真，分别是气泡流模型、混合物模型、欧拉–欧拉模型和欧拉–拉格朗日模型。这些方法和模型在 1.4 节均有介绍。

2. 多相流模块边界条件简介

对于分离多相流模型，COMSOL 将相场法、水平集法视作独立的物理场模块，将用这两种方法处理的多相流问题视作多物理场问题，需要通过"多物理场"将这两种方法与单相流模块进行耦合，以达到模拟计算"多相流"流动的目的。其中单相流模块负责求解纳维-斯托克斯方程，计算流体域内的压强和速度；多相流模块则负责求解界面追踪方程，计算相界面的变化。移动网格法则是直接添加移动网格功能，直接通过单相流模块进行设置，不涉及"多物理场"的设置。

移动网格法需要添加移动网格功能，与单相流模块的"流体-流体界面"边界条件配合使用，基本不涉及其他边界条件的设置。相场法和水平集法都是作为单独的物理场模块，边界条件的设置类似，下面我们主要以相场接口为例对边界条件的设置进行说明。

（1）域条件。

相场模型：用于设置控制相场的一些基础参数，其中最重要的两组参数是"界面厚度控制参数"和"迁移率调整参数"。当选用物理场控制网格划分时，网格划分通常比较均一，"界面厚度控制参数"默认为"pf.ep_default"（可认为是多相流计算区域内最大的网格尺寸），此时一般不需要做修改。COMSOL 默认的"迁移率调整参数"为 1m·s/kg，一般情况下能适用于大多数模型的求解，用户也可根据仿真实际情况进行调整。

初始值：用于指定计算区域在初始时刻所存在流体的类型，初始值的合理设置能提高模型的收敛性能。

（2）边界条件。

润湿壁：由于固体表面活化能和多相流界面张力的作用，在液相与固相的接触点处液固界面和液态表面切线会形成一个角度，这个角称为润湿角。"润湿壁"就是用来设置润湿角的边界条件。如图 5-1 所示，θ_w 为润湿角。当固相处于计算区域的内部时，则可以用"内部润湿壁"边界条件进行设置。

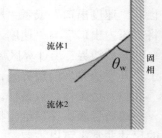

图 5-1　润湿角

入口：相场中的"入口"用于指定流入流体的类型，通常与单相流物理场中"入口"所选择的边界一致。

出口：相场中的"出口"用于指定流体流出的边界，通常与单相流物理场中的"出口""开放边界"等配合使用。

（3）多物理场边界条件。

两相流，相场：与单相流不同，用相场接口对流体的流动进行模拟，属于多物理场耦合问题。"两相流，相场"在"多物理场"节点的下面也属于一种边界条件，用户主要通过"两相流，相场"来指定流体的种类、物性参数和流体间的表面张力等。

在分散多相流模型中，气泡流模型、混合物模型和欧拉–欧拉模型的边界条件属于单一物理场设置问题，与单相流模块类似，欧拉–拉格朗日模型的边界条件属于多物理场耦合问题，与分离多相流模型中的相场法类似，因此不再赘述。

5.1.3　多孔介质模块

1．多孔介质流动简介

一般来说，由固体物质组成的骨架和由骨架分隔成大量密集成群的微小空隙所构成的物质称为多孔介质，流体可以在微小的空气中进行流动。在 COMSOL 中有两种主要的方法对多孔介质中流体的流动进行模拟，分别是异质方法和均质方法，如图 5-2 所示。

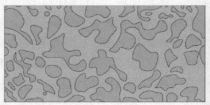

（a）异质方法　　　　　　　　　　　（b）均质方法

图 5-2　异质方法和均质方法

异质方法就是把多孔介质的微结构通过几何原原本本画出来，然后剔除骨架的部分，保留流体流动的孔隙，再用单相流或多相流模块进行仿真。这种方法的优点是直观易懂；缺点是几何部分较难绘制，且当几何存在细微结构时网格划分可能会出现低质量网格。

均质方法就是利用达西定律、布林克曼方程、理查兹方程等多种方法，通过设置孔隙率、渗透率等参数对多孔介质内的流动进行模拟。这种方法的优点是几何容易绘制，网格质量相对较好；缺点是不够直观，方程的选用需要一定的经验和技巧。

2．多孔介质模块边界条件简介

达西定律接口可用于模拟多孔介质内流体流动的边界条件，布林克曼方程和理查兹方程接口的设置与达西定律接口类似，下面我们主要以达西定律接口为例对边界条件的设置进行说明。

（1）域条件。

多孔介质：利用"多孔介质"可定义流体的属性，包括密度和动力黏度；以及多孔基体的属性，包括孔隙率和渗透率。当选择"来自材料"时，我们可直接调用材料中所设置的相应属性，也可通过"用户定义"来直接指定。

初始值：与单相流物理场的"初始值"边界条件作用类似，用于定义计算区域在初始时刻的压力水头。

（2）边界条件。

无流动：与单相流物理场的"壁"边界条件作用类似，是流体无法流穿的边界。

入口：与单相流物理场的"入口"边界条件作用类似，用于定义流体流入的速度或压力。

出口：与单相流物理场的"出口"边界条件作用类似，用于定义流体流出的速度或压力。

压力、压力水头、水头："压力""压力水头"和"水头"的功能类似，都是用于定义边界处流体的压力值，在计算时 COMSOL 会根据出入口的压力和设置了"压力""压力水头""水头"几何边界处的压力自动分析在该边界处流体流入流出的情况。

裂隙流、薄势垒：多孔介质内出现裂纹或断层后，渗透率和孔隙率会发生突变。当裂纹或断层的半径不可忽略时，我们可用"裂隙流"在裂纹或断层出现的地方，对渗透率、孔隙率和裂纹或断层的大小进行设置；当裂纹或断层的半径可忽略时，可用"薄势垒"进行设置。

（3）边条件、点条件。

井、线质量源：达西定律接口中"井"和"线质量源"的功能与单相流物理场的"线质量源"边界条件作用类似，都是用于出入口直径足够小的情况。其中，在"井"边界条件的设置中，需要人为输入井直径，在一定程度上考虑了出入口直径的影响；"线质量源"则完全忽略了出入口的直径。

点质量源：与单相流物理场的"点质量源"边界条件作用类似，忽略了流体出入口尺寸的影响。

5.1.4　变形网格

在流体的仿真过程中，有时候我们需要考虑固体运动以及流域变形的情况，此时需要用到 COMSOL 里面的变形网格对含有固体运动以及流域变形的情况进行模拟。COMSOL 中变形网格主要分为两大类，分别是动网格和变形几何。在流体的仿真中通常用到的是动网格，动网格又包含两种类型，分别是变形域和旋转域，如图 5-3 所示。

图 5-3　变形网格的分类

变形域能够直接控制流域的变形，可以指定流域边界的变形位移或者变形速度。变形域还可以用在 COMSOL 的流固耦合计算中，作为耦合流体物理场和固体物理场的桥梁。旋转域用于控制某一流域的旋转情况，指定旋转域的旋转中心、旋转速度等，一般用于搅拌器、叶轮等旋转机械的模拟。

5.2　单相流动分析

5.2.1　卡门涡街分析

当雷诺数达到一个合适值（一般为 40～300）时，流体流经钝体障碍物时可能会产生卡门涡街，当钝体为圆柱时又称圆柱绕流。卡门涡街的生成是经典的力学问题，其蕴含了丰富的流动现象和物理机理，长久以来一直是众多理论分析、实验研究以及数值模拟的对象。

本示例计算区域的几何尺寸如图 5-4 所示，流动的介质为空气，其密度为 1.29kg/m^3，动力黏度为 17.9×10^{-6} Pa·s，计算区域左端为充分发展流入口，入口速度平均为 1m/s，计算区域右端为 0 压力出口，上下壁面设置为滑移边界条件，梯形障碍物壁面为无滑移边界条件。

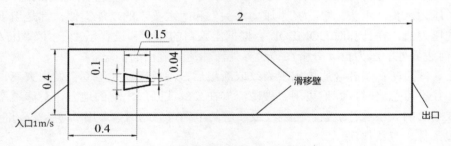

图 5-4　计算区域截面尺寸（单位：m）

具体计算步骤如下。

1．模型向导

打开 COMSOL Multiphysics 软件，单击"模型向导"进入"选择空间维度"，单击"二维"进入"选择物理场"，选择"流体流动"→"单相流"→"层流（spf）"，单击"添加"（在左下角"添加的物理场接口"中会出现已添加的物理场）。单击"研究"进入"选择研究"，选择"一般研究"→"瞬态"，单击"完成"，进入 COMSOL 建模界面。

2．几何构建

构建"矩形 1"：在"几何"工具栏中，单击"矩形"。在"矩形"设置窗口中，定位到"大小和形状"栏，在"宽度"文本框中输入"2"，在"高度"文本框中输入"0.4"；定位到"位置"栏，从"基准"列表中选择"居中"；单击"构建所有对象"，如图 5-5 所示。

构建"多边形 1"：在"几何"工具栏中，单击"多边形"。在"多边形"设置窗口中，定位到"坐标"栏，按图 5-6 所示的坐标进行设置，单击"构建所有对象"。

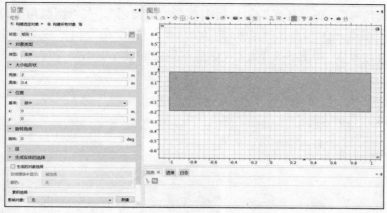

图 5-5 "矩形 1"几何构建

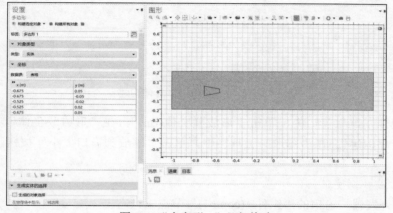

图 5-6 "多变形 1"几何构建

构建"差集 1":在"几何"工具栏中,单击"布尔操作和分割",选择"差集"。在"差集"设置窗口中,定位到"差集"栏,在"要添加的对象"文本框中选择对象 r1,在"要减去的对象"文本框中选择对象 pol1,单击"构建所有对象",如图 5-7 所示。

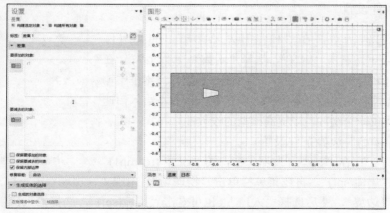

图 5-7 "差集 1"几何构建

构建"倒圆角 1"：在"几何"工具栏中单击"倒圆角"。在"倒圆角"设置窗口中，定位到"点"栏，选择点 dif1 和点 3 至点 6；定位到"半径"栏，在"半径"文本框中输入"0.002"；单击"构建所有对象"，如图 5-8 所示。（这里对多边形进行倒圆角处理，目的是提高网格划分的质量。）

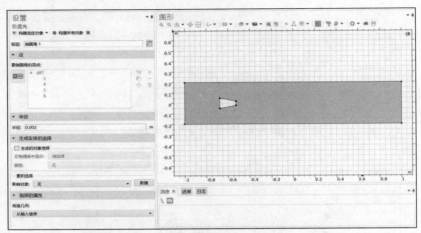

图 5-8　"倒圆角 1"几何构建

在"模型开发器"窗口中，单击"形成联合体(fin)"，在"形成联合体/装配"设置窗口中，单击"全部构建"。在"图形"工具栏中，单击"缩放到窗口大小"按钮。

3．添加材料

在"模型开发器"窗口的"组件 1(comp1)"节点下，右击"材料"，选择"空材料"。在"材料"设置窗口的"标签"文本框中输入"air"；定位到"几何实体选择"栏，选择域 1；定位到"材料属性明细"栏，在"密度"文本框中输入"1.29"，在"动力黏度"文本框中输入"17.9e-6"，如图 5-9 所示。

4．边界条件设置

（1）定义过渡函数。在"模型开发器"窗口的"组件 1(comp1)"节点下，右击"定义"，选择"函数"→"阶跃"。在"阶跃"设置窗口中，定位到"参数"栏，在"位置"文本框中输入"0.06"。（此过渡函数用于层流的入口设置，目的是给入口速度的增加过程提供一个缓冲，以提高模型的收敛性）。

（2）"层流(spf)"边界条件设置。

图 5-9　添加"air"材料

设置"入口 1"：在"模型开发器"窗口的"组件 1(comp1)"节点下，单击"层流(spf)"。再在菜单栏单击"物理场"，出现"物理场"工具栏，在"物理场"工具栏中单击"边界"，然后选择"入口"（也可右击"层流(spf)"，选择"入口"）。在"入口"设置窗口中，定位到"边界选择"栏，在"图形"窗口选择边界 1；定位到"边界条件"栏，从列表中选择"充分发展的流动"；定位到"充分发展的流动"栏，在"U_{av}"文本框中输入

"1*step1(t[1/s])"，如图 5-10 所示。

设置"出口 1"：在"物理场"工具栏中，单击"边界"，然后选择"出口"。在"出口"设置窗口中，定位到"边界选择"栏，在"图形"窗口选择边界 8，如图 5-11 所示。

设置"壁 2"：在"物理场"工具栏中，单击"边界"，然后选择"壁"。在"壁"设置窗口中，定位到"边界选择"栏，在"图形"窗口选择边界 2 和边界 3；定位到"边界条件"栏，从"壁条件"列表中选择"滑移"，如图 5-12 所示。

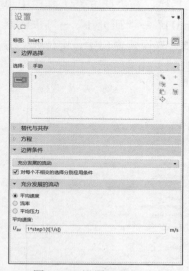 

图 5-10　设置"入口 1"　　　图 5-11　设置"出口 1"　　　图 5-12　设置"壁 2"

5．网格划分

在"模型开发器"窗口的"组件 1(comp1)"节点下，单击"网格 1"。在"网格"设置窗口中，定位到"物理场控制网格"栏，从"单元大小"列表中选择"超细化"，单击"全部构建"，如图 5-13 所示。

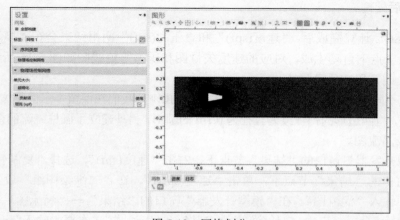

图 5-13　网格划分

在"模型开发器"窗口的"组件 1(comp1)"节点下，右击"网格 1"，选择"统计信息"，显示已划分网格的相关信息，如图 5-14 所示。在本示例中采取自由三角形进行网格划分，总共划分了 32124 个单元，平均单元质量为 0.88 左右。

6. 计算

在"模型开发器"窗口"组件 1(comp1)"的"研究 1"节点下，单击"步骤 1：瞬态"。在"瞬态"设置窗口中，定位到"研究设置"栏，在"输出时步"文本框中输入"range(0,0.01,10)"，如图 5-15（a）所示。在菜单栏单击"研究"，出现"研究"工具栏，在"研究"工具栏中单击"显示默认求解器"。在"模型开发器"窗口的"组件 1(comp1)"→"研究 1"→"求解器配置"→"瞬态求解器 1"节点下，单击"全耦合 1"。在"全耦合"设置窗口中，定位到"方法和终止"栏，在"最大迭代次数"文本框中输入"60"，如图 5-15（b）所示。单击"计算"，等待计算完成。

（a）设置输出时步　　　　（b）设置最大迭代次数

图 5-14　网格相关信息　　　　　图 5-15　计算选项的设置

7. 结果后处理

当 COMSOL 计算完成后，"速度(spf)"和"压力(spf)"两组结果会在"模型开发器"窗口的"结果"节点下自动生成，对应的速度矢量图和压力等值线图如图 5-16 所示。如需其他后处理结果，则需用户手动生成。

为了比较不同形状的钝体对卡门涡街产生效果的影响，我们在保留本示例整体模型边界条件不变的情况下，将四边形的钝体改为直径为 0.1m 的圆形，另外建立了圆柱绕流的模型进行对比。

（1）生成涡流图。

在"模型开发器"窗口的"结果"节点下，右击"速度(spf)"，选择"复制粘贴"。在"模型开发器"窗口的"结果"节点下，单击"速度(spf)1"，在"二维绘图组"设置窗口的"标签"文本框中输入"涡流图"。在"模型开发器"窗口的"结果"→"涡流图"节点下，单击"表面"。在"表面"设置窗口中，定位到"表达式"栏，在"表达式"文本框中输入"spf.vort_magn"；定位到"范围"栏，勾选"手动控制颜色范围"复选框，在"最大值"文本框中输入"200"，单击"绘制"。

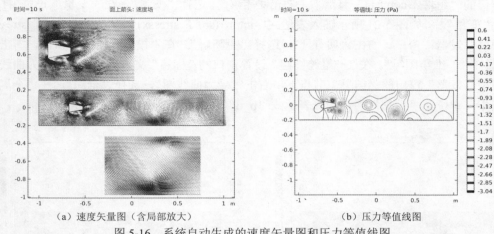

（a）速度矢量图（含局部放大）　　　　　　　（b）压力等值线图

图 5-16　系统自动生成的速度矢量图和压力等值线图

图 5-17 所示为生成的梯形钝体的涡流图，图 5-18 为对比建立的圆柱形钝体的涡流图。通过对比可以看出，在相同的边界条件下，圆柱形钝体所产生的卡门涡街频率高一些。

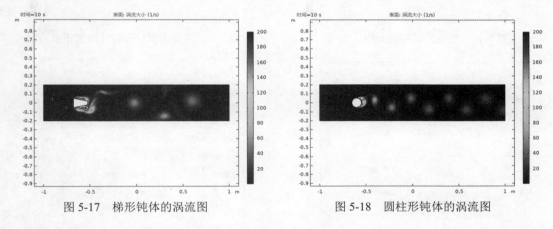

图 5-17　梯形钝体的涡流图　　　　　　　　图 5-18　圆柱形钝体的涡流图

（2）生成雷诺数云图。在"模型开发器"窗口的"结果"节点下，右击"速度(spf)"，选择"复制粘贴"。在"模型开发器"窗口的"结果"节点下，单击"速度(spf)1"，在"二维绘图组"设置窗口的"标签"文本框中输入"雷诺数云图"。在"模型开发器"窗口的"结果"→"雷诺数云图"节点下，单击"表面"。在"表面"设置窗口中，定位到"表达式"栏，在"表达式"文本框中输入"spf.cellRe"，单击"绘制"。

图 5-19 所示为生成的雷诺数云图，图 5-20 为对比建立的圆柱形钝体的雷诺数云图。从云图中可以看到，梯形钝体的最大雷诺数在 370 左右，圆柱形钝体的最大雷诺数在 250 左右，在此情况下，后者的雷诺数更符合卡门涡街产生的雷诺数范围，因此其涡旋脱落频率也相对较高，更有规律些。

（3）生成受力曲线图。在"模型开发器"窗口的"组件 1(comp1)"节点下，右击"定义"，选择"非局部耦合"→"积分"命令。在"积分"设置窗口中定位到"源选择"栏，从"几何实体层"列表中选择"边界"，在"图形"窗口选择梯形钝体的边界 4 至边界 7。在"模型开发器"窗口的"组件 1(comp1)"节点下，右击"定义"，选择"变量"。在"变量"设置窗口中，定位到"变量"栏，如图 5-21 所示输入表达式"-intop1(spf.T_stressx)"和"-intop1(spf.T_stressy)"。在"模型开发器"窗口，右击"研究 1"，选择"更新解"。在"模型开发器"窗口，右击"结果"，选择"一维绘图组"。在"一维绘图组"设置窗口的"标签"文本框中输入"受力曲线图"。在"模型开发器"窗口的"结果"节点下，右击"受力曲线图"，选择"全局"。在"全局"设置窗口中，定位到"数据"栏，输入表达式"p_d"和"p_l"，如图 5-22 所示。

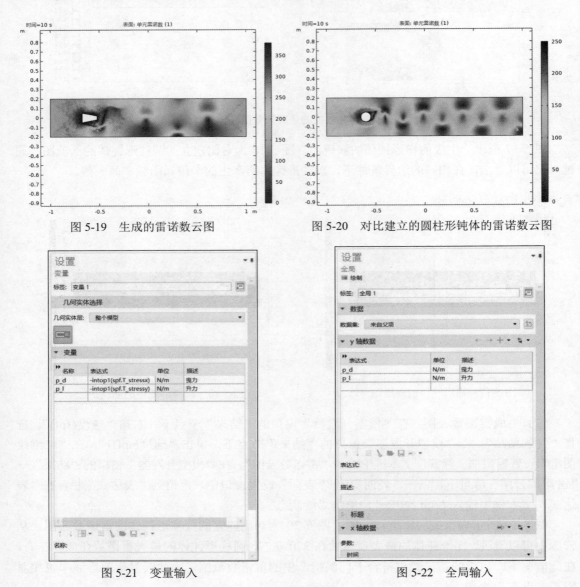

图 5-19　生成的雷诺数云图　　　　　　图 5-20　对比建立的圆柱形钝体的雷诺数云图

图 5-21　变量输入　　　　　　　　　　图 5-22　全局输入

　　单击"绘制"，生成受力曲线图，如图 5-23 所示。图 5-24 为对比建立的圆柱形钝体的受力曲线图。可以看到，对比梯形钝体，圆柱形钝体所受到的涡旋脱落引起的曳力和升力的变化更有规律。

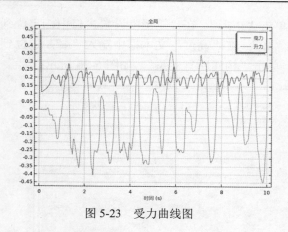

图 5-23 受力曲线图

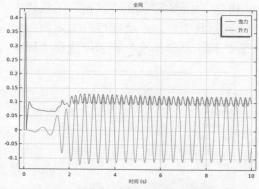

图 5-24 对比建立的圆柱形钝体的受力曲线图

5.2.2 搅拌中的自由液面分析

当搅拌棒在开放的容器内进行搅拌时，容器的液面会随着搅拌棒的运动发生变化。本示例将三维中的搅拌情况进行简化，采用二维的结构进行建模，并将搅拌棒的运动假定成往复直线运动。

本示例计算区域截面尺寸如图 5-25 所示，容器内的液体为水，其密度为 $1000kg/m^3$，动力黏度为 $0.001Pa·s$，中间搅拌棒沿横向做周期为 0.5s、幅度为 2cm 的正弦往复运动。

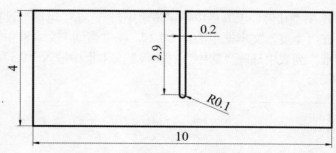

图 5-25 计算区域截面尺寸（单位：cm）

具体计算步骤如下。

1. 模型向导

打开 COMSOL Multiphysics 软件，单击"模型向导"进入"选择空间维度"，单击"二维轴对称"进入"选择物理场"，选择"流体流动"→"单相流"→"层流(laminar flow)"，单击"添加"。选择"数学"→"变形网格"→"动网格"→"自由变形"，单击"添加"。单击"研究"进入"选择研究"，选择"一般研究"→"瞬态"，单击"完成"，进入 COMSOL 建模界面。

2. 几何构建

在"模型开发器"窗口的"组件 1(comp1)"节点下，单击"几何 1"，在"几何"设置窗口中，定位到"单位"栏，从"长度单位"列表中选择"cm"。

　　构建"矩形 1"：在"几何"工具栏中，单击"矩形"。在"矩形"设置窗口中，定位到"大小和形状"栏，在"宽度"文本框中输入"10"，在"高度"文本框中输入"4"；定位到"位置"栏，从"基准"列表中选择"居中"；单击"构建所有对象"，如图 5-26 所示。

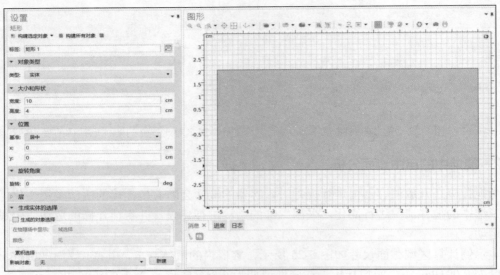

图 5-26 "矩形 1"几何构建

　　构建"矩形 2"：在"几何"工具栏中，单击"矩形"。在"矩形"设置窗口中，定位到"大小和形状"栏，在"宽度"文本框中输入"0.2"，在"高度"文本框中输入"3"；定位到"位置"栏，从"基准"列表中选择"居中"，在"y"文本框中输入"0.5"；单击"构建所有对象"，如图 5-27 所示。

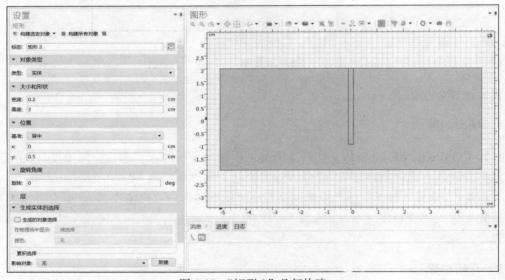

图 5-27 "矩形 2"几何构建

　　构建"差集 1"：在"几何"工具栏中，单击"布尔操作和分割"，选择"差集"。在"差集"

设置窗口中，定位到"差集"栏，定位到"要添加的对象"框，在"图形"窗口选择"r1"，之后定位到"要减去的对象"框，在"图形"窗口选择"r2"，单击"构建所有对象"，如图 5-28 所示。

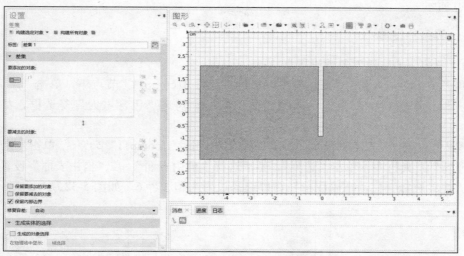

图 5-28 "差集 1"几何构建

构建"倒圆角 1"：在"几何"工具栏中，单击"倒圆角"。在"倒圆角"设置窗口中，定位到"点"栏，在"图形"窗口选择点 dif1 和点 3 点 5；定位到"半径"栏，在"半径"文本框中输入"0.1"；单击"构建所有对象"，如图 5-29 所示。

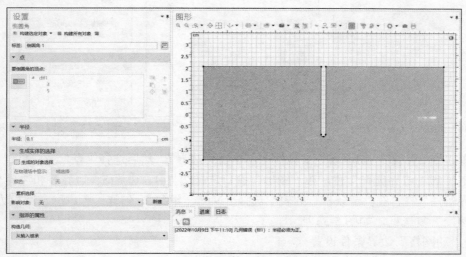

图 5-29 "倒圆角 1"几何构建

在"模型开发器"窗口中，单击"形成联合体(fin)"，在"形成联合体/装配"设置窗口中，单击"全部构建"。在"图形"工具栏中，单击"缩放到窗口大小"按钮。

3．添加材料

在"模型开发器"窗口的"组件 1(comp1)"节点下，右击"材料"，从弹出的快捷菜单中选择"空材料"命令。在"材料"设置窗口的"标签"文本框中输入"water";定位到"材料属性明细"栏,在"密度"文本框中输入"1000",在"动力黏度"文本框中输入"0.001",如图 5-30 所示。

4．边界条件设置

（1）"层流(spf)"边界条件设置。

启用"重力":在"模型开发器"窗口的"组件 1(comp1)"节点下,单击"层流(spf)"。在"层流"设置窗口中,定位到"物理模型"栏,勾选"包含重力"复选框,如图 5-31 所示。

设置"自由表面 1":在"模型开发器"窗口的"组件 1(comp1)"节点下,单击"层流(spf)"。在"物理场"工具栏中,单击"边界",然后选择"自由表面"。在"自由表面"设置窗口中,定位到"边界选择"栏,在"图形"窗口选择边界 3 和边界 6,如图 5-32 所示。

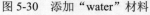

图 5-30　添加"water"材料

图 5-31　启用"重力"

图 5-32　设置"自由表面 1"

设置"壁 2":在"物理场"工具栏中,单击"边界",然后选择"壁"。在"壁"设置窗口中,定位到"边界选择"栏,在"图形"窗口选择边界 4、边界 5、边界 8 和边界 9;定位到"边界条件"栏,在"壁条件"列表中选择"Navier 滑移",勾选"考虑壁在摩擦力作用下的平移速度"复选框,如图 5-33 所示。

（2）"动网格"边界条件设置。

定义"波形 1":在"模型开发器"窗口的"组件 1(comp1)"节点下,右击"定义",选择"函数"→"波形"。在"波形"设置窗口中,定位到"参数"栏,在"周期"文本框中输入"4",如图 5-34 所示。

定义"阶跃 1":在"模型开发器"窗口的"组件 1(comp1)"节点下,右击"定义",选择"函数"→"阶跃"。在"阶跃"设置窗口中,定位到"参数"栏,在"位置"文本框中输入"0.05",如图 5-35 所示。（此阶跃函数用于搅拌棒的位移设置,目的是给初始位移一个缓冲的过程,以提高模型的收敛性。）

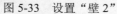

图 5-33 设置"壁 2"

图 5-34 定义"波形 1"

图 5-35 定义"阶跃 1"

设置"指定网格位移 1":在"模型开发器"窗口的"组件 1(comp1)"节点下,右击"动网格",选择"指定网格位移"。在"指定网格位移"设置窗口中,定位到"边界选择"栏,在"图形"窗口选择边界 8 和边界 9;定位到"指定网格位移"栏,按图 5-36 所示的表达式进行设置。

设置"指定法向网格位移 1":在"模型开发器"窗口的"组件 1(comp1)"节点下,右击"动网格",选择"指定法向网格位移"。在"指定法向网格位移"设置窗口中,定位到"边界选择"栏,在"图形"窗口选择边界 5;定位到"指定法向网格位移"栏,按图 5-37 所示的表达式进行设置。

设置"指定法向网格位移 2":在"模型开发器"窗口的"组件 1(comp1)"节点下,右击"动网格",选择"指定法向网格位移"。在"指定法向网格位移"设置窗口中,定位到"边界选择"栏,在"图形"窗口选择边界 4;定位到"指定法向网格位移"栏,按图 5-38 所示的表达式进行设置。

图 5-36 设置"指定网格位移 1"

图 5-37 设置"指定法向网格位移 1"

图 5-38 设置"指定法向网格位移 2"

5．网格划分

在"模型开发器"窗口的"组件 1(comp1)"节点下，右击"网格 1"，选择"自由三角形网格"。在"模型开发器"窗口的"组件 1(comp1)"→"网格 1"节点下，单击"大小"。在"大小"设置窗口中，定位到"单元大小"栏，从"校准为"列表中选择"流体动力学"。在"模型开发器"窗口的"组件 1(comp1)"→"网格 1"节点下，右击"自由三角形网格 1"，选择"大小"。在"大小"设置窗口中定位到"几何实体选择"栏，从"几何实体层"列表中选择"边界"，在"图形"窗口选择边界 3 至边界 6、边界 8 和边界 9；定位到"单元大小"栏，从"校准为"列表中选择"流体动力学"，从"预定义"列表中选择"超细化"；单击"全部构建"，如图 5-39 所示。

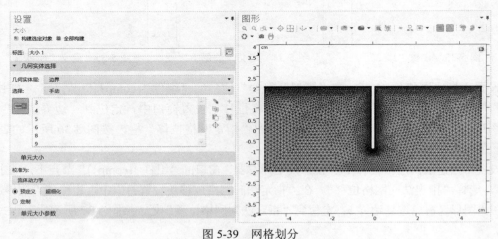

图 5-39　网格划分

在"模型开发器"窗口的"组件 1(comp1)"节点下，右击"网格 1"，选择"统计信息"，显示已划分网格的相关信息，如图 5-40 所示。

图 5-40　网格相关信息

6. 计算

在"模型开发器"窗口的"组件 1(comp1)"→"研究 1"节点下，单击"步骤 2：瞬态"。在"瞬态"设置窗口中，定位到"研究设置"栏，在"输出时步"文本框中输入"range(0,0.5,8)"，单击"计算"，等待计算完成。

7. 结果后处理

当 COMSOL 计算完成后，"速度(spf)"和"压力(spf)"两组结果会在"模型开发器"窗口的"结果"节点下自动生成，对应的图形如图 5-41 所示。如需其他后处理结果，则需用户手动生成。

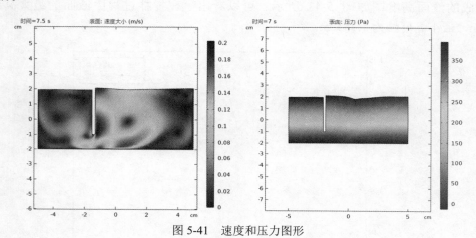

图 5-41　速度和压力图形

（1）生成"速度(spf)1"图形。在"模型开发器"窗口的"结果"节点下，右击"速度(spf)"，选择"复制粘贴"。在"模型开发器"窗口的"结果"节点下，右击"速度(spf)1"，选择"面上箭头"。在"面上箭头"设置窗口中，定位到"着色和样式"栏，从"箭头长度"列表中选择"对数"，从"颜色"列表中选择"黑色"，单击"绘制"。

生成的"速度(spf)1"图形如图 5-42 所示。从图中可以看到由于搅拌棒的往复运动，第 8s 时容器内产生 3 处旋涡。

（2）生成"液面高度图"。在"模型开

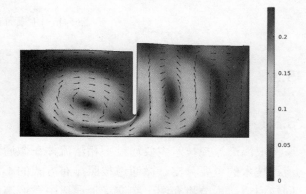

图 5-42　生成的"速度(spf)1"图形

发器"窗口的"结果"节点下，右击"派升值"，选择"最大值"→"线最大值"。在"线最大值"设置窗口中，定位到"选择"栏，在"图形"窗口选择边界 3 和边界 6；定位到"表达式"栏，在"表达式"文本框中输入"y"；单击"计算"。

在"模型开发器"窗口的"结果"节点下，右击"派升值"，选择"最小值"→"线最小值"。在"线最小值"设置窗口中，定位到"选择"栏，在"图形"窗口选择边界 3 和边界 6；

定位到"表达式"栏，在"表达式"文本框中输入"y"；单击"计算"。

在"结果"工具栏中，单击"一维绘图组"。在"一维绘图组"设置窗口的"标签"文本框中输入"液面高度图"。在"模型开发器"窗口的"结果"节点下，右击"液面高度图"，选择"表图"。在"表图"设置窗口中，定位到"图例"栏，勾选"显示图例"复选框，从"图例"列表中选择"手动"，在"图例"文本框中输入"液面最大高度"；单击"绘制"。

在"模型开发器"窗口的"结果"节点下，右击"液面高度图"，选择"表图"。在"表图"设置窗口中，定位到"数据"栏，从"表格"列表中选择"表格 2"；定位到"图例"栏，选中"显示图例"复选框，从"图例"列表中选择"手动"，在"图例"文本框中输入"液面最小高度"；单击"绘制"。

生成的液面高度图如图 5-43 所示。可以看出，在搅拌过程中液面的最大高度约为 2.251cm，最小高度约为 1.755cm。

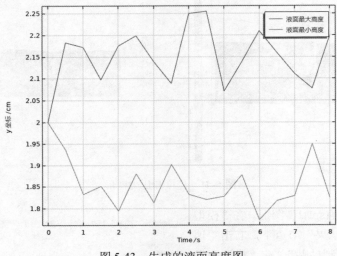

图 5-43　生成的液面高度图

5.3　多相流动分析

5.3.1　十字交叉形通道中微液滴成形分析

液滴微流控技术主要通过不相溶流体在微通道内的相互剪切作用而形成微小液滴，是微流控技术的重要分支。微通道按照排布方式的不同，主要分为十字交叉形通道、T 形通道和同轴通道，本节将介绍十字交叉形通道中微液滴的生成。

利用十字交叉形通道，我们可以使分散相和连续相汇合于通道的十字交叉处，3 条流路最终聚焦于一个通道中，上下对称流动的连续相同时挤压分散相使其断裂，从而形成液滴。

在本节的示例中，微通道的几何结构如图 5-44 所示，其中连续相油的密度为 $980kg/m^3$，动力黏度为 $0.1Pa\cdot s$，分散相水的密度为 $1000kg/m^3$，动力黏度为 $0.001Pa\cdot s$。上下两端入口处油相速度为 $0.01m/s$，左端入口处水相速度为 $0.01m/s$，两相界面张力为 $0.06\ N/m$。

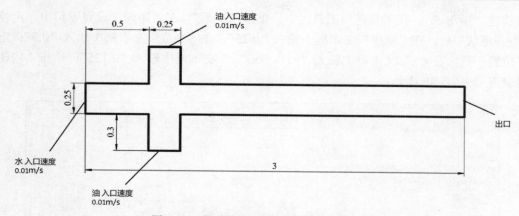

图 5-44　微通道的几何结构（单位：mm）

具体计算过程如下。

1．模型向导

打开 COMSOL Multiphysics 软件，单击"模型向导"进入"选择空间维度"，单击"二维"进入"选择物理场"，选择"流体流动"→"多相流"→"两相流，相场"→"层流"，单击"添加"（在左下角"添加的物理场接口"中会出现已添加的物理场）。单击"研究"进入"选择研究"，选择"所选多物理场的预设研究"→"包含相初始化的瞬态"，单击"完成"，进入 COMSOL 建模界面。

2．几何构建

在"模型开发器"窗口的"组件 1(comp1)"节点下，单击"几何 1"。在"几何"设置窗口中，定位到"单位"栏，从"长度单位"列表中选择"mm"。

构建"矩形 1"：在"几何"工具栏中，单击"矩形"。在"矩形"设置窗口中，定位到"大小和形状"栏，在"宽度"文本框中输入"3"，在"高度"文本框中输入"0.25"；定位到"位置"栏，从"基准"列表中选择"居中"；单击"构建所有对象"，如图 5-45 所示。

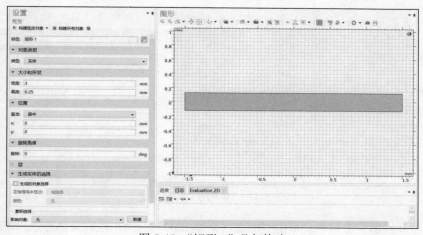

图 5-45　"矩形 1"几何构建

构建"矩形 2"：在"几何"工具栏中，单击"矩形"。在"矩形"设置窗口中，定位到"大小和形状"栏，在"宽度"文本框中输入"0.25"，在"高度"文本框中输入"0.3"；定位到"位置"栏，在"x"文本框中输入"–1"，在"y"文本框中输入"0.125"；单击"构建所有对象"，如图 5-46 所示。

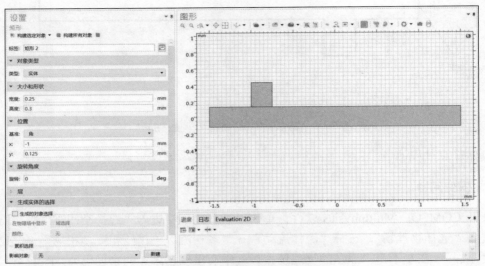

图 5-46　"矩形 2"几何构建

构建"矩形 3"：在"几何"工具栏中，单击"矩形"。在"矩形"设置窗口中，定位到"大小和形状"栏，在"宽度"文本框中输入"0.25"，在"高度"文本框中输入"0.3"；定位到"位置"栏，在"x"文本框中输入"–1"，在"y"文本框中输入"–0.425"；单击"构建所有对象"，如图 5-47 所示。

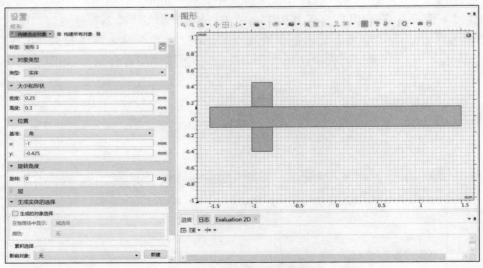

图 5-47　"矩形 3"几何构建

在"模型开发器"窗口中，单击"形成联合体(fin)"，在"形成联合体/装配"设置窗口中，单击"全部构建"。在"图形"工具栏中，单击"缩放到窗口大小"按钮，几何构建完毕。

3．添加材料

添加"water"：在"模型开发器"窗口的"组件 1(comp1)"节点下，右击"材料"，选择"空材料"。在"材料"设置窗口的"标签"文本框中输入"water"；定位到"材料属性明细"栏，在"密度"文本框中输入"1000"，在"动力黏度"文本框中输入"0.001"，如图 5-48 所示。

添加"oil"：在"模型开发器"窗口的"组件 1(comp1)"节点下，右击"材料"，选择"空材料"。在"材料"设置窗口的"标签"文本框中输入"oil"；定位到"几何实体选择"栏，在"图形"窗口选择域 1、域 2 和域 3；定位到"材料属性明细"栏，在"密度"文本框中输入"980"，在"动力黏度"文本框中输入"0.1"，如图 5-49 所示。（在 COMSOL 多相流的仿真中，材料在初始时刻的作用域以"相场(pf)"中的流体 1 和流体 2 的初始值为准。）

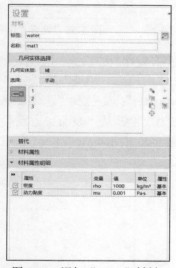

图 5-48 添加"water"材料

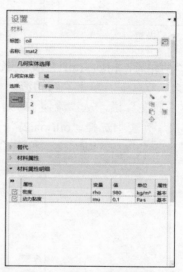

图 5-49 添加"oil"材料

4．边界条件设置

（1）"层流(spf)"边界条件设置。

设置"入口 1"：在"模型开发器"窗口的"组件 1(comp1)"节点下，单击"层流(spf)"。在"物理场"工具栏中，单击"边界"，然后选择"入口"。在"入口"设置窗口中，定位到"边界选择"栏，在"图形"窗口选择边界 1；定位到"速度"栏，在"U_0"文本框中输入"0.01"，如图 5-50 所示。

设置"入口 2"：在"物理场"工具栏中，单击"边界"，然后选择"入口"。在"入口"设置窗口中，定位到"边界选择"栏，在"图形"窗口选择边界 5 和边界 9；定位到"速度"栏，在"U_0"文本框中输入"0.01"，如图 5-51 所示。

设置"出口 1"：在"物理场"工具栏中，单击"边界"，然后选择"出口"。在"出口"设置窗口中，定位到"边界选择"栏，在"图形"窗口选择边界 14，如图 5-52 所示。

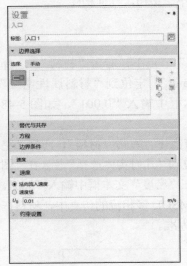
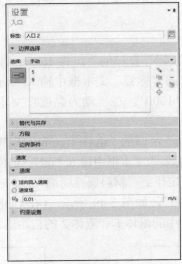
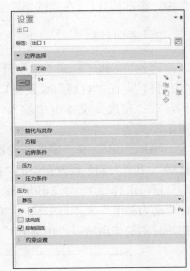

图 5-50　设置"入口 1"　　　　图 5-51　设置"入口 2"　　　　图 5-52　设置"出口 1"

（2）"两相流，相场 1(tpf1)"边界条件设置。在"模型开发器"窗口的"组件 1(comp1)"→"多物理场"节点下，单击"两相流，相场 1(tpf1)"。在"两相流，相场"设置窗口中，定位到"流体 1 属性"栏，从"流体 1"列表中选择"water(mat1)"；定位到"流体 2 属性"栏，从"流体 2"列表中选择"oil(mat2)"；定位到"表面张力"栏，从"表面张力系数"列表中选择"用户定义"，在"σ"文本框中输入"6e-2"，如图 5-53 所示。

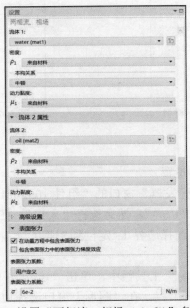

图 5-53　设置"两相流，相场 1 (tpf1)"多物理场

（3）"相场(pf)"边界条件设置。

设置"初始值，流体 2"：在"模型开发器"窗口的"组件 1(comp1)"→"相场(pf)"节

点下，单击"初始值，流体 2"。在"初始值，流体 2"设置窗口中，定位到"域选择"栏，在"图形"窗口选择域 1、域 2 和域 3，如图 5-54 所示。

　　设置"入口 1"：在"物理场"工具栏中，单击"边界"，然后选择"入口"。在"入口"设置窗口中，定位到"边界选择"栏，在"图形"窗口选择边界 1，如图 5-55 所示。（与"层流(spf)"物理场对应，在"相场(pf)"物理场同样也要设置出入口，用来识别流体的种类。）

图 5-54　设置"初始值，流体 2"

图 5-55　设置"入口 1"

　　设置"入口 2"：在"物理场"工具栏中，单击"边界"，然后选择"入口"。在"入口"设置窗口中，定位到"边界选择"栏，在"图形"窗口选择边界 5 和边界 9；定位到"相场条件"栏，从列表中选择"流体 2(φ=1)"，如图 5-56 所示。

　　设置"出口 1"：在"物理场"工具栏中，单击"边界"，然后选择"出口"。在"出口"设置窗口中，定位到"边界选择"栏，在"图形"窗口选择边界 14，如图 5-57 所示。

图 5-56　设置"入口 2"

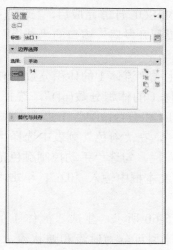

图 5-57　设置"出口 1"

5．网格划分

在"模型开发器"窗口的"组件 1(comp1)"节点下，单击"网格 1"。在"网格"设置窗口中，定位到"物理场控制网格"栏，从"单元大小"列表中选择"超细化"，单击"全部构建"，如图 5-58 所示。

在"模型开发器"窗口的"组件 1(comp1)"节点下，右击"网格 1"，选择"统计信息"，则已划分网格的相关信息如图 5-59 所示。

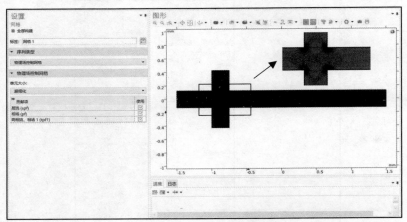

图 5-58　网格划分

图 5-59　已划分网格的相关信息

6．计算

在"模型开发器"窗口的"组件 1(comp1)"→"研究 1"节点下，单击"步骤 2：瞬态"。在"瞬态"设置窗口中，定位到"研究设置"栏，在"输出时步"文本框中输入"range(0,0.001,0.125)"，单击"计算"，等待计算完成。

7．结果后处理

当 COMSOL 计算完成后，"速度(spf)""压力(spf)"和"流体 1 的体积分数(pf)"三组结果会在"模型开发器"窗口的"结果"节点下自动生成，如需其他后处理结果，则需用户手动生成。

（1）生成"流体 1 的体积分数(pf)1"图形。在"模型开发器"窗口的"结果"节点下，右击"流体 1 的体积分数(pf)"，选择"复制粘贴"。在"模型开发器"窗口的"结果"→"流体 1 的体积分数(pf)1"节点下，单击"表面 1"。在"表面"设置窗口中，定位到"着色和样式"栏，在"着色"列表中选择"渐变"，在"颜色表转换"列表中选择"反转"；定位到"范围"栏，勾选"手动控制颜色范围"复选框，在"最小值"文本框中输入"0.4"，在"最大值"文本框中输入"0.6"；单击"绘制"。（采用更细的网格进行划分也可使两相的界面更清晰。）

如图 5-60 所示，生成"流体 1 的体积分数(pf)1"图形。按照两相相接触最终所呈现的形态，流型可分为射流和弹状流，对比图 5-61 的实验结果（具体见参考文献[19]），两者基本一致。

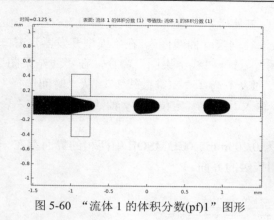

图 5-60　"流体 1 的体积分数(pf)1"图形　　　　　图 5-61　液滴成形的实验照片

（2）生成速度矢量图。在"结果"工具栏中，单击"二维绘图组"。在"二维绘图组"设置窗口的"标签"文本框中输入"速度矢量图"。在"模型开发器"窗口的"结果"节点下，右击"速度矢量图"，从出现的快捷菜单中选择"面上箭头"命令。在"面上箭头"设置窗口中，定位到"箭头位置"栏，在"x 栅格点"文本框中输入"70"，在"y 栅格点"文本框中输入"50"；定位到"着色和样式"栏，从"箭头长度"列表中选择"对数"；单击"绘制"。

在"模型开发器"窗口的"结果"节点下，右击"速度矢量图"，选择"等值线"命令。在"等值线"设置窗口中，定位到"表达式"栏，在"表达式"文本框中输入"pf.Vf1"；定位到"水平"栏，在"总水平数"文本框中输入"1"；定位到"着色和样式"栏，在"等值线类型"列表中选择"管"，勾选"半径比例因子"复选框，在"半径比例因子"文本框中输入"0.01"；单击"绘制"。生成的速度矢量图如图 5-62 所示。

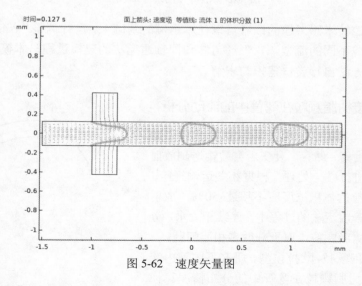

图 5-62　速度矢量图

（3）生成液滴径向尺寸曲线图。在"模型开发器"窗口的"结果"节点下，右击"数据集"，选择"二维截线"命令。在"二维截线"设置窗口中，定位到"线数据"栏，在"点 1 x"文本框中输入"0.5"，在"点 1 y"文本框中输入"0.125"，在"点 2 x"文本框中输入"0.5"，在"点 2y"文本框中输入"–0.125"。在"结果"工具栏中,单击"一维绘图组"。在"一维绘图组"设置窗口的"标签"文本框中输入"液滴径向尺寸曲线图"。在"模型开发器"窗口的"结果"节点下,右击"液滴径向尺寸曲线图",选择"线结果图"命令。在"线结果图"设置窗口中,定位到"数据"栏,从"数据集"列表中选择"二维截线 1",从"时间选择"列表中选择"内插",在"时间步(s)"文本框中输入"0.09";定位到"y 轴数据"栏,在"表达式"文本框中输入"pf.Vf1";单击"绘制"。

如图 5-63 所示,生成的液滴的径向尺寸约为 0.209mm。(COMSOL 中两相的界面存在一定的厚度,一般认为 pf.Vf1 等于 0.5 时是两相相接触的界面。)

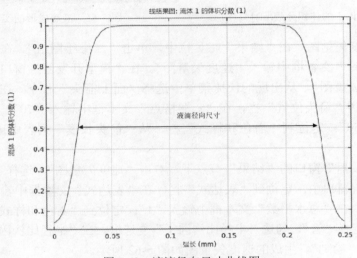

图 5-63 液滴径向尺寸曲线图

对液滴微流控技术感兴趣的读者可以在本示例的基础上,自行调整"入口 1"和"入口 2"的速度比,以生成不同的流型。T 形通道法和同轴通道法的建模过程与本模型类似,读者也可按照本示例的方法自行尝试建模与求解。

5.3.2 放射性废树脂颗粒在弯管中的流动分析

核反应堆在运行时会产生大量放射性废树脂颗粒,这些颗粒经收集、储存、衰变后会被输送到放射性废物处理设施进行统一处理。根据相关运输经验,放射性废树脂颗粒的体积浓度应不超过 50%。放射性废树脂颗粒在管内运输的过程中,连续相为水,分散相为放射性废树脂颗粒,属于分散多相流问题。

本示例将利用欧拉–欧拉模型,研究不同管内流速下,放射性废树脂颗粒在弯管中的分布情况。模型的几何尺寸(管道尺寸)如图 5-64 所示,其中连续相水的密度为 1000kg/m³,动力黏度为 0.001Pa·s,

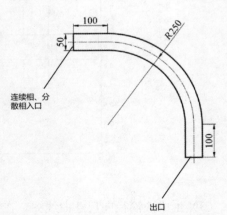

图 5-64 管道尺寸(单位:mm)

分散相放射性废树脂颗粒的密度为 1120kg/m³,粒径为 0.8mm,入口处放射性废树脂颗粒的流入浓度为 40%，入口流速取 0.6～1.6m/s 的区间进行分析。为了提高计算速度，我们将利用弯管的对称性，取弯管的一半进行研究。

具体计算过程如下。

1．模型向导

打开 COMSOL Multiphysics 软件，单击"模型向导"进入"选择空间维度"，单击"三维"进入"选择物理场"，选择"流体流动"→"多相流"→"Euler-Euler 模型"→"Euler-Euler 模型，湍流(ee)"，单击"添加"（在左下角"添加的物理场接口"中会出现已添加的物理场）。单击"研究"进入"选择研究"，选择"一般研究"→"稳态"，单击"完成"，进入 COMSOL 建模界面。

2．几何构建

在"模型开发器"窗口的"组件 1(comp1)"节点下，单击"几何 1"。在"几何"设置窗口中，定位到"单位"栏，从"长度单位"列表中选择"mm"。

构建"工作平面 1"：在"几何"工具栏中，单击"工作平面"。在"工作平面"设置窗口中，定位到"平面定义"栏，从"平面"列表中选择"zx 平面"，单击"构建所有对象"，如图 5-65 所示。

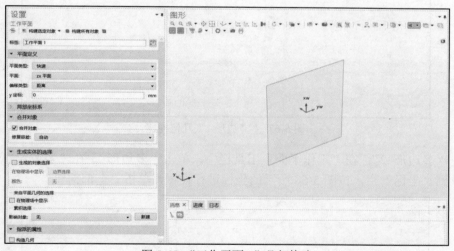

图 5-65　"工作平面 1"几何构建

构建"圆 1"：在"模型开发器"窗口的"组件 1(comp1)"→"几何 1"→"工作平面 1"节点下，单击"平面几何"。在"工作平面"工具栏中，单击"圆"。在"圆"设置窗口中，定位到"对象类型"栏，从"类型"列表中选择"曲线"；定位到"大小和形状"栏，在"半径"文本框中输入"250"，在"扇形角"文本框中输入"90"；单击"全部构建"，如图 5-66 所示。

构建"多边形 1"：在"工作平面"工具栏中，单击"多边形"。在"多边形"设置窗口中，定位到"坐标"栏，按图 5-67 所示的坐标进行设置，单击"全部构建"。

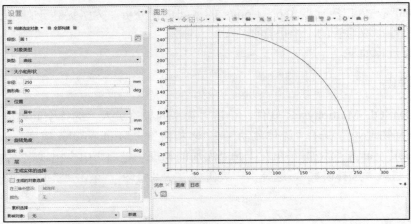

图 5-66　"圆 1"几何构建

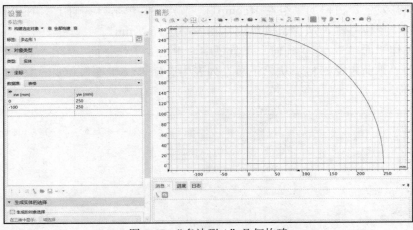

图 5-67　"多边形 1"几何构建

构建"多边形 2"：在"工作平面"工具栏中，单击"多边形"。在"多边形"设置窗口中，定位到"坐标"栏，按图 5-68 所示的坐标进行设置，单击"全部构建"。

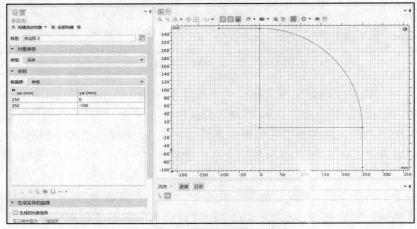

图 5-68　"多边形 2"几何构建

构建"删除实体 1"：在"工作平面"工具栏中单击"删除"。在"删除实体"设置窗口中，定位到"要删除的实体或对象"栏，在"图形"窗口选择边界 c12 和 c13，单击"全部构建"，如图 5-69 所示。

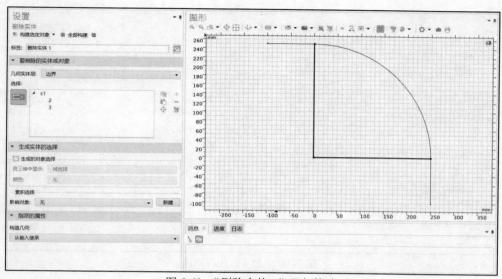

图 5-69　"删除实体 1"几何构建

构建"工作平面 2"：在"几何"工具栏中，单击"工作平面"。在"工作平面"设置窗口中，定位到"平面定义"栏，在"z 坐标"文本框中输入"–100"，单击"构建所有对象"，如图 5-70 所示。

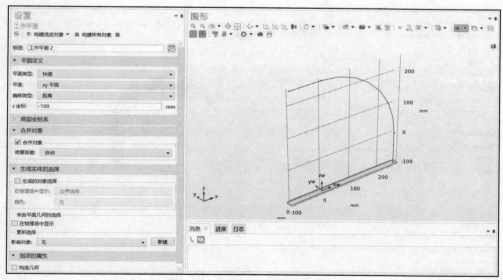

图 5-70　"工作平面 2"几何构建

构建"圆 1"：在"模型开发器"窗口的"组件 1(comp1)"→"几何 1"→"工作平面 2"节点下，单击"平面几何"。在"工作平面"工具栏中，单击"圆"。在"圆"设置窗口中，定位到"大小和形状"栏,在"半径"文本框中输入"25",在"扇形角"文本框中输入"180";定位到"位置"栏,在"xw"文本框中输入"250";单击"全部构建",如图 5-71 所示。

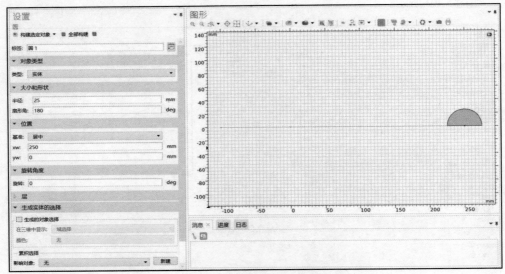

图 5-71　"圆 1"几何构建

构建"扫掠 1":在"模型开发器"窗口的"组件 1(comp1)"节点下,单击"几何 1"。在"几何"工具栏中,单击"扫掠"。在"扫掠"设置窗口中,定位到"横截面"栏,选择"边界"wp2 1;定位到"脊线"栏,在"图形"窗口选择"边界"wp1 1、wp1 2 和 wp1 3;单击"构建所有对象",如图 5-72 所示。

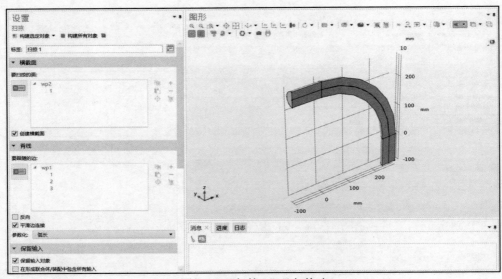

图 5-72　"扫掠 1"几何构建

在"模型开发器"窗口中,单击"形成联合体(fin)",在"形成联合体/装配"设置窗口中,单击"全部构建"。在"图形"工具栏中,单击"缩放到窗口大小"按钮。

3. 添加材料

在"模型开发器"窗口的"组件 1(comp1)"节点下，右击"材料"，选择"空材料"。在"材料"设置窗口的"标签"文本框中输入"water"；定位到"材料属性明细"栏，在"密度"文本框中输入"1000"，在"动力黏度"文本框中输入"0.001"，如图 5-73 所示。

4. 边界条件设置

设置"相属性 1"：在"模型开发器"窗口的"组件 1(comp1)"→"Euler-Euler 模型，湍流(ee)"节点下，单击"相属性 1"。在"相属性"设置窗口中，定位到"材料"栏，从"连续相"列表中选择"water(mat1)"；定位到"分散相属性"栏，从"ρ_d"列表中选择"用户定义"并在文本框中输入"1120"，在"d_d"文本框中输入"0.8[mm]"，如图 5-74 所示。

设置"对称 1"：在"物理场"工具栏中，单击"边界"，然后选择"对称"。在"对称"设置窗口中，定位到"边界选择"栏，在"图形"窗口选择边界 2、边界 4、边界 7、边界 9、边界 11 和边界 15，如图 5-75 所示。

图 5-73 添加"water"材料

图 5-74 设置"相属性 1"

图 5-75 设置"对称 1"

设置"入口 1"：在"模型开发器"窗口的"全局定义"节点下，单击"参数 1"。在"参数"设置窗口中，按图 5-76 所示的参数进行设置。在"物理场"工具栏中，单击"边界"，然后选择"入口"。在"入口"设置窗口中，定位到"边界选择"栏，在"图形"窗口选择边界 1；分别定位到"连续相边界条件"栏和"分散相边界条件"栏，按图 5-77 所示进行设置。

设置"出口 1"：在"物理场"工具栏中，单击"边界"，然后选择"出口"。在"出口"设置窗口中，定位到"边界选择"栏，在"图形"窗口选择边界 14，如图 5-78 所示。

设置"重力 1"：在"物理场"工具栏中，单击"域"，然后选择"重力"。在"重力"设置窗口中，定位到"域选择"栏，在"图形"窗口选择域 1、域 2 和域 3，如图 5-79 所示。

图 5-76　设置"参数 1"

图 5-77　设置"入口 1"

图 5-78　设置"出口 1"

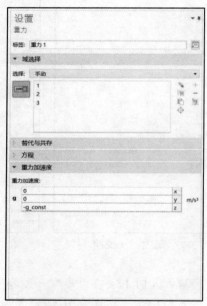

图 5-79　设置"重力 1"

5．网格划分

构建"自由四边形网格 1"：在"模型开发器"窗口的"组件 1(comp1)"节点下，右击"网格"，选择"边界生成器"→"自由四边形网格"。在"自由四边形网格"设置窗口中，定位到"边界选择"栏，选择边界 1。在"模型开发器"窗口的"网格"节点下，单击"大小"。在"大小"设置窗口中，定位到"单元大小"栏，从"校准为"列表中选择"流体动力学"，单击"全部构建"，如图 5-80 所示。

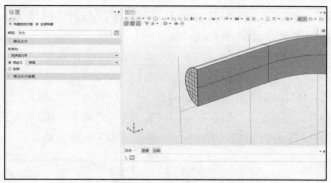

图 5-80　构建"自由四边形网格 1"

构建"边界层 1"：在"模型开发器"窗口的"组件 1(comp1)"节点下，右击"网格"，选择"边界层"。在"边界层"设置窗口中，定位到"几何实体选择"栏，从"几何实体层"列表中选择"边界"，在"图形"窗口选择边界 1。在"模型开发器"窗口的"组件 1(comp1)"→"网格"→"边界层 1"节点下，单击"边界层属性"。在"边界层属性"设置窗口中，定位到"边选择"栏，在"图形"窗口选择边界 2 和边界 6；定位到"层"栏，在"层数"文本框中输入"5"，在"厚度调节因子"文本框中输入"1.5"；单击"全部构建"，如图 5-81 所示。

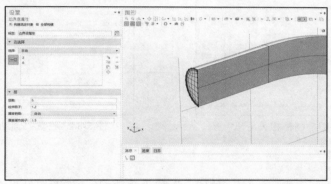

图 5-81　构建"边界层 1"

构建"扫掠 1"：在"模型开发器"窗口的"组件 1(comp1)"节点下，右击"网格"，选择"扫掠"。在"扫掠"设置窗口中，单击"全部构建"，如图 5-82 所示。

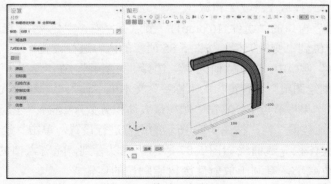

图 5-82　构建"扫掠 1"

在"模型开发器"窗口的"组件 1(comp1)"节点下，右击"网格 1"，选择"统计信息"，显示已划分网格的相关信息，如图 5-83 所示。

6．计算

在"模型开发器"窗口的"组件 1(comp1)"→"研究 1"节点下，单击"步骤 1:稳态"。在"稳态"设置窗口中，定位到"研究扩展"栏，选中"辅助扫描"复选框，单击"＋"按钮，按图 5-84 所示的参数进行设置。单击"计算"，等待计算完成。

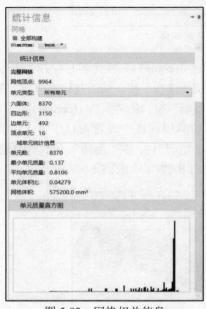

图 5-83　网格相关信息

图 5-84　设置"辅助扫描"

7．结果后处理

当 COMSOL 计算完成后，"连续相(ee)"和"分散相(ee)"两组结果会在"模型开发器"窗口的"结果"节点下自动生成，如需其他后处理结果，则需用户手动生成。

（1）生成颗粒最大体积分数曲线。在"模型开发器"窗口的"组件 1(comp1)"节点下，右击"定义"，选择"非局部耦合"→"最大值"。在"最大值"设置窗口中，定位到"源选择"栏，在"图形"窗口选择域 1、域 2 和域 3。

在"模型开发器"窗口的"组件 1(comp1)"节点下，右击"定义"，选择"变量"。在"变量"设置窗口中，定位到"变量"栏，按图 5-85 所示的内容进行设置。

在"模型开发器"窗口中，右击"研究 1"，选择"更新解"。在"结果"工具栏中，单击"一维绘图组"。在"一维绘图组"设置窗口的"标签"文本框中输入"颗粒最大体积分数"。在"模型开发器"窗口的"结果"节点下，右击"颗粒最大体积分数"，选择"全局"。在"全局"设置窗口中，定位到"y 轴数据"栏，按图 5-86 所示的内容进行设置，单击"绘制"。

生成的颗粒最大体积分数曲线如图 5-87 所示。可以看到，随着入口的流速增大，管道内颗粒最大的体积分数减小，有利于放射性废树脂颗粒的运输。

图 5-85　设置"变量"

图 5-86　定义"全局"

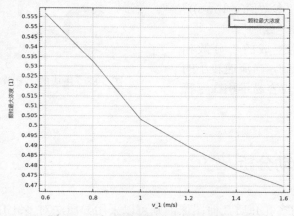

图 5-87　生成的颗粒最大体积分数曲线

（2）生成"分散相(ee)1"分布图。在"模型开发器"窗口的"结果"节点下，右击"分散相(ee)"，选择"复制粘贴"。

在"模型开发器"窗口的"结果"→"分散相(ee)1"节点下，右击"分散相体积分数"，选择"删除"，在"确认删除"对话框中单击"是(Y)"。

在"模型开发器"窗口的"结果"节点下，单击"分散相(ee)1"，在"三维绘图组"设置窗口中，定位到"绘图阵列"栏，选中"启用"复选框，从"阵列形状"列表中选择"正方形"，从"阵列平面"列表中选择"xz 平面"。

在"模型开发器"窗口的"结果"节点下，右击"分散相(ee)1"，选择"表面"。在"表面"设置窗口中，定位到"数据"栏，从"数据集"列表中选择"研究 1/解 1(sol1)"；定位到"范围"栏，选中"手动控制颜色范围"复选框，在"最小值"文本框中输入"0.13"，在"最大值"文本框中输入"0.55"。

在"模型开发器"窗口的"结果"→"分散相(ee)1"节点下，右击"表面 1"，选择"复制粘贴"。在"表面"设置窗口中，定位到"数据"栏，从"参数值(v_1(m/s))"列表中选择"1.4"；定位到"着色和样式"栏，取消勾选"颜色图例"复选框。

在"模型开发器"窗口的"结果"→"分散相(ee)1"节点下,右击"表面 2",选择"复制粘贴"。在"表面"设置窗口中,定位到"数据"栏,从"参数值(v_1(m/s))"列表中选择"1.2"。

在"模型开发器"窗口的"结果"→"分散相(ee)1"节点下,右击"表面 2",选择"复制粘贴"。在"表面"设置窗口中,定位到"数据"栏,从"参数值(v_1(m/s))"列表中选择"1"。

在"模型开发器"窗口的"结果"→"分散相(ee)1"节点下,右击"表面 2",选择"复制粘贴"。在"表面"设置窗口中,定位到"数据"栏,从"参数值(v_1(m/s))"列表中选择"0.8"。

在"模型开发器"窗口的"结果"→"分散相(ee)1"节点下,右击"表面 2",选择"复制粘贴"。在"表面"设置窗口中,定位到"数据"栏,从"参数值(v_1(m/s))"列表中选择"0.6"。单击"绘制"。

图 5-88 所示即为生成的"分散相(ee)1"分布图。可以看到,当流速较小的时候,放射性废树脂颗粒容易堆积在弯管的拐角处。

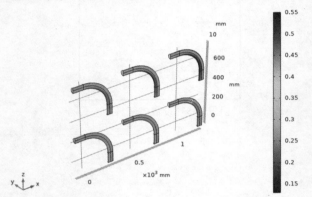

图 5-88　生成的"分散相(ee)1"分布图

5.4　多孔介质流动分析

如果能获取真实的多孔介质几何图像,则可以采用异质法对多孔介质进行分析,计算出其孔隙率与渗透率以便用于后续研究。COMSOL 内置了"image_to_curve"插件,能方便地将外部的图像数据转化为 COMSOL 中的几何曲线。本示例所采用的多孔介质结合模型如图 5-89 所示,它的长为 25μm,宽为 12μm。图像中白色孔洞部分为固体介质,会阻碍流体的流动;黑色部分为孔隙,是流体的流域。其中,流体材料是水,其密度为 1000kg/m³,动力黏度为 0.001Pa·s。左端为 0.2Pa 的压力入口,右端为 0Pa 的压力出口。

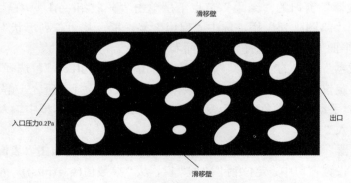

图 5-89　多孔介质结合模型

具体计算过程如下。

1. 模型向导

打开 COMSOL Multiphysics 软件，单击"模型向导"进入"选择空间维度"，单击"二维"进入"选择物理场"，选择"流体流动"→"单相流"→"层流"，单击"添加"（在左下角"添加的物理场接口"中会出现已添加的物理场）。单击"研究"进入"选择研究"，选择"一般研究"→"稳态"，单击"完成"，进入 COMSOL 建模界面。

2. 几何构建

调用"image_to_curve"插件：在"开发工具"工具栏中，单击"插件库"，在"COMSOL Multiphysics"节点下，选中"image_to_curve"复选框，单击"完成"。

设置"参数 1"：在"模型开发器"窗口的"全局定义"节点下，单击"参数 1"。在"参数"设置窗口中，按图 5-90 所示的参数进行设置。

绘制"曲线"：在"开发工具"工具栏中，单击"插件"，选择"图像到曲线"。在"图像到曲线"设置窗口中，定位到"图像"栏，单击"浏览"，选择"porous medium"所在的路径，在"图像宽度"文本框中输入"25[μm]"；定位到"曲线"栏，在"曲线容差"文本框中输入"0.005"，如图 5-91 所示。单击"曲线"按钮，绘制曲线。

图 5-90　设置"参数 1"

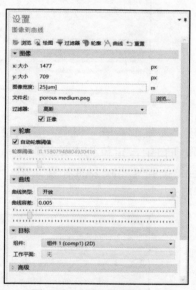

图 5-91　设置曲线选项

构建"矩形 1"：在"几何"工具栏中，单击"矩形"。在"矩形"设置窗口中，定位到"大小和形状"栏，在"宽度"文本框中输入"25[μm]"，在"高度"文本框中输入"12[μm]"，单击"构建所有对象"，如图 5-92 所示。

构建"转换为实体 1"：在"几何"工具栏中，单击"转换"，选择"转换为实体"。在"转换为实体"设置窗口中，定位到"输入"栏，选择输入对象 scale_ic(1)至 scale_ic(16)，单击"构建所有对象"，如图 5-93 所示。

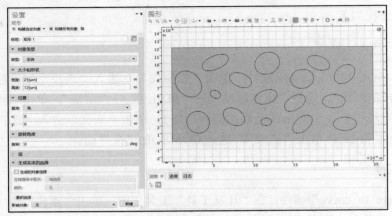

图 5-92　"矩形 1"几何构建

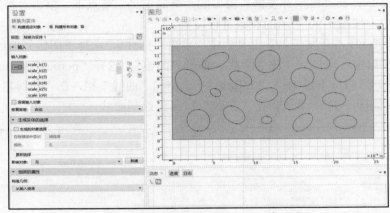

图 5-93　"转换为实体 1"几何构建

构建"差集 1"：在"几何"工具栏中，单击"布尔操作和分割"，选择"差集"。在"差集"设置窗口中，定位到"差集"栏，再定位到"要添加的对象"，在"图形"窗口中选择 r1，然后定位到"要减去的对象"，在"图形"窗口中选择 csol1，单击"构建所有对象"，如图 5-94 所示。

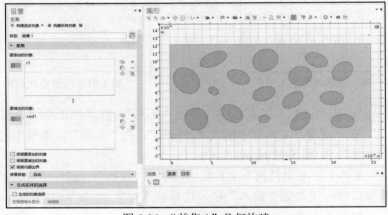

图 5-94　"差集 1"几何构建

在"模型开发器"窗口中，单击"形成联合体(fin)"，在"形成联合体/装配"设置窗口中，单击"全部构建"。在"图形"工具栏中，单击"缩放到窗口大小"按钮。

3．添加材料

在"模型开发器"窗口的"组件 1(comp1)"节点下，右击"材料"，选择"空材料"。在"材料"设置窗口的"标签"文本框中输入"water"；定位到"材料属性明细"栏，在"密度"文本框中输入"1000"，在"动力黏度"文本框中输入"0.001"，如图 5-95 所示。

4．边界条件设置

设置"入口 1"：在"模型开发器"窗口的"组件 1(comp1)"节点下，单击"层流(spf)"。在"物理场"工具栏中，单击"边界"，然后选择"入口"。在"入口"设置窗口中，定位到"边界选择"栏，在"图形"窗口中选择边界 1；定位到"边界条件"栏，从列表中选择"压力"；定位到"压力条件"栏，在"P_0"文本框中输入"P0"，如图 5-96 所示。

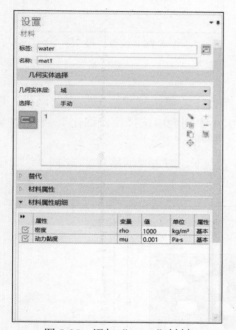

图 5-95　添加"water"材料

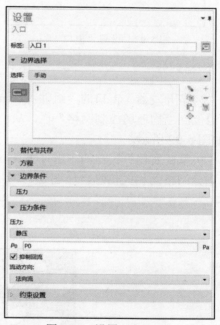

图 5-96　设置"入口 1"

设置"出口 1"：在"物理场"工具栏中，单击"边界"，然后选择"出口"。在"出口"设置窗口中，定位到"边界选择"栏，在"图形"窗口中选择边界 4，如图 5-97 所示。

设置"壁 2"：在"物理场"工具栏中，单击"边界"，然后选择"壁"。在"壁"设置窗口中，定位到"边界选择"栏，在"图形"窗口中选择边界 2 和边界 3；定位到"边界条件"栏，从"壁条件"列表中选择"滑移"，如图 5-98 所示。（设置上下壁面为滑移，目的是将上下壁面进行虚拟延长，考虑成是无限大的边界。）

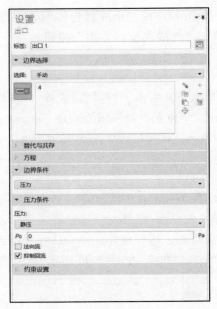
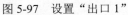
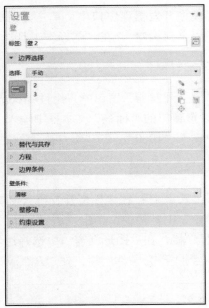

图 5-97　设置"出口 1"　　　　　　图 5-98　设置"壁 2"

5. 网格划分

在"模型开发器"窗口的"组件 1(comp1)"节点下，单击"网格 1"。在"网格"设置窗口中，定位到"物理场控制网格"栏，从"单元大小"列表中选择"较细化"，单击"全部构建"，如图 5-99 所示。

在"模型开发器"窗口的"组件 1(comp1)"节点下，右击"网格 1"，选择"统计信息"，显示已划分网格的相关信息，如图 5-100 所示。

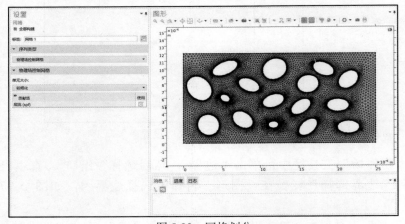

图 5-99　网格划分　　　　　　　　图 5-100　网格相关信息

6. 计算

在"模型开发器"窗口的"组件 1(comp1)"节点下，单击"研究 1"，单击"计算"，等待计算完成。

7．结果后处理

当 COMSOL 计算完成后，"速度(spf)"和"压力(spf)"两组结果会在"模型开发器"窗口的"结果"节点下自动生成，相应的图形如图 5-101 所示。如需其他后处理结果，则需用户手动生成。

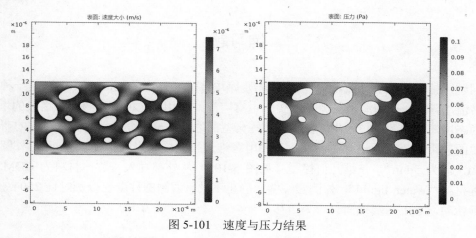

图 5-101　速度与压力结果

接下来要做的是计算渗透率和孔隙率。

在"模型开发器"窗口的"组件 1(comp1)"节点下，右击"定义"，选择"非局部耦合"→"积分"。在"积分"设置窗口中，定位到"源选择"栏，在"图形"窗口中选择域 1。

在"模型开发器"窗口的"组件 1(comp1)"节点下，右击"定义"，选择"变量"。在"变量"设置窗口中，定位到"变量"栏，按图 5-102 的内容进行设置。（在 COMSOL 层流接口中，二维模型的默认厚度为 1m，因此在计算"u_out"时需除以 1m。）

在"模型开发器"窗口中，右击"研究 1"，选择"更新解"。在"模型开发器"窗口的"结果"节点下，右击"派生值"，选择"全局计算"。在"全局计算"设置窗口中，定位到"表达式"栏，按图 5-103 的内容进行设置。单击"计算"，在 COMSOL 右下角"表格 1"窗口中显示计算所得的渗透率和孔隙率，如图 5-104 所示。

图 5-102　设置"变量 1"

图 5-103　设置"全局计算 1"

图 5-104   渗透率和孔隙率

练习题

1. 由同轴圆柱之间的旋转流动而产生的泰勒-库埃特流（Taylor-Couette flow）是一种典型的旋转流动问题，在润滑理论和工程实践中有广泛的应用。这种流动随着雷诺数的增大，在从稳态层流到湍流的过程中，表现出一些典型的非线性动力学行为，因此对它的研究具有重要的应用价值和理论意义。本练习采用三维进行建模（内圆半径为 1mm，外圆半径为 2mm，高为 5mm），三维几何模型（见图 5-105）从外部导入。流体材料为 COMSOL 的内置材料"Water, liquid"，外侧圆柱壁面静止不动，内侧圆柱壁面以顺时针 250 r/s 的速度进行转动，上下两端壁面设置为滑移。

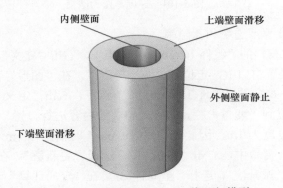

图 5-105   Taylor-Couette flow 三维几何模型

2. 蠕动泵是利用多个转辊子挤压软管来达到输送流体目的的一种装置。蠕动泵的内部零部件不会与流体直接接触，且软管具有弹性，在输送流体时不会完全闭合，因此其具有清洁度高、动作温和等特点，被广泛运用于制药、化工、食品工业和医学等领域。本练习采用二维轴对称进行建模，分析蠕动泵的一段软管部分，其尺寸如图 5-106 所示，输送流体为水，其密度为 1000kg/m³，动力黏度为 0.001Pa·s，外部转辊子挤压软管的深度为 1mm，移动速度为 5mm/s。在实际工作中，软管的凹陷近似符合高斯分布，其具体参数可从蠕动泵工作的真实数据中得到。为简便起见，本示例中直接假设高斯函数的标准差为 2，峰值为 1。

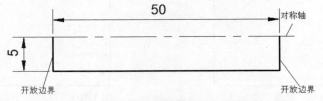

图 5-106   蠕动泵计算区域截面尺寸（单位：mm）

3. 液滴撞击广泛存在于工农业生产生活中，如雨滴撞击输电线路、喷墨打印及农药喷洒等，因此，理解液滴撞击壁面的行为具有重要的现实意义。由于壁面表面形态的不同、液滴撞击角度的差异、外部气流速度的影响等，在实际生活中液滴撞击壁面的情况相当复杂。本练习采用二维轴对称进行建模，考虑最为简单的液滴垂直下落撞击平面的情况，其中模型的几何结构如图 5-107 所示。韦伯数是用来分析液滴撞击特性的重要无量纲参数，在本练习中韦伯数为 240，水的密度为 1000kg/m³，动力黏度为 0.001Pa·s，空气的密度为 1.29kg/m³，动力黏度为 1.79×10⁻⁵Pa·s，水滴的静态接触角为 87°。

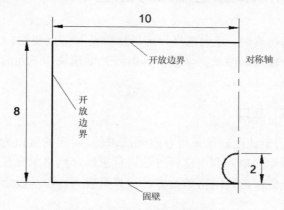

图 5-107　模型的几何结构（单位：mm）

4. 将长 15mm、宽 3mm、厚 2mm 的矩形纸条（见图 5-108）一端接触油，纸条是多孔材质，与油接触时，因为毛细力，会吸收油，吸收行为一直持续到重力与毛细力相平衡。试分析该纸条的芯吸现象。油的密度为 960kg/m³，动力黏度 0.02Pa·s，表面张力为 0.039 N/m；空气的密度为 1.29kg/m³，黏度为 1.79×10⁻⁵Pa·s，纸条的孔隙率为 0.6，渗透率为 5.808×10⁻¹⁴m²，接触角为 0，入口毛细压力为 1.643×10⁵Pa，孔隙大小分布指数为 2。纸条最初充满空气，初始油饱和度为 0.01。毛细力和相对渗透率采用 Brooks-Corey 模型。纸条的侧边界不允许有油流。达西定律的下边界和上边界的边界条件是底部油相大气压和静水压力大气压减去顶部的毛细压力。对于相传递，假定下边界的空气相为"无通量"。上边界根据达西模型给出的压力梯度定义气相质量通量。

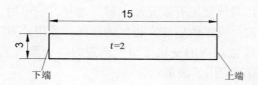

图 5-108　矩形纸条计算区域截面尺寸（单位：mm）

第6章 电磁学分析

6.1 COMSOL 求解高频电磁场的物理接口

在进行高频电磁场仿真时，正确选择物理场接口是非常重要的。COMSOL 软件中求解高频电磁场的模块有射频模块、波动光学模块、射线光学模块，下面简要介绍这些模块中求解高频电磁场的物理接口。

1. "电磁波，频域"接口

COMSOL 软件中的全波电磁场采用有限元法求解，对应的接口为射频模块和波动光学模块中的"电磁波，频域"接口。利用这种方法进行求解，网格单元尺寸受波长影响，要求有足够小的网格来解析电磁波，其网格数量多，计算量较大。如基板上的颗粒散射（见图 6-1）模型中就应用了此方法。

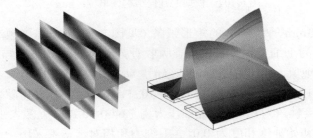

图 6-1 基板上的颗粒散射

2. "电磁波，波束包络"接口

COMSOL 软件中的波动光学模块下的"电磁波，波束包络"接口，可以用来求解全波 Maxwell 方程的修正形式，具体使用有限元法求解。这种方法可用于有效求解电磁波束的单向和双向传播，在传播方向上可以使用非常粗化的网格。应用此方法需要注意的是，波矢场必须近似均匀，或在整个模拟域内的变化很缓慢。定向耦合器（见图 6-2）、单模光纤到光纤耦合（见图 6-3）等模型都应用了波束包络法。

图 6-2 定向耦合器

图 6-3 单模光纤到光纤耦合

3."几何光学"接口

射线光学模块包含"几何光学"接口,该接口用于在波长远小于模型中最小几何实体的情况下的电磁波传播分析建模,其忽略了电磁波的衍射,把电磁波作为射线来处理,通过求解位置和波矢的一组常微分方程来追踪经过模拟域的射线。虽然我们必须对射线经过的域进行网格划分,但是可以采用尺寸较大的网格,只有在曲面处才必须采用尺寸较小的网格。双高斯透镜(见图 6-4)模型就应用了此方法。

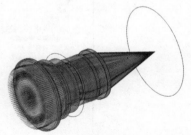

"几何光学"接口内置的工具可用于计算光线的强度、相位以及光程长度,可以是偏振射线、非偏振射线或部分偏振射线,还支持吸收介质中的频率分布和射线传播。

图 6-4　双高斯透镜

6.2　轴承的感应加热分析

感应加热是指利用电磁感应使导电材料产生电流继而产生热量的一种加热方式,其主要应用于金属热加工、热处理、熔化、焊接等。本示例将对钢轴承的感应加热进行模拟,分析温度变化及加热后的温度分布。

考虑到该模型的几何特点,此处采用二维轴对称的方法进行建模,以简化模型、缩短计算时间。该几何模型如图 6-5 所示,用 FR4 材料包裹着 3 个轴承和线圈,3 个轴承叠放,总高 54mm,绕着轴承的是一个通入 1800A 交变电流的空心线圈,采用空心线圈导体并注入冷却水的方式实现冷却。

具体计算过程如下。

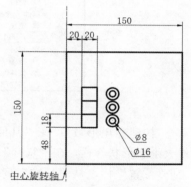

图 6-5　几何模型(单位:mm)

1. 模型向导

打开 COMSOL Multiphysics 软件,单击"模型向导"进入"选择空间维度",单击"二维轴对称"进入"选择物理场",选择"传热"→"电磁热"→"感应加热",单击"添加"(在左下角"添加的物理场接口"中会出现已添加的物理场)。单击"研究"进入"选择研究",选择"所选多物理场的预设研究"→"频域-瞬态",单击"完成",进入 COMSOL 建模界面。

2. 全局定义

在"模型开发器"窗口的"全局定义"节点下,单击"参数 1"。在"参数"设置窗口中,按图 6-6 所示的参数进行设定。

3. 几何构建

在"模型开发器"窗口的"组件 1(comp1)"节点下,单击"几何 1"。在"几何"设置窗口中，定位到"单位"栏，从"长度单位"列表中选择"mm"，如图 6-7 所示。

图 6-6　设置"参数 1"

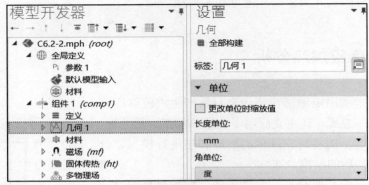

图 6-7　设置"几何 1"

　　构建"矩形 1"：在"几何"工具栏中，单击"矩形"。在"矩形"设置窗口中，定位到"大小和形状"栏，在"宽度"文本框中输入"150"，在"高度"文本框中输入"150"；定位到"位置"栏，从"基准"列表中选择"居中"在"r"文本框中输入"75"；单击"构建选定对象"，如图 6-8 所示。

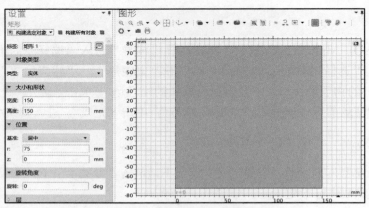

图 6-8　"矩形 1"几何构建

　　构建"矩形 2"：在"几何"工具栏中，单击"矩形"。在"矩形"设置窗口中，定位到"大小和形状"栏，在"宽度"文本框中输入"20"，在"高度"文本框中输入"18"；定位到

"位置"栏,在"r"文本框中输入"20",在"z"文本框中输入"9";单击"构建选定对象",如图6-9所示。

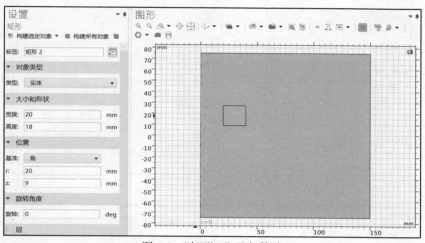

图6-9 "矩形2"几何构建

构建"圆 1":在"几何"工具栏中,单击"圆"。在"圆"设置窗口中,定位到"大小和形状"栏,在"半径"文本框中输入"8";定位到"位置"栏,从"基准"列表中选择"居中",在"r"文本框中输入"60",在"z"文本框中输入"18.5";单击"构建所有对象",如图6-10所示。

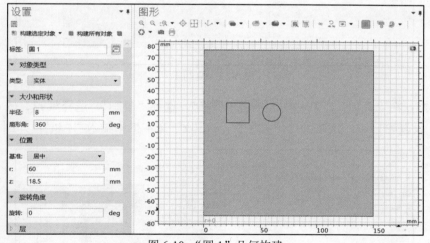

图6-10 "圆1"几何构建

构建"圆 2":在"几何"工具栏中,单击"圆"。在"圆"设置窗口中,定位到"大小和形状"栏,在"半径"文本框中输入"Rc";定位到"位置"栏,从"基准"列表中选择"居中",在"r"文本框中输入"60",在"z"文本框中输入"18.5";单击"构建所有对象",如图6-11所示。

"复制 1":在"几何"工具栏中,单击"变换",选择"复制",选择域r2、c1、c2。在"复制"设置窗口中,定位到"位移"栏,在"z"文本框中输入"−18",如图6-12所示。

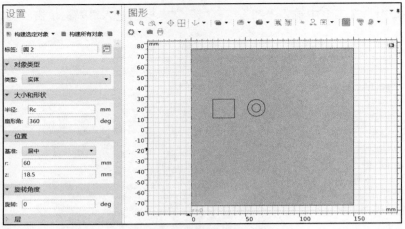

图 6-11　"圆 2"几何构建

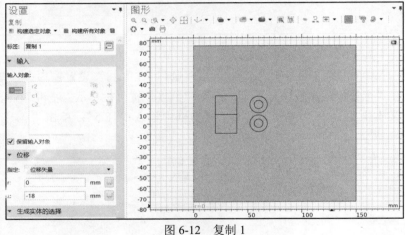

图 6-12　复制 1

"复制 2"：在"几何"工具栏中，单击"变换"，选择"复制"，选择域 r2、域 c1 和域 c2。在"复制"设置窗口中，定位到"位移"栏，在"z"文本框中输入"–36"，如图 6-13 所示。

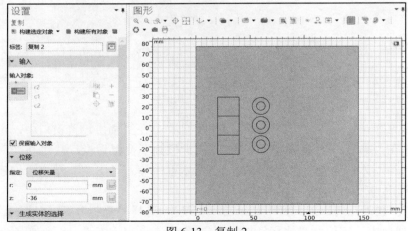

图 6-13　复制 2

在"模型开发器"窗口中，单击"形成联合体(fin)"，在"形成联合体/装配"设置窗口中，单击"全部构建"。在"图形"工具栏中，单击"缩放到窗口大小"按钮。

4．添加材料

添加"FR4"：在"模型开发器"窗口的"组件 1(comp1)"节点下，右击"材料"，选择"从库中添加空材料"。在"添加材料"窗口中，选择"内置材料"，双击"FR4(Circuit Board)"，如图 6-14 所示。

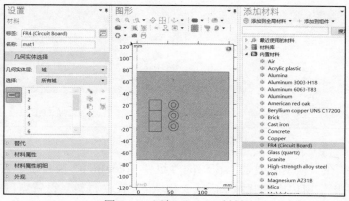

图 6-14　添加"FR4"材料

添加"Copper"：在"模型开发器"窗口的"组件 1(comp1)"节点下，右击"材料"，选择"从库中添加空材料"。在"添加材料"窗口中，选择"内置材料"，双击"Copper"。在"材料"设置窗口中，"几何实体层"设置为"域"，在"图形"窗口中选择域 5、域 6 和域 7，如图 6-15 所示。

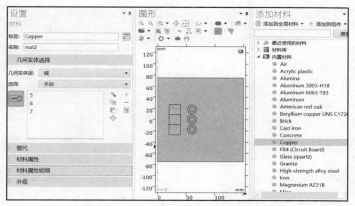

图 6-15　添加"Copper"材料

添加"Water"：在"模型开发器"窗口的"组件 1(comp1)"节点下，右击"材料"，选择"从库中添加空材料"。在"添加材料"窗口中，选择"内置材料"，双击"Water liquid"。在"材料"设置窗口中，"几何实体层"设置为"域"，在"图形"窗口中选择域 8、域 9 和域 10，在"材料属性明细"中分别将导热系数、相对磁导率、相对介电常数的值更改为 1e3、1、80，如图 6-16 所示。

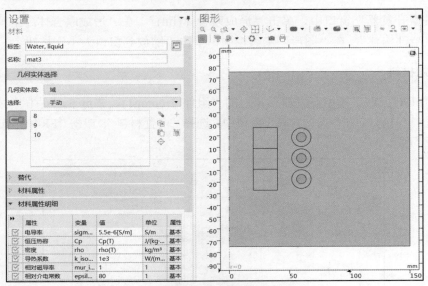

图 6-16　添加"Water"材料

添加"steel"：在"模型开发器"窗口的"组件 1(comp1)"节点下，右击"材料"，选择"空材料"，在"图形"窗口中选择域 2、域 3 和域 4。在"材料"设置窗口中，将"标签"文本框的内容改为"steel"，展开"材料属性明细"栏，在"值"下方的文本框中，按图 6-17 所示修改内容。

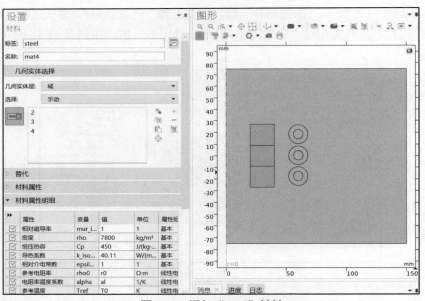

图 6-17　添加"steel"材料

5. 边界条件设置

（1）磁场。

设置"安培定律 2"：在"模型开发器"窗口的"组件 1(comp1)"节点下，右击"磁场(mf)"，选择"安培定律",并在"图形"窗口中选择域2、域3、域4、域5、域6和域7,将"本构关系 Jc-E"栏的"传导模型"选择为"线性电阻率",如图6-18所示。

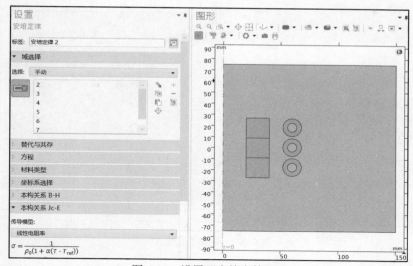

图6-18 设置"安培定律2"

设置"线圈1":在工具栏的"物理场"中,单击"域",然后选择"线圈",并在"图形"窗口中选择域5、域6和域7。在"线圈"设置窗口中,定位到"线圈"栏的"线圈电流",在"I_{coil}"文本框中输入"I0",如图6-19所示。

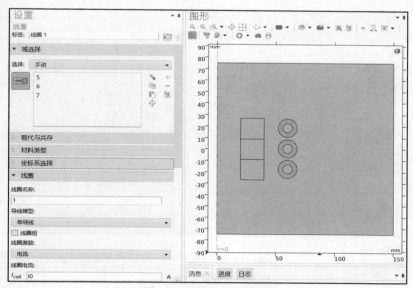

图6-19 设置"线圈1"

(2)固体传热。

设置"温度1":在"模型开发器"窗口的"组件1(comp1)"节点下,右击"固体传热",然后选择"温度",并在"图形"窗口中选择边界2、边界3和边界14。在"温度"设置窗口中,定位到"温度"栏,在"T_0"文本框内输入"T0",如图6-20所示。

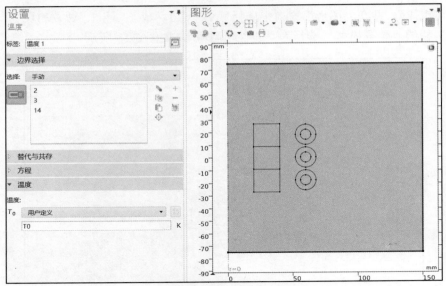

图 6-20　设置"温度 1"

设置"热源 1"：在工具栏的"物理场"中，单击"域"，然后选择"热源"，并在"图形"窗口中选择域 8、域 9 和域 10。在"热源"设置窗口中，定位到"热源"栏，在"Q_0"文本框中输入"Mt*ht.Cp*(Tin-T)/(2*pi*r*Ac)"，如图 6-21 所示。

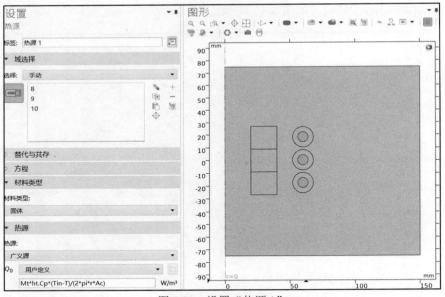

图 6-21　设置"热源 1"

6．网格划分

在"模型开发器"窗口的"组件 1(comp1)"节点下，右击"网格 1"，选择"自由四边形网格"。单击"网格 1"节点下的"大小"，在"大小"设置窗口中，定位到"单元大小"栏，从"预定义"列表中选择"超细化"，单击"全部构建"，如图 6-22 所示。

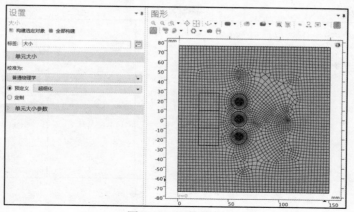

图 6-22　网格划分

在"模型开发器"窗口的"组件 1(comp1)"节点下，右击"网格 1"，选择"统计信息"，显示已划分网格的相关信息，如图 6-23 所示。可以看到，网格质量较好。

7．计算

在"模型开发器"窗口的"组件 1(comp1)"→"研究 1"节点下，单击"步骤 1：频域-瞬态"。在"频域-瞬态"设置窗口中，定位到"研究设置"栏，在"输出时步"文本框中输入"range(0,6[min],6[h])"，如图 6-24 所示。单击"计算"，等待计算完成。

图 6-23　网格相关信息

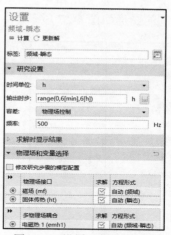

图 6-24　设置"频域-瞬态"

8．结果后处理

（1）生成 5 个点的温度变化曲线图。在"模型开发器"窗口的"结果"节点下，右击"数据集"，选择"二维截点"。在"二维截点"设置窗口中，定位到"点数据"栏，在"r"和"z"文本框内都输入"0"。右击"模型开发器"窗口"结果"→"数据集"节点下的"二维截点1"，选择"复制粘贴"，生成"二维截点 2"。在"二维截点"设置窗口中，定位到"点数据"栏，在"r"文本框内输入"30"。按上述操作依次生成"二维截点 3""二维截点 4""二维截点 5"。5 个二维截点的设置如图 6-25 所示。

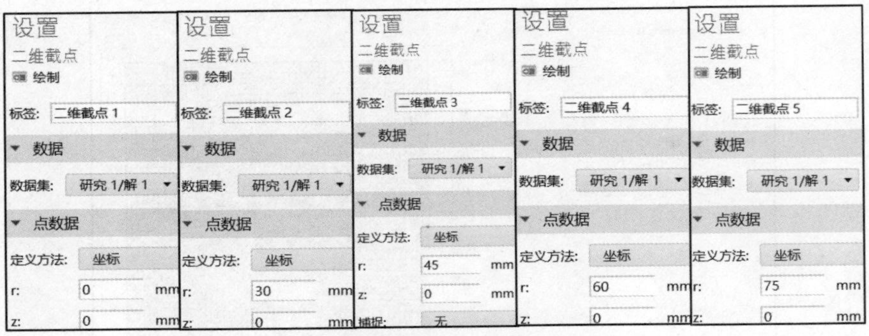

图 6-25　设置"二维截点"

在"模型开发器"窗口，右击"结果"，然后选择"一维绘图组"。右击"一维绘图组 5"，选择"点结果图"。在"点结果图"设置窗口中，定位到"数据"栏，从"数据集"列表中选择"二维截点 1"；单击"y 轴数据"栏右侧的"↘▾"图标，依次选择"模型"→"组件 1"→"固体传热"→"温度"→"T-温度-K"；展开"着色和样色"栏，在"宽度"文本框中输入"2"。右击"模型开发器"窗口"结果"→"一维绘图组 5"节点下的"点结果图 1"，选择"复制粘贴"，生成副本。在"点结果图"设置窗口中，定位到"数据"栏，从"数据集"列表中选择"二维截点 2"；展开"着色和样色"栏，从"线"列表中选择"点虚线"，在"宽度"文本框中输入"2"。按上述操作依次生成"点结果图 3""点结果图 4""点结果图 5"，然后单击"绘制"，在"图形"窗口中，单击"▢"按钮显示图例。5 个点结果图的设置如图 6-26 所示，绘制的图形如图 6-27 所示。

图 6-26　设置"点结果图"

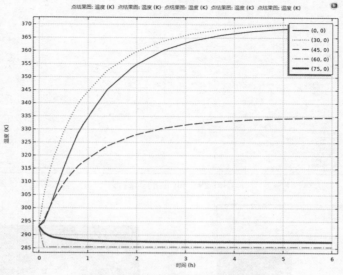

图 6-27 五个点的温度变化曲线图

（2）生成温度分布图。在"模型开发器"窗口的"结果"节点下，展开"三维温度(ht)"节点，单击"表面"。在"表面"设置窗口中，定位到"着色和样式"栏，从"颜色表"列表中选择"Rainbow"，然后单击"绘制"，如图 6-28 所示。

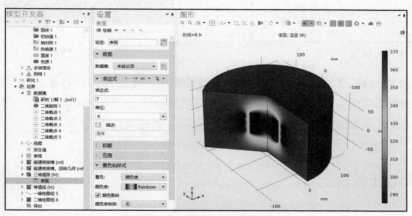

图 6-28 绘制温度分布图

（3）生成等温线图。在"模型开发器"窗口的"结果"节点下，单击"等温线(ht)"，展开"数据"栏，从"时间(h)"列表中选择"6"。在"模型开发器"窗口中展开"等温线(ht)"，单击"等值线"。在"等值线"设置窗口中，定位到"着色和样式"栏，从"颜色表"列表中选择"Rainbow"，然后单击"绘制"，结果如图 6-29 所示。

（4）生成"电场模"。在"结果"工具栏单击"二维绘图组"，在"模型开发器"窗口的"结果"节点下，右击"二维绘图组 6"，选择"表面"。在"表面"设置窗口中，定位到"表达式"栏，单击"表达式"栏右侧的"▼"图标，依次选择"模型"→"组件 1"→"磁场"→"电"→"mf.normE-电场模-V/m"，如图 6-30 所示。单击"绘制"，生成的图形如图 6-31 所示。

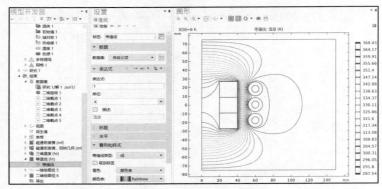

图 6-29　6h 后的等温线

图 6-30　设置"表面 1"

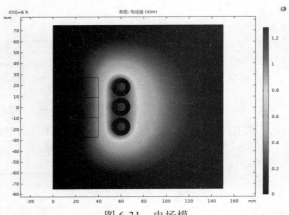

图 6-31　电场模

　　读者可以自行修改"二维绘图组"和"三维绘图组"设置窗口中"数据"栏的"时间(h)"来考察感应加热过程中各项参数的变化。对感应加热技术感兴趣的读者可以在本示例的基础上，尝试对其他电导率高的材料进行感应加热模拟，研究其温度变化。

6.3　单模光纤传输分析

　　光纤通常由玻璃制成，用于传输光信号。按传输模式可分为单模光纤和多模光纤。单模光纤的传输距离长，纤径较小，一般为 8～10μm，单模光纤波长主要为 1310nm 和 1550nm；多模光纤只能用于短距离传输，纤径较大，一般为 50～100μm，多模光纤波长主要为 850nm。

　　数值分析软件在单模波导和光纤的设计中起着重要作用。本示例对波长为 1550nm、纤芯折射率为 1.4492、包层折射率为 1.444 的单模光纤进行仿真分析，几何模型如图 6-32 所示。

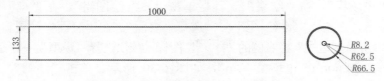

图 6-32　几何模型（单位：μm）

具体计算过程如下。

1．模型向导

打开 COMSOL Multiphysics 软件，单击"模型向导"进入"选择空间维度"，单击"三维"进入"选择物理场"，选择"光学"→"波动光学"→"电磁波，波束包络(ewbe)"，单击"添加"（在左下角"添加的物理场接口"中会出现已添加的物理场）。单击"研究"进入"选择研究"，选择"所选多物理场的预设研究"→"边界模式分析"，单击"完成"，进入 COMSOL建模界面。

2．全局定义

在"模型开发器"窗口的"全局定义"节点下，单击"参数 1"。在"参数"设置窗口中，按图 6-33 所示的参数进行设定。

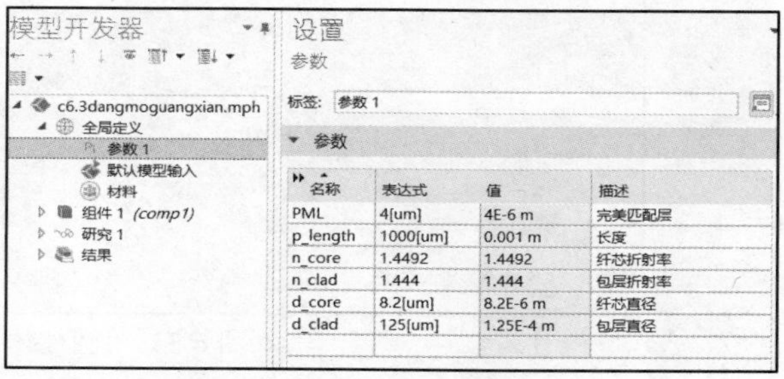

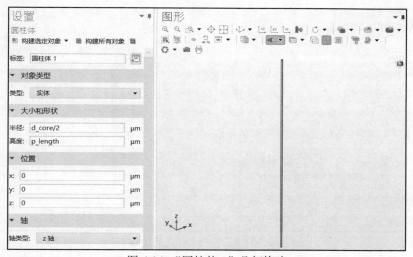

图 6-33　设置"参数 1"

3．几何构建

在"模型开发器"窗口的"组件 1(comp1)"节点下，单击"几何 1"。在"几何"设置窗口中，定位到"单位"栏，从"长度单位"列表中选择"μm"。

构建"圆柱体 1"：在"几何"工具栏中，单击"圆柱体"。在"圆柱体"设置窗口中，定位到"大小和形状"栏，在"半径"文本框中输入"d_core/2"，在"高度"文本框中输入"p_length"，单击"构建所有对象"，如图 6-34 所示。

图 6-34　"圆柱体 1"几何构建

构建"圆柱体 2"：在"几何"工具栏中，单击"圆柱体"。在"圆柱体"设置窗口中，定位到"大小和形状"栏，在"半径"文本框中输入"d_clad/2"，在"高度"文本框中输入"p_length"，单击"构建所有对象"，如图 6-35 所示。

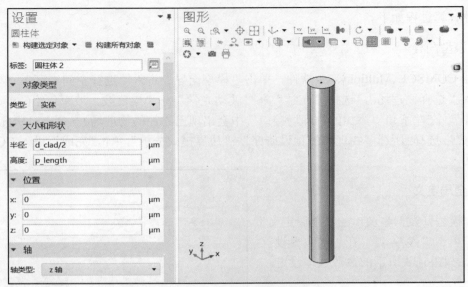

图 6-35　"圆柱体 2"几何构建

构建"圆柱体 3"：在"几何"工具栏，中单击"圆柱体"。在"圆柱体"设置窗口中，定位到"大小和形状"栏，在"半径"文本框中输入"(d_clad/2)+PML"，在"高度"文本框中输入"p_length"，单击"构建所有对象"，如图 6-36 所示。

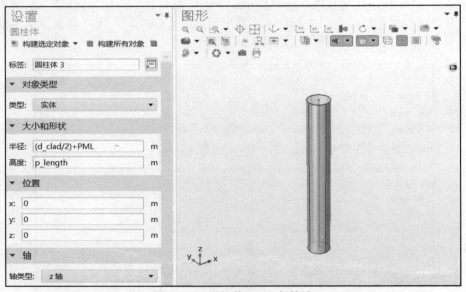

图 6-36　"圆柱体 3"几何构建

4. 设置"完美匹配层"

在"模型开发器"窗口的"组件 1(comp1)"节点下，右击"定义"，选择"完美匹配层"，并在"图形"窗口中选择域 1。在"完美匹配层"设置窗口中，定位到"几何"栏，从"类型"列表中选择"圆柱形"，如图 6-37 所示。

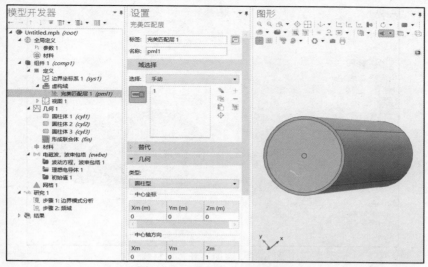

图 6-37　设置"完美匹配层"

5．添加材料

添加"包层"材料：在"模型开发器"窗口的"组件 1（comp1）"节点下，右击"材料"，选择"空材料"。在"材料"设置窗口中，将"标签"文本框的内容修改为"包层"；定位到"材料属性明细"栏，修改"折射率，实部"的值为"n_clad"，如图 6-38 所示。

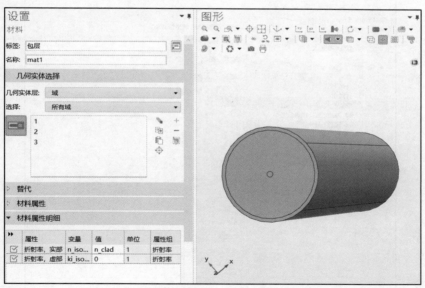

图 6-38　添加"包层"材料

添加"纤芯"材料：在"模型开发器"窗口的"组件 1(comp1)"节点下，右击"材料"，选择"空材料"，并在"图形"窗口中选择域 3。在"材料"设置窗口中，将"标签"文本框的内容修改为"纤芯"；定位到"材料属性明细"栏，修改"折射率，实部"的值为"n_core"，如图 6-39 所示。

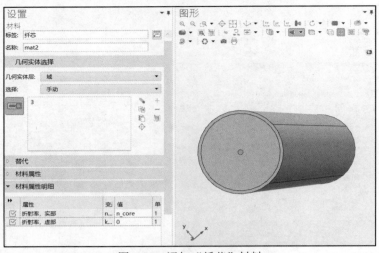

图 6-39　添加"纤芯"材料

6. 边界条件设置

在"模型开发器"窗口的"组件 1(comp1)"节点下，单击"电磁波，波束包络(ewbe)"。在"电磁波，波束包络"设置窗口中，定位到"波矢"栏，从"方向数"列表中选择"单向"，将"波矢，第一个波"的"x"项修改为"0"，"z"项修改为"ewbe.beta_1"，如图 6-40 所示。

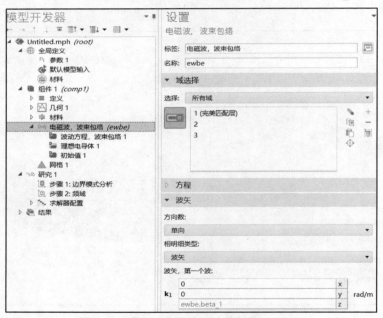

图 6-40　设置"电磁波，波束包络(ewbe)"

设置"端口 1"：在"模型开发器"窗口的"组件 1(comp1)"节点下，右击"电磁波，波束包络(ewbe)"，选择"端口"，并在"图形"窗口中选择域 7 和域 11。在"端口"设置窗口中，定位到"端口属性"栏，从"端口类型"列表中选择"数值"，将"端口输入功率"下面文本框的内容修改为"10[mW]"，如图 6-41 所示。

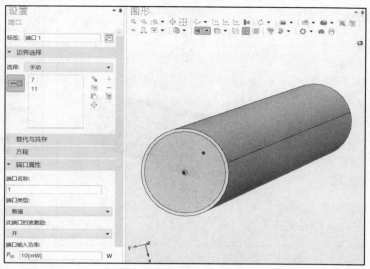

图 6-41 设置"端口 1"

设置"端口 2"：在"模型开发器"窗口的"组件 1(comp1)"节点下，右击"电磁波，波束包络(ewbe)"，选择"端口"，并在"图形"窗口中选择域 8 和域 12。在"端口"设置窗口中，定位到"端口属性"栏，从"端口类型"列表中选择"数值"，如图 6-42 所示。

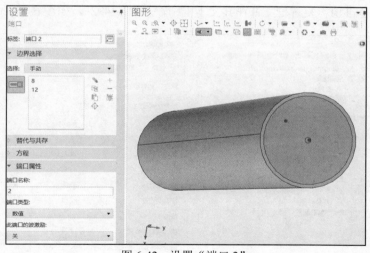

图 6-42 设置"端口 2"

7. 网格划分

在"模型开发器"窗口的"组件 1(comp1)"节点下，单击"网格 1"。在"网格"设置窗口中，定位到"物理场控制网格"栏，从"单元大小"列表中选择"极细化"；定位到"电磁波，波束包络(ewbe)"栏，将"横向网格单元数"下面文本框的内容修改为"30"；单击"全部构建"，如图 6-43 所示。

在"模型开发器"窗口的"组件 1(comp1)"节点下，右击"网格 1"，选择"统计信息"，则可以看到已划分网格的相关信息，如图 6-44 所示。

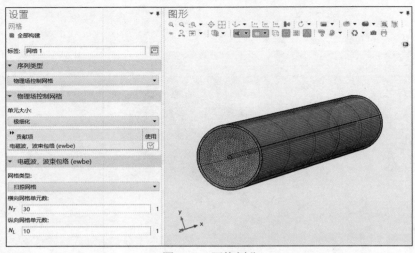

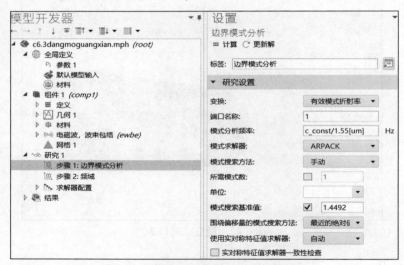

图 6-43　网格划分　　　　　　　　　　　图 6-44　已划分网格的
相关信息

8．计算

在"模型开发器"窗口的"研究 1"节点下,单击"步骤 1:边界模式分析"。在"边界模式分析"设置窗口中,定位到"研究设置"栏,在"模式分析频率"文本框中输入"c_const/1.55[um]",选中"模式搜索基准值"复选框,并在其文本框中输入"1.4492",如图 6-45 所示。

图 6-45　设置"步骤 1:边界模式分析"

在"模型开发器"窗口的"研究 1"节点下,右击"步骤 1:边界模式分析",选择"复制粘贴"。在"模型开发器"窗口的"研究 1"节点下,右击"步骤 3:边界模式分析 1",选择"上移",将其设置为"步骤 2:边界模式分析"。单击"步骤 2:边界模式分析",在其设置窗口中,定位到"研究设置"栏,将"端口名称"修改为"2",如图 6-46 所示。

在"模型开发器"窗口的"研究 1"节点下,单击"步骤 3:频域"。在"频域"设置窗口中,定位到"研究设置"栏,将"频率"文本框中的内容修改为"c_const/1.55[um]",然后单击"计算",如图 6-47 所示。

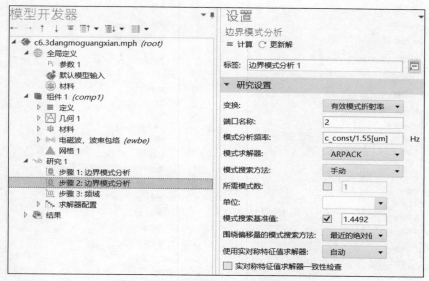

图 6-46 设置"步骤 2:边界模式分析"

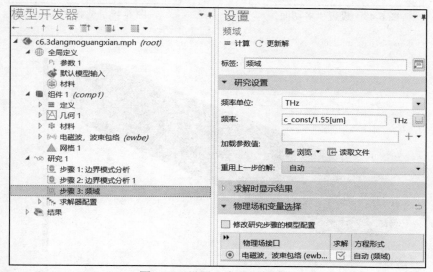

图 6-47 设置"步骤 3:频域"

9. 结果后处理

（1）生成三维电场图。在"模型开发器"窗口中，展开"结果"→"电场(ewbe)"节点，单击"多切面"。在"多切面"设置窗口中，定位到"多平面数据"栏，将"Z 平面"的"平面数"文本框内容修改为"0"；定位到"着色和样色"栏，从"颜色表"列表中选择"Rainbow"，如图 6-48 所示。

右击"结果"节点下的"电场(ewbe)"，然后选择"体"。在"体"设置窗口中，展开"继承样色"栏，从"绘图"列表中选择"电场"，如图 6-49 所示。单击"绘制"，在"图形"窗口中单击"透明"按钮，结果如图 6-50 所示。

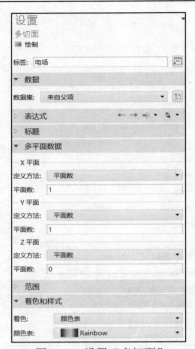

图 6-48　设置"多切面"

图 6-49　设置"体"

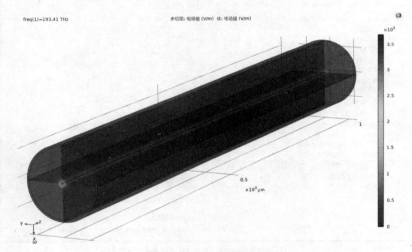

图 6-50　三维电场图

（2）生成端面处的电场图。在"模型开发器"窗口中，展开"结果"节点，右击"数据集"，选择"截面"。在"截面"设置窗口中，定位到"平面数据"栏，从"平面"列表中选择"XY平面"，如图 6-51 所示。

在"结果"工具栏中，单击"二维绘图组"，在"二维绘图组"设置窗口中，将"标签"文本框的内容修改为"端面处的电场"。右击"结果"节点下的"端面处的电场"，选择"表面"；继续右击"结果"节点下的"端面处的电场"，选择"面上箭头"。在"面上箭头"设置窗口中，定位到"着色和样色"栏，将"比例因子"设置为"0.002"，如图 6-52 所示。然后单击"绘制"，结果如图 6-53 所示。

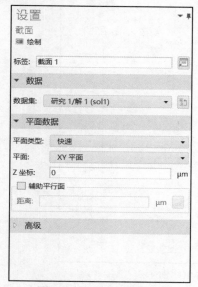

图 6-51 设置"截面 1"

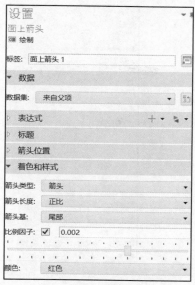

图 6-52 设置"面上箭头 1"

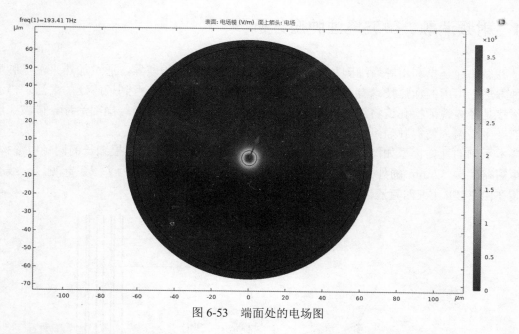

图 6-53 端面处的电场图

（3）生成端面处的磁场等值线图。在"结果"工具栏中，单击"二维绘图组"。在"二维绘图组"设置窗口中，将"标签"文本框的内容修改为"端面处的磁场"。右击"结果"节点下的"端面处的磁场"，选择"等值线"。在"等值线"设置窗口中，定位到"表达式"栏，单击"表达式"栏右侧的" "图标，依次选择"模型"→"组件 1"→"电磁波，波束包络"→"磁"→"ewbe.normH-磁场模-A/m"，单击"绘制"，如图 6-54所示。

单模光纤的分类较多，对此感兴趣的读者可自行查找纤径、纤芯折射率、包层折射率等参数，对不同类型的单模光纤进行仿真分析。

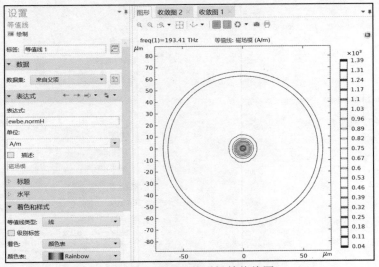

图 6-54　端面处的磁场等值线图

6.4　射频消融、微波烧蚀肿瘤分析

肿瘤热疗是指利用肿瘤细胞与正常细胞对温度耐受能力的差异，通过加热来治疗肿瘤的一种方法。可用的加热技术有多种，其中，射频加热和微波加热得到了广泛的关注。微波凝固治疗是经内镜活检孔道将细长的微波天线导入体内，对准病灶进行局部治疗。微波在肿瘤局部产生高温，使得肿瘤组织凝固坏死，从而达到治疗目的。

本示例的几何模型如图 6-55 所示，中间位置为同轴天线，它由一根细长的同轴电缆构成，在距短路尖端 5.5mm 的外部导线上开了一个 1.2mm 高的环形槽。为了卫生起见，天线会被封装在由 PTFE（聚四氟乙烯）制成的套管（导管）中。

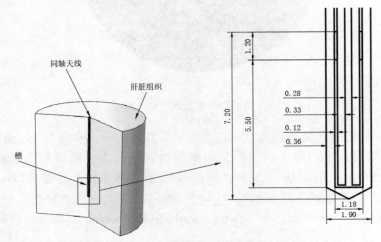

图 6-55　几何模型（单位：mm）

具体计算过程如下。

1. 模型向导

打开 COMSOL Multiphysics 软件，单击"模型向导"进入"选择空间维度"，单击"二维轴对称"进入"选择物理场"，选择"射频"→"电磁波，频域"，单击"添加"（在左下角"添加的物理场接口"中会出现已添加的物理场）。在"选择物理场"窗口依次选择"传热"→"生物传热(ht)"，单击"添加"。然后单击"研究"进入"选择研究"，选择"所选物理场接口的预设研究"→"频域"，单击"完成"，进入 COMSOL 建模界面。

2. 全局定义

在"模型开发器"窗口的"全局定义"节点下，单击"参数 1"。在"参数"窗口对参数进行设定，如图 6-56 所示。

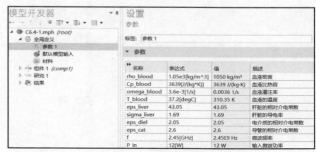

图 6-56　设置"参数 1"

3. 几何构建

在"模型开发器"窗口的"组件 1(comp1)"节点下，单击"几何 1"。在"几何"设置窗口中，定位到"单位"栏，从"长度单位"列表中选择"mm"。

构建"矩形"：在"几何"工具栏中，单击"矩形"，即可创建新矩形，此处需要创建 5 个矩形，各矩形的设置如图 6-57 所示，矩形绘制效果如图 6-58 所示。

设置 矩形	设置 矩形	设置 矩形	设置 矩形	设置 矩形
标签：矩形 1	标签：矩形 2	标签：介电层	标签：矩形 4	标签：空气
类型：实体	类型：实体	类型：实体	类型：实体	类型：实体
宽度 35 mm	宽度 0.59 mm	宽度 0.33 mm	宽度 0.95 mm	宽度 0.12 mm
高度 70 mm	高度 55 mm	高度 54.9 mm	高度 55 mm	高度 1.2 mm
基：角	基：角	基：角	基：角	基：角
r: 0 mm	r: 0 mm	r: 0.14 mm	r: 0 mm	r: 0.47 mm
z: 0 mm	z: 15 mm	z: 15.1 mm	z: 15 mm	z: 20.5 mm
旋转 0 deg	旋转 0 deg	旋转 0 deg	旋转 0 deg	旋转 0 deg

图 6-57　设置矩形 1～矩形 5

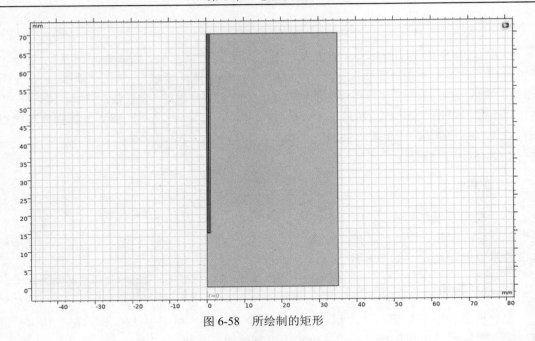

图 6-58　所绘制的矩形

构建"多边形"：在"几何"工具栏中，单击"多边形"。在"多边形"设置窗口中，定位到"坐标"栏，在"数据源"列表中选择"矢量"，在"r"文本框中输入"0 0.95 0.95 0 0 0"，在"z"文本框中输入"15 15 15 14.5 14.5 15"，单击"构建所有对象"，如图 6-59 所示。

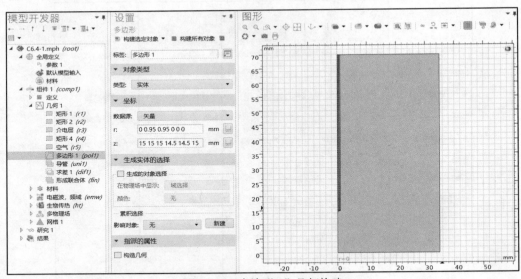

图 6-59　"多边形 1"几何构建

"并集"：在"几何"工具栏中，单击"布尔操作和分割"，选择"并集"。在"并集"设置窗口的"标签"文本框中输入"导管"，在"图形"窗口中选择对象 r4 和 pol1；定位到"并集"栏，取消勾选"保留内部边界"复选框；定位到"生成实体的选择"栏，勾选"生成的对象选择"复选框，如图 6-60 所示。

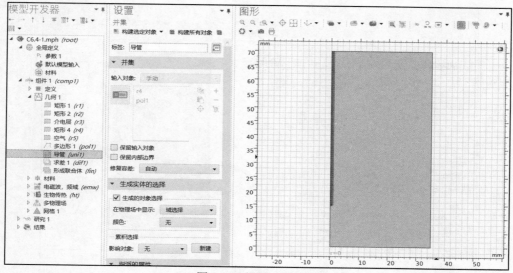

图 6-60 设置"导管"

"求差"：在"几何"工具栏中，单击"布尔操作和分割"，选择"求差"，在"图形"窗口中选择对象 r1 和 uni1；定位到"差集"栏，在"要减去的对象"下单击"▭"激活选择，在"图形"窗口中选择对象 r2；单击"几何"工具栏中的"全部构建"，如图 6-61 所示。

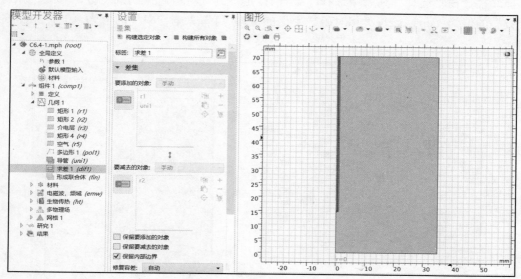

图 6-61 设置"求差 1"

4. 添加材料

添加"Liver（human）"：在"模型开发器"窗口的"组件 1（comp1）"节点下，右击"材料"，选择"从库中添加空材料"。在"添加材料"窗口中，选择"生物热"，双击"Liver(human)"。在"材料"设置窗口中，定位到"几何实体选择"栏，在"图形"窗口中选择域 1；定位到"材料属性明细"栏，修改"相对介电常数"的值为"eps_liver"，"相对磁导率"的值为"1"，"电导率"的值为"sigma_liver"，如图 6-62 所示。

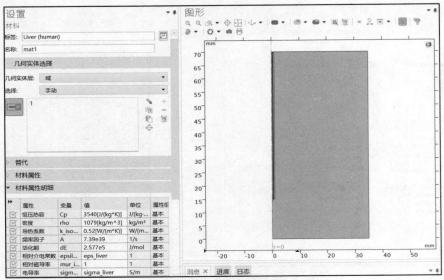

图 6-62　添加"Liver(human)"材料

添加"空材料 1"：在"模型开发器"窗口的"组件 1(comp1)"节点下，右击"材料"，选择"空材料"。在"材料"设置窗口的"标签"文本框中输入"导管"；定位到"几何实体选择"栏，在"选择"列表中选择"导管"；定位到"材料属性明细"栏，修改"相对介电常数"的值为"eps_cat"，"相对磁导率"的值为"1"，"电导率"的值为"0"，如图 6-63 所示。

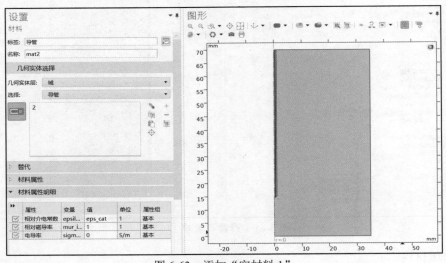

图 6-63　添加"空材料 1"

添加"空材料 2"：在"模型开发器"窗口的"组件 1(comp1)"节点下，右击"材料"，选择"空材料"。在"材料"设置窗口的"标签"文本框中输入"电介质"；定位到"几何实体选择"栏，在"选择"列表中选择"介电层"；定位到"材料属性明细"栏，修改"相对介电常数"的值为"eps_diel"，"相对磁导率"的值为"1"，"电导率"的值为"0"如图 6-64 所示。

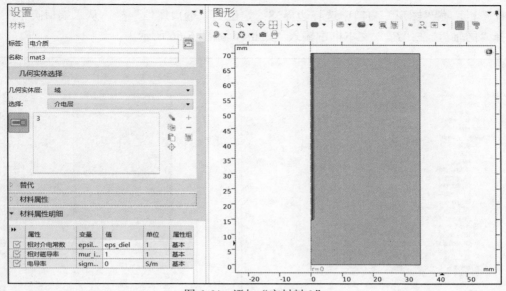

图 6-64 添加"空材料 2"

　　添加"Air"：在"模型开发器"窗口的"组件 1(comp1)"节点下，右击"材料"，选择"从库中添加空材料"。在"添加材料"窗口中，选择"内置材料"，双击"Air"。在"材料"设置窗口中，定位到"几何实体选择"栏，在"选择"列表中选择"空气"，如图 6-65所示。

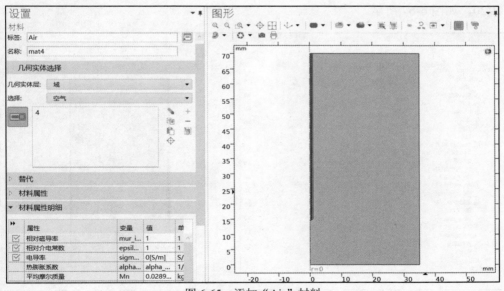

图 6-65 添加"Air"材料

5. 边界条件设置

　　（1）"电磁波,频域(emw)"。设置"端口 1"：在"模型开发器"窗口的"组件 1(comp1)"节点下，右击"电磁波，频域(emw)"，选择"端口"。在"端口"设置窗口中，定位到"边

界选择"栏，在"图形"窗口中选择边界 8；定位到"端口属性"栏，从"端口类型"列表
中选择"同轴"，在"P_{in}"文本框中输入"P_in"，如图 6-66 所示。

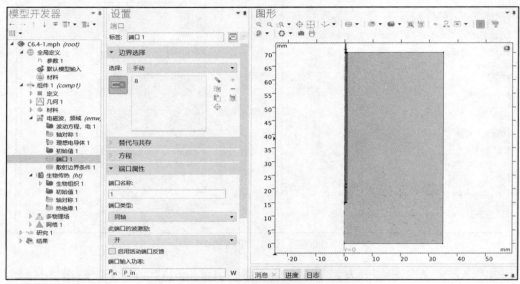

图 6-66　设置"端口 1"

设置"散射边界条件 1"：在"模型开发器"窗口的"组件 1(comp1)"节点下，右击"电
磁波，频域(emw)"，选择"散射边界条件"，在"图形"窗口中选择边界 2、边界 17、边界 19
和边界 20，如图 6-67 所示。

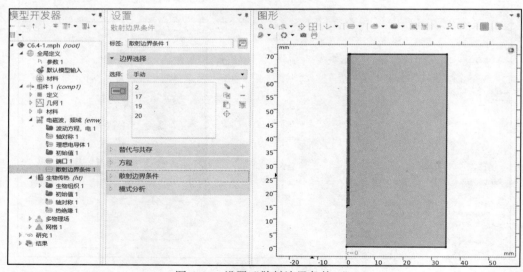

图 6-67　设置"散射边界条件 1"

（2）"生物传热"。在"模型开发器"窗口的"组件 1(comp1)"节点下，单击"生物传热"。
在"生物传热"设置窗口中，定位到"域选择"栏，单击"□"清除选择，然后在"图形"
窗口中选择域 1，如图 6-68 所示。

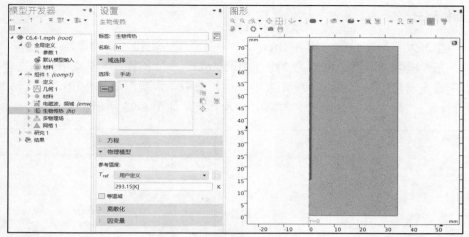

图 6-68　设置"生物传热"

设置"热损伤 1"：在"模型开发器"窗口的"组件 1(comp1)"→"生物传热"节点下，单击"生物组织 1"，在"物理场"工具栏单击"属性"，选择"热损伤"。在"热损伤"设置窗口中，定位到"受损组织"栏，从"转变模型"列表中选择"阿累尼乌斯动力学"，如图 6-69 所示。

设置"生物热 1"：在"模型开发器"窗口的"组件 1(comp1)"→"生物传热"→"生物组织 1"节点下，单击"生物热 1"。在"生物热"设置窗口中，定位到"生物热"栏，在"T_b"文本框中输入"T_blood"，在"$C_{p, b}$"文本框中输入"Cp_blood"，在"ω_b"文本框中输入"omega_blood"，在"ρ_b"文本框中输入"rho_blood"，如图 6-70 所示。

设置"初始值 1"：在"模型开发器"窗口的"组件 1(comp1)"→"生物传热"节点下，单击"初始值 1"。在"初始值"设置窗口中，定位到"初始值"栏，在"T"文本框中输入"T_blood"，如图 6-71 所示。

图 6-69　设置"热损伤 1"

图 6-70　设置"生物热 1"

图 6-71　设置"初始值 1"

（3）"多物理场"。在"物理场"工具栏中，单击"多物理场耦合"，然后选择"电磁热"。"电磁热"的设置如图 6-72 所示。

6．网格划分

在"模型开发器"窗口的"组件 1(comp1)"节点下，右击"多物理场"，选择"电磁热 1(emh1)"。在"模型开发器"窗口的"组件 1(comp1)"→"网格 1"节点下，单击"大小"。在"大小"设置窗口中，定位到"单元大小"栏，选中"定制"单选按钮；定位到"单元大小参数"栏，在"最大单元大小"文本框中输入"2"，如图 6-73 所示。

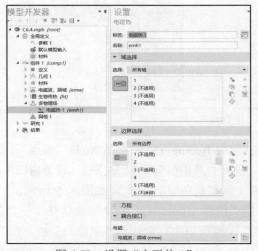

图 6-72　设置"电磁热 1"　　　　图 6-73　设置"大小"

在"模型开发器"窗口的"组件 1(comp1)"→"网格 1"节点下，右击"自由三角形网格 1"，选择"大小 1"。在"大小"设置窗口中，定位到"几何实体选择"栏，从"几何实体层"列表中选择"域"，从"选择"列表中选择"介电层"；定位到"单元大小"栏，选中"定制"单选按钮；定位到"单元大小参数"栏，选中"最大单元大小"复选框，在"最大单元大小"文本框中输入"0.1"；然后单击"全部构建"，如图 6-74 所示。

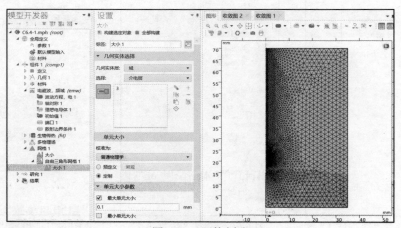

图 6-74　网格划分

在"模型开发器"窗口的"组件 1(comp1)"节点下，右击"网格 1"，选择"统计信息"，界面中出现已划分网格的相关信息，如图 6-75 所示。可以看到，网格质量较好。

7. 计算

（1）"步骤 1:频域"。在"模型开发器"窗口的"研究 1"节点下，单击"步骤 1:频域"。在"频域"设置窗口中，定位到"研究设置"栏，在"频率"文本框中输入"f"，如图 6-76 所示。

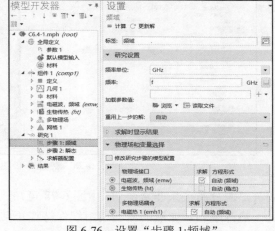

图 6-75 已划分网格的相关信息　　　　图 6-76 设置"步骤 1:频域"

（2）"步骤 2:瞬态"。在"研究"工具栏中，单击"研究步骤"，选择"步骤 2:瞬态"。在"瞬态"设置窗口中，定位到"研究设置"栏，从"时间单位"列表中选择"min"，在"输出时步"文本框中输入"range(0,12[s],8)"，如图 6-77 所示。在"研究"工具栏中，单击"计算"，等待计算完成。

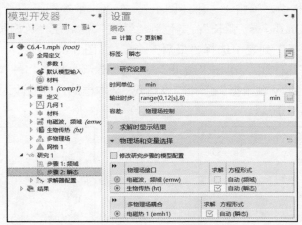

图 6-77 设置"步骤 2:瞬态"

8. 结果后处理

（1）生成热源分布图。局部加热功率密度是此模型的一个重要结果，由于它与电场的平方成正比，因此分布也会非常不均匀。在"模型开发器"窗口的"结果"→"电场(emw)"节点下，单击"表面"。在"表面"设置窗口中，定位到"表达式"栏，单击"▼"按钮替换表达式，依次选择"模型"→"组件 1"→"电磁波，频域"→"发热和损耗"→"emw.Qh-总功耗密度"；单击展开"范围"栏，勾选"手动控制颜色范围"复选框，在"最大值"文本框中输入"1e6"；单击"绘制"，如图 6-78 所示。

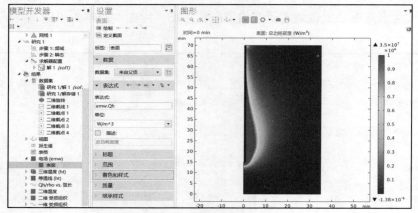

图 6-78　热源分布图

温度场与热源分布关系非常密切，由图 6-78 可知，在天线附近热源很强，继而导致高温，离天线越远，热源越弱，血液的流动使组织保持在正常体温。

（2）生成比吸收率曲线。下面让我们绘制沿平行于天线方向、距天线轴 3.0mm 的直线处的比吸收率（SAR，定义为吸收的热功率和组织密度的比值）曲线。在"结果"工具栏中，单击"二维截线"。在"二维截线"设置窗口中，定位到"线数据"栏，在"点 1"行的"R"列文本框中输入"3"，"Z"列文本框中输入"70"；在"点 2"行的"R"列文本框中输入"3"，如图 6-79 所示。

在"结果"工具栏中，单击"一维绘图组"。在"一维绘图组"设置窗口中，将"标签"文本框的文字改为"Qh/rho vs. 弧长"；定位到"数据"栏，在"数据集"列表中选择"二维截线 1"，在"时间选择"列表中选择"最后一个"，如图 6-80 所示。

在"模型开发器"窗口中，单击"结果"→"Qh/rho vs. 弧长"→"线图 1"。在"线结果图"设置窗口中，定位到"y 轴数据"栏，将"表达式"文本框的内容修改为"emw.Qh/rho_blood"，单击"绘制"，如图 6-81 所示。

图 6-79　设置"二维截线 1"　　　　图 6-80　设置"一维绘图组"

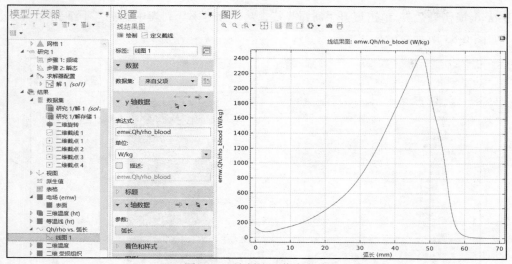

图 6-81　绘制比吸收率曲线

（3）生成肝脏组织温度分布图。在"结果"工具栏中，单击"二维绘图组"。在"二维绘图组"设置窗口中，将"标签"文本框的内容改为"二维温度"。在"模型开发器"窗口中，单击"结果"→"二维温度"→"表面 1"。在"表面"设置窗口中，定位到"表达式"栏，单击" ◀▾ "替换表达式，依次选择"模型"→"组件 1"→"生物传热"→"温度"→"T-温度-K"；再次定位到"表达式"栏，从"单位"列表中选择"degC"，单击"绘制"，如图 6-82 所示。

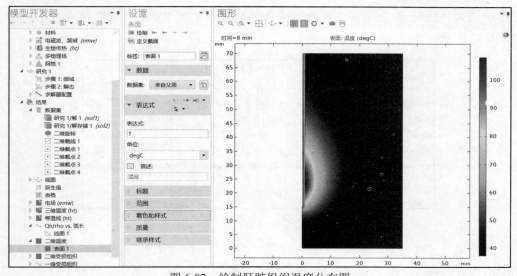

图 6-82　绘制肝脏组织温度分布图

（4）生成坏死组织分布图。在"结果"工具栏中，单击"二维绘图组"。在"二维绘图组"设置窗口中，将"标签"文本框的内容改为"二维受损组织"。在"模型开发器"窗口中，单击"结果"→"二维受损组织"→"表面 1"。在"表面"设置窗口中，单击"表达式"栏右侧的" ◀▾ "替换表达式，依次选择"模型"→"组件 1"→"生物传热"→"不可逆转变"→

"ht.theta_d-损伤分数";单击展开"质量"栏,从"分辨率"列表中选择"不细化";单击"绘制",如图 6-83 所示。

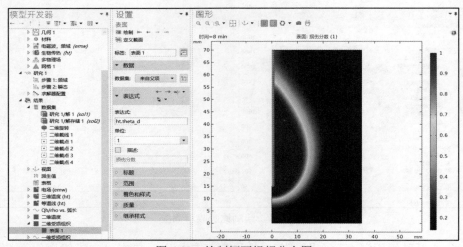

图 6-83 绘制坏死组织分布图

(5)生成坏死组织占比曲线图。查看域上 4 个不同点处坏死组织的占比,需要先定义二维截点。在"结果"工具栏中,单击"二维截点"。在"二维截点"设置窗口中,定位到"点数据"栏,在"R"文本框中输入"5",在"Z"文本框中输入"25"。右击"模型开发器"窗口"结果"→"数据集"节点下的"二维截点 1",选择"复制粘贴",生成"二维截点 2"。在"二维截点"设置窗口中,定位到"点数据"栏,在"R"文本框中输入"10",在"Z"文本框中输入"25"。按上述操作依次生成"二维截点 3""二维截点 4"。4 个二维截点的设置如图 6-84 所示。

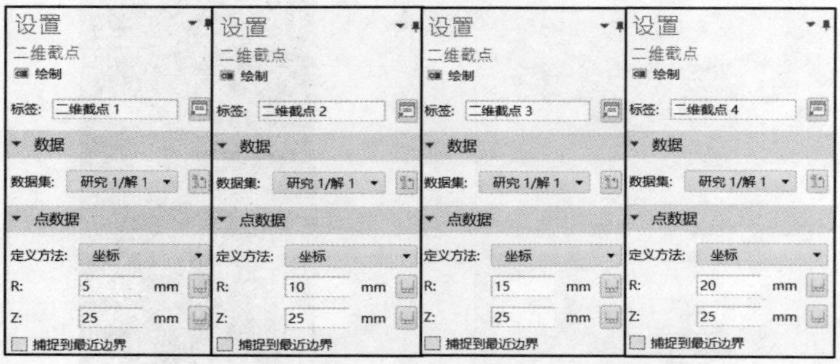

图 6-84 二维截点设置

在"结果"工具栏中,单击"一维绘图组"。在"一维绘图组"设置窗口中,将"标签"文本框的内容改为"一维受损组织";定位到"数据"栏,从"数据集"列表中选择"二维截点 1"。在"一维受损组织"工具栏中,单击"点图"。在"点图"设置窗口中,单击"表达式"栏右侧的"▶▾"替换表达式,依次选择"模型"→"组件 1"→"生物传热"→"不可逆转变"→"ht.theta_d-损伤分数";展开"着色和样色"栏,在"宽度"文本框中输入"2"。右击"模型开发器"窗口"结果"→"一维受损组织"节点下的"点图 1",选择"复制粘贴",生成副本。在"点图"设置窗口中,定位到"数据"栏,从"数据集"列表中选择"二维截

点 2";展开"着色和样色"栏,从"线"列表中选择"点虚线",在"宽度"文本框中输入
"2"。按上述操作依次生成"点图 3"和"点图 4",然后单击"绘制"。在"图形"窗口中,
单击"□"按钮显示图例。4 个点图的设置如图 6-85 所示,绘制的图形如图 6-86 所示。

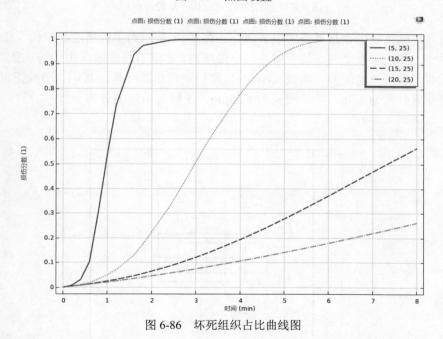

图 6-85 点图设置

图 6-86 坏死组织占比曲线图

该模型中,用圆柱体代替形状复杂的肝脏组织,模拟了微波烧蚀肿瘤的情况。这里根据
几何结构的特点,使用"二维轴对称"进行建模分析,简化了模型,节省了计算时间。此模
型计算了细长同轴缝隙天线用于微波凝固疗法时肝脏组织中的温度分布、比吸收率(SAR)、

坏死组织分布等。另外，读者可自行查看三维的温度分布、损伤组织分布等。

练习题

1. 为了减少镜片对光的反射，通常会在镜片上添加一层或多层抗反射涂层。抗反射涂层是一种很坚固、很薄的膜层，厚度约为光波波长的 1/4。本练习将使用"几何光学"接口对添加两层抗反射涂层的镜片进行仿真分析。模型的几何结构如图 6-87 所示，左侧为空气域，右侧为玻璃，空气折射率为 1，玻璃折射率为 1.6，一涂层折射率为 1.63，另一涂层折射率为 1.38，真空波长为 500nm，光从左侧中点射入，计算最大光程长度为 1.25m 的射线轨迹。

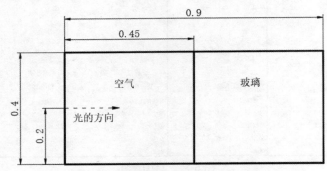

图 6-87　模型的几何结构（单位：m）

2. 波导是光通信领域中非常重要的组成部分。图 6-88 所示为平板槽波导结构（位置居中），槽波导结构能把强光限制在低折射率的小区域内。本练习将按照图中结构，建立二维的槽波导模型，采用"电磁波，频域（ewfd）"接口进行仿真分析。其中，平板折射率为 3.5，其余部分折射率为 1.46，工作波长为 1.55μm，求解其电场的分布。

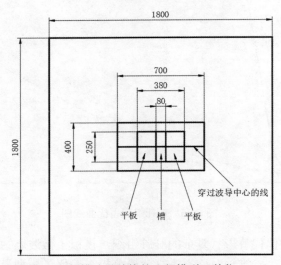

图 6-88　平板槽波导结构的几何模型（单位：nm）

3. 平行双导线传输线由两根平行的导线组成，其电场和磁场垂直于沿电缆的传播方向。本练习将对平行传输线进行建模，计算其电场和阻抗。平行传输线的几何模型如图 6-89 所示，电线周围为空气域，假设周围的电介质为理想绝缘体，电线为理想导体，平行传输线的阻抗 $Z = \dfrac{V}{I}$，电压通过计算导体之间电场的线积分获得，电流通过计算沿着任一导体边界或平分导体之间空间的任何闭合等值线的磁场线积分获得。

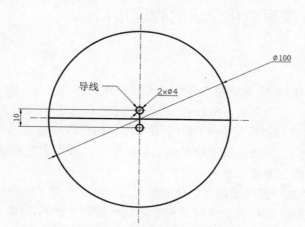

图 6-89 平行传输线的几何模型（单位：mm）

第7章 电化学分析

7.1 COMSOL 求解电化学场的物理接口

7.1.1 通用接口

COMSOL 软件求解电化学场的三个物理场接口分别是"一次电流分布"接口、"二次电流分布"接口和"三次电流分布，Nernst，Planck"接口。

"一次电流分布"接口忽略了电极动力学和浓度依赖性效应造成的损耗，假定电解液中的电荷转移遵守欧姆定律。该接口仅考虑几何因素的影响，适用于电解质浓度均匀，其变化微不足道，并且电化学反应速率非常大的情况。

"二次电流分布"接口忽略了浓度极化时的电流分布，考虑了电极动力学的影响。与"一次电流分布"接口类似，同样假定电解液中的电荷转移遵守欧姆定律。该接口在电化学分析中的应用较为广泛。

"三次电流分布，Nernst，Planck"接口考虑电解质组成和离子强度的变化对电化学过程的影响，以及溶液电阻和电极动力学的影响，利用 Nernst-Planck 方程来描述电解质中化学物质的传递，不再假定电解液中的电荷转移遵守欧姆定律。

7.1.2 腐蚀与电镀接口

COMSOL 软件中的腐蚀接口为"腐蚀，变形几何"，该接口包括"腐蚀，一次电流"接口、"腐蚀，二次电流"接口、"腐蚀，带电中性条件的三次电流"接口、"腐蚀，含支持电解质的三次电流"接口，这些接口是"电流分布"接口与"变形几何"接口的结合，可以用于描述发生电化学腐蚀时的电极变形情况。例如，通过腐蚀接口，可以对图 7-1 所示的石油平台的腐蚀防护进行仿真。

图 7-1　石油平台的腐蚀防护

与腐蚀接口类似，COMSOL 软件中的电镀接口为"电镀，变形几何"，也是将"电流分布"接口与"变形几何"接口耦合，可用于研究电镀时的几何变化。

7.1.3 电池接口

电池接口是 COMSOL 软件中专门用于电池建模分析的接口，可模拟电池在不同条件下的充放电特性，还可与传热接口耦合，建立电池热模型。例如，通过电池接口，可以对图 7-2 所示的圆柱电池组进行建模分析。其中，电池接口包括"锂离子电池"接口、"锂离子电池，变形几何"接口、"锂离子电池，单离子导体"接口、"二元电解质电池"接口、"铅酸电池"接口、"单颗粒电池"接口、"集中电池"接口、"电池等效电路"接口。电池接口内置的表达式丰富，包含用于描述电解质、隔膜、电极的质量和电荷传输的方程、边界条件及速率表达式。

图 7-2　圆柱电池组

7.2　母线板腐蚀分析

在工业领域，金属腐蚀会造成巨大的经济损失，甚至有可能严重影响生产安全。所以，有必要对金属的腐蚀过程进行研究分析。应用数值方法模拟金属的腐蚀行为，可以对金属腐蚀进行较好的预测和判断。

本示例将模拟潮湿空气中母线板的腐蚀行为，电解质为金属表面的液态薄膜，其厚度和电导率取决于环境相对湿度 RH，氧还原极限电流密度取决于氧扩散率和溶解度。该母线板由铜法兰、锌螺栓和铝法兰组成，几何结构如图 7-3 所示。本示例使用"电流分布，壳"接口进行建模，该接口适用于薄电解质建模，建模时不需要表示出电解质的几何结构。

具体计算过程如下。

1. 模型向导

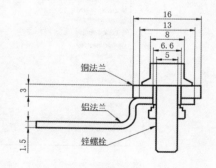

图 7-3　几何模型（单位：mm）

打开 COMSOL Multiphysics 软件，单击"模型向导"进入"选择空间维度"，单击"二维"进入"选择物理场"，选择"电化学"→"一次和二次电流分布"→"二次电流分布(cd)"，单击"添加"（在左下角"添加的物理场接口"中会出现已添加的物理场）。然后单击"电流分布，壳(cdsh)"，再次单击"添加"。单击"研究"进入"选择研究"，选择"一般研究"→"稳态"，单击"完成"，进入 COMSOL 建模界面。

2．全局定义

在"模型开发器"窗口的"全局定义"节点下，单击"参数 1"，在"参数"设置窗口对参数进行设定，如图 7-4 所示。

名称	表达式	值	描述
LD	0.0005[kg/m^2]	5E-4 kg/m²	盐负荷
RH	0.90	0.9	相对湿度
d_film	LD[m/(kg/m^2)]*(24.9+14.8*RH-22.58*RH^2)/(5811.95+23909*RH-3291*RH^2-57990*RH^3+31576*RH^4)	3.2077E-6 m	电解质膜厚
sigma	48250.20-287264*RH+683394*RH^2-811693*RH^3+481365*RH^4-114051*RH^5[S/m]	15.145 S/m	电解质电导率
D_O2	1.6e-9[m^2/s]	1.6E-9 m²/s	O2 的扩散系数
O2_S	0.0003*exp(6.59*RH)[mol/m^3]	0.11296 mol...	O2 的溶解度
ilim	4*F_const*D_O2*O2_S/d_film	21.746 A/m²	极限电流密度

图 7-4　设置"参数 1"

3．导入几何模型

此处的几何模型需要从外部导入，读者可扫描书中二维码下载该模型。在"模型开发器"窗口的"组件 1(comp1)"节点下，右击"几何 1"，选择"导入"。在"导入"设置窗口中，定位到"导入"栏，单击"浏览"，选择模型文件"腐蚀-母线板模型.mphbin"，单击"打开"，再单击"构建所有对象"，如图 7-5 所示。

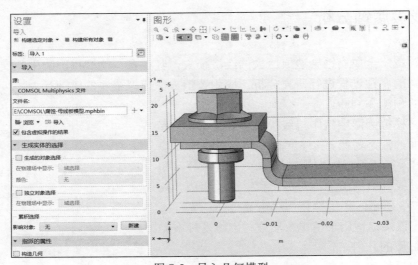

图 7-5　导入几何模型

4．添加材料

添加"Copper"材料：在"模型开发器"窗口的"组件 1(comp1)"节点下，右击"材料"，选择"从库中添加材料"。在"添加材料"窗口中，展开"内置材料"，双击"Copper"。此时会显示"材料"设置窗口，接着在"图形"窗口中单击" 图标，如图 7-6 所示。

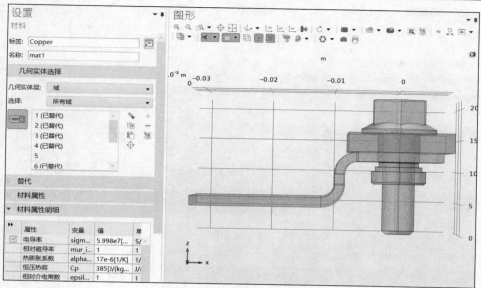

图 7-6 添加"Copper"材料

添加"Aluminum alloy"材料：在"模型开发器"窗口的"组件 1(comp1)"节点下，右击"材料"，选择"空材料"，在"图形"窗口中，选择域 1、域 2、域 3、域 4 和域 6。在"材料"设置窗口中，将"标签"文本框中的内容改为"Aluminum alloy"；定位到"材料属性明细"栏，将"电导率"的值设置为"2.33e7"，如图 7-7 所示。

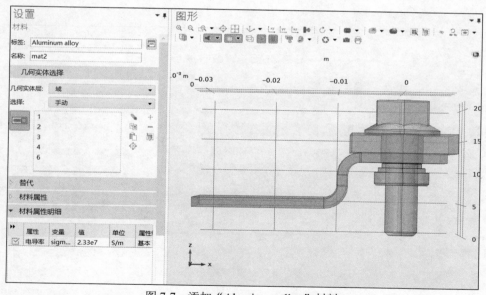

图 7-7 添加"Aluminum alloy"材料

添加"Zinc"材料：在"模型开发器"窗口的"组件 1(comp1)"节点下，右击"材料"，选择"空材料"，在"图形"窗口中，选择域 7、域 8 和域 9。在"材料"设置窗口中，将"标签"文本框中的内容改为"Zinc"；定位到"材料属性明细"栏，将"电导率"的值设置为"1.66e7"，如图 7-8 所示。

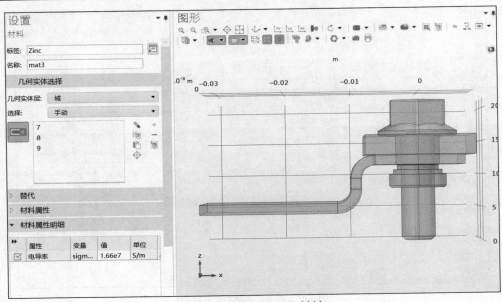

图 7-8　添加"Zinc"材料

5．边界条件设置

（1）"二次电流分布(cd)"。在"物理场"工具栏中，单击"域"，选择"电极"。在"电极"设置窗口中，定位到"域选择"栏，从"选择"列表中选择"所有域"，如图 7-9 所示。

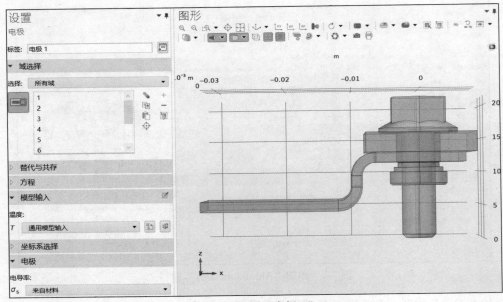

图 7-9　设置"电极 1"

在"物理场"工具栏中，单击"边界"，选择"电接地"。在"图形"窗口中，选择边界 3，如图 7-10 所示。

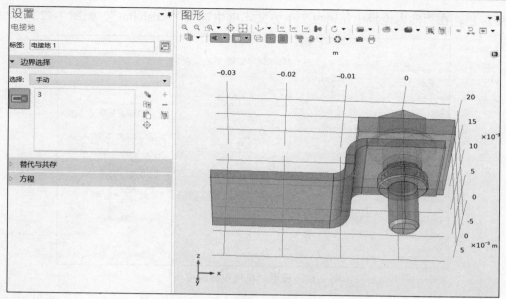

图 7-10　设置"电接地 1"

在"物理场"工具栏中，单击"边界"，选择"电极电流"，在"图形"窗口中，选择边界 22。在"电极电流"设置窗口中，定位到"电极电流"栏，在"向内电极电流"下方文本框中输入"100"，在"边界电位初始值"下方文本框中输入"1"，如图 7-11 所示。

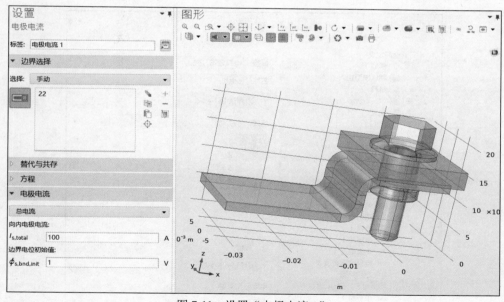

图 7-11　设置"电极电流 1"

在"物理场"工具栏中，单击"边界"，选择"电极电流密度"，在"图形"窗口中，选择边界 1、边界 2、边界 4、边界 5、边界 7～边界 12、边界 15～边界 20、边界 21、边界 23～边界 25、边界 27、边界 28、边界 30～边界 32、边界 35～边界 83、边界 85～边界 116、边界 118～边界 126、边界 128～边界 137。在"电极电流密度"设置窗口中，定位到"电极电流密度"栏，在"向内电极电流密度"下方文本框中输入"-cdsh.itot"，如图 7-12 所示。

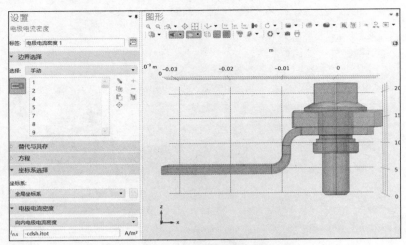

图 7-12　设置"电极电流密度 1"

（2）"电流分布,壳(cdsh)"。在"模型开发器"窗口的"组件 1(comp1)"节点下，单击"电流分布,壳(cdsh)"。在"电流分布，壳"设置窗口中，定位到"边界选择"栏，再定位到"🔲"图标右侧，长按键盘上的 Ctrl 键并单击边界 6、边界 13、边界 14、边界 26、边界 33、边界 34、边界 84 和边界 127，然后单击"□"图标将这些边界从选择中移除，如图 7-13 所示。

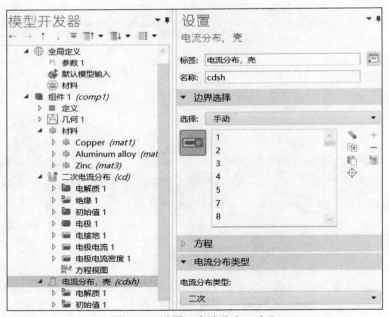

图 7-13　设置"电流分布，壳"

设置"电解质 1"：在"模型开发器"窗口的"组件 1(comp1)"→"电流分布，壳(cdsh)"节点下。单击"电解质 1"。在"电解质"设置窗口中，定位到"电解质"栏，在"电解质厚度"下方文本框中输入"d_film"，从"电解质电导率"列表中选择"用户定义"，然后在下方文本框中输入"sigma",如图 7-14 所示。

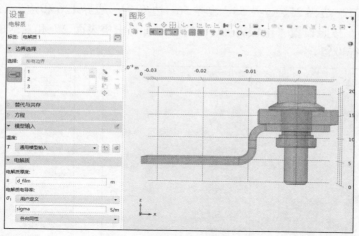

图 7-14 设置"电解质 1"

设置"电极表面 1":在"物理场"工具栏中,选择"边界"→"电极表面",在"图形"窗口中选择边界 1~边界 5、边界 7~边界 12、边界 15~边界 20、边界 27、边界 28、边界 30、边界 53、边界 54、边界 93、边界 125 和边界 136。在"电极表面"设置窗口中,定位到"电极相电位条件"栏,在"外部电位"下方的文本框中输入"phis",如图 7-15 所示。

设置"电极反应 1":在"模型开发器"窗口中展开"电极表面 1",单击"电极反应 1"。在"电极反应"设置窗口中,定位到"平衡电位"栏,在"平衡电位"下方的文本框中输入"-1";定位到"电极动力学"栏,从"局部电流密度表达式"列表中选择"来自动力学表达式",从"动力学表达式类型"列表中选择"阳极 Tafel 方程",在"交换电流密度"下方文本框中输入"1e-4",在"阳极 Tafel 斜率(>0)"下方文本框中输入"0.1",如图 7-16 所示。

设置"电极反应 2":在"模型开发器"窗口中,右击"电极表面 1"下的"电极反应",选择"复制粘贴",生成"电极反应 2",按照上述操作并结合图 7-17 对"电极反应 2"进行设置。

图 7-15 设置"电极表面 1"

图 7-16 设置"电极反应 1"

图 7-17 设置"电极反应 2"

设置"电极表面 2":在"物理场"工具栏中,选择"边界"→"电极表面",在"图形"窗口中选择边界 21~边界 25、边界 55、边界 56、边界 94、边界 126 和边界 137。结合图 7-18、图 7-19 和图 7-20,按照设置"电极表面 1"的方法对"电极表面 2"和对应的"电极反应 1""电极反应 2"进行设置。

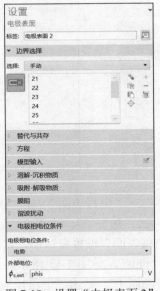

图 7-18 设置"电极表面 2"

图 7-19 设置"电极反应 1"

图 7-20 设置"电极反应 2"

设置"电极表面 3":在"物理场"工具栏中选择"边界"→"电极表面",在"图形"窗口中选择边界 31、边界 32、边界 35~边界 52、边界 57~边界 83、边界 85~边界 92、边界 95~边界 116、边界 118~边界 124、边界 128~边界 135。结合图 7-21、图 7-22 和图 7-23,按照设置"电极表面 1"的方法对"电极表面 3"和对应的"电极反应 1""电极反应 2"进行设置。

图 7-21 设置"电极表面 3"

图 7-22 设置"电极反应 1"

图 7-23 设置"电极反应 2"

6．网格划分

在"模型开发器"窗口的"组件 1(comp1)"节点下，右击"网格 1"，选择"边界生成器"→"映射"。在"映射"设置窗口中，定位到"边界选择"栏，在"图形"窗口中选择边界 4、边界 9、边界 11 和边界 15，如图 7-24 所示。

在"模型开发器"窗口中，右击"映射 1"，选择"大小"。在"大小"设置窗口中，定位到"单元大小"栏，选中"定制"单选按钮；定位到"单元大小参数"栏，选中"最大单元大小"复选框，并在下方文本框中输入"0.0005"，如图 7-25 所示。

图 7-24　设置"映射 1"

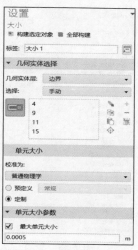

图 7-25　设置"大小 1"

在"模型开发器"窗口的"组件 1(comp1)"节点下，右击"网格 1"，选择"扫掠"。在"扫掠"设置窗口中，定位到"域选择"栏，在"图形"窗口中选择域 1、域 2、域 3 和域 4，如图 7-26 所示。

在"模型开发器"窗口中，右击"扫掠 1"，选择"分布"。在"分布"设置窗口中，定位到"分布"栏，在"单元数"文本框中输入"5"，如图 7-27 所示。

图 7-26　设置"扫掠 1"

图 7-27　设置"分布 1"

在"模型开发器"窗口的"组件 1(comp1)"节点下，右击"网格 1"，选择"自由四面体网格"。在"模型开发器"窗口的"组件 1(comp1)"→"网格 1"节点下，单击"大小"。在"大小"设置窗口中，定位到"单元大小"栏，从"预定义"列表中选择"细化"，如图 7-28 所示。

在"模型开发器"窗口的"组件 1(comp1)"节点下，右击"网格 1"，选择"统计信息"，则可以看到已划分网格的相关信息，如图 7-29 所示。

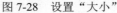

图 7-28　设置"大小"　　　　　　　　图 7-29　已划分网格的相关信息

7．计算

在"模型开发器"窗口中，单击"研究 1"。在"研究"设置窗口中，定位到"研究设置"栏，取消勾选"生成默认绘图"复选框，如图 7-30 所示。

在"模型开发器"窗口中，展开"研究 1"节点，单击"步骤 1:电流分布初始化"。在"电流分布初始化"设置窗口中，定位到"物理场和变量选择"栏，取消勾选"二次电流分布(cd)"的"求解"复选框，如图 7-31 所示。单击"计算"，等待计算完成。

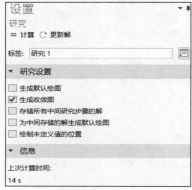

图 7-30　设置"研究 1"　　　　　　　　图 7-31　设置"电流分布初始化"

8. 结果后处理

（1）生成电极电位 vs.相邻参比电位图。在"模型开发器"窗口中，右击"结果"，选择"三维绘图组"。在"三维绘图组"设置窗口中，将"标签"文本框中的内容修改为"电极电位 vs.相邻参比电位"。在"模型开发器"窗口中，右击"电极电位 vs.相邻参比电位"，选择"表面 1"。在"表面"设置窗口中，定位到"表达式"栏，单击"$\boxed{\text{◥}\cdot}$"图标，在菜单中选择"组件 1(comp1)"→"电流分布,壳"→"热源"→"cdsh.Evsref-电极电位 vs.相邻参比电位-V"，然后单击"绘制"，如图 7-32 所示。

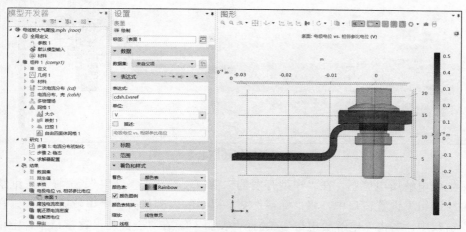

图 7-32 绘制电极电位 vs.相邻参比电位图

（2）生成腐蚀电流密度图。在"模型开发器"窗口中，右击"结果"，选择"三维绘图组"。在"三维绘图组"设置窗口中，将"标签"文本框中的内容修改为"腐蚀电流密度"。在"模型开发器"窗口中，右击"腐蚀电流密度"，选择"表面"。在"表面"设置窗口中，定位到"表达式"栏，单击"$\boxed{\text{◥}\cdot}$"图标，在菜单中选择"组件 1(comp1)"→"电流分布,壳"→"电极动力学"→"cdsh.iloc_er1-局部电流密度-A/m^2"，然后单击"绘制"，如图 7-33 所示。

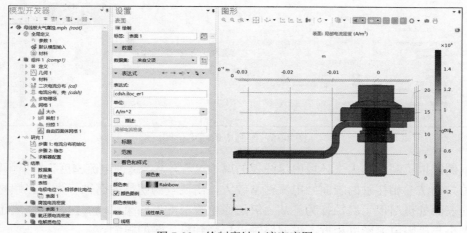

图 7-33 绘制腐蚀电流密度图

（3）生成氧还原电流密度图。生成氧还原电流密度图的方法与生成腐蚀电流密度图的方法类似，不同的是要将"三维绘图组"的标签修改为"氧还原电流密度"，将"表面"设置中"表达式"文本框的内容修改为"cdsh.iloc_er2"，如图 7-34 所示。

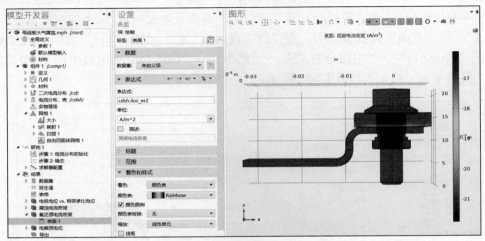

图 7-34　绘制氧还原电流密度图

（4）生成电解质电位图。在"模型开发器"窗口中，右击"结果"，选择"三维绘图组"。在"三维绘图组"设置窗口中，将"标签"文本框中的内容修改为"电解质电位"。在"模型开发器"窗口中，右击"电解质电位"，选择"表面 1"。在"表面"设置窗口中，定位到"表达式"栏，单击"　　"图标，在菜单中选择"组件 1 (comp1)"→"电流分布,壳"→"热源"→"phil2-电解质电位-V"，然后单击"绘制"，如图 7-35 所示。

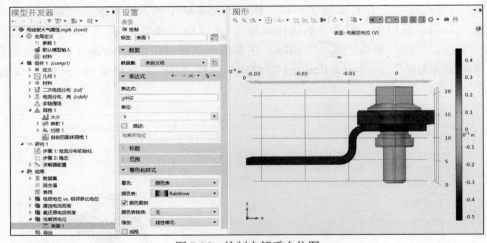

图 7-35　绘制电解质电位图

本示例模拟了潮湿的大气环境中母线板的腐蚀过程，从"腐蚀电流密度"结果可以看出，在铝法兰与铜法兰相接触的表面处电流密度较大，出现较为明显的腐蚀行为，在螺栓与铜法兰接触的表面处也出现了腐蚀行为；从"氧还原电流密度"结果可以看出，局部氧还原电流密度的大小与极限电流密度相近，说明腐蚀过程受到氧传输的限制。

7.3 方管电镀分析

方管在建筑、机械制造等领域有广泛的应用。在方管上镀锌，可以提高其抗腐蚀性能。

方管电镀的几何模型如图 7-36 所示，外围的长方体为电解槽，电解质的电导率为 50S/m，里面被包裹着的则是需要电镀的方管，该方管厚 1mm，长 30mm。

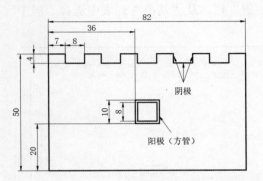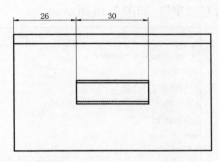

图 7-36 方管电镀的几何模型（单位：mm）

具体计算过程如下。

1. 模型向导

打开 COMSOL Multiphysics 软件，单击"模型向导"进入"选择空间维度"，单击"三维"进入"选择物理场"，选择"电化学"→"一次和二次电流分布"→"二次电流分布(cd)"，单击"添加"（在左下角"添加的物理场接口"中会出现已添加的物理场）。单击"研究"进入"选择研究"，选择"一般研究"→"稳态"，单击"完成"，进入 COMSOL 建模界面。

2. 全局定义

在"模型开发器"窗口的"全局定义"节点下，单击"参数 1"，在"参数"设置窗口对参数进行设定，如图 7-37 所示。

图 7-37 设置"参数 1"

3. 几何构建

在"模型开发器"窗口的"组件 1(comp1)"节点下，单击"几何 1"。在"几何"设置窗口中，定位到"单位"栏，从"长度单位"列表中选择"mm"。

构建"长方体 1"：在"几何"工具栏中，单击"长方体"。在"长方体"设置窗口中，定位到"大小和形状"栏，在"宽度"文本框中输入"30"，在"深度"文本框中输入"10"，在"高度"文本框中输入"10"；定位到"位置"栏，从"基准"列表中选择"居中"；单击"构建所有对象"，如图 7-38 所示。

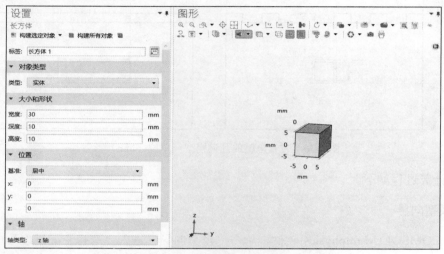

图 7-38 "长方体 1"几何构建

构建"长方体 2"：在"几何"工具栏中，单击"长方体"。在"长方体"设置窗口中，定位到"大小和形状"栏，在"宽度"文本框中输入"30"，在"深度"文本框中输入"8"，在"高度"文本框中输入"8"；定位到"位置"栏，从"基准"列表中选择"居中"；单击"构建所有对象"，如图 7-39 所示。

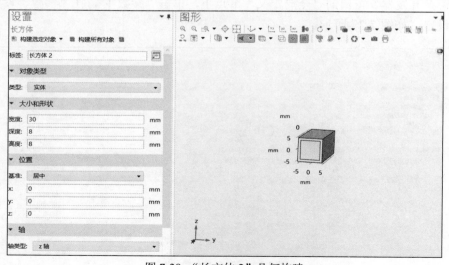

图 7-39 "长方体 2"几何构建

构建"差集 1"：在"几何"工具栏，中单击"布尔操作和分割"，选择"差集"。在"差集"设置窗口中，定位到"差集"栏，单击"要添加的对象"下方的"▦"图标以激活选择，在"图形"窗口中选择对象 blk1；单击"要减去的对象"下方的"▦"图标以激活选择，在"图形"窗口中选择对象 blk2；单击"构建所有对象"，如图 7-40 所示。

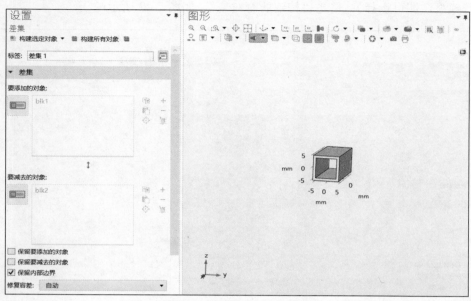

图 7-40 "差集 1"几何构建

构建"长方体 3"：在"几何"工具栏中，单击"长方体"。在"长方体"设置窗口中，定位到"大小和形状"栏，在"宽度"文本框中输入"Bath_Width"，在"深度"文本框中输入"Bath_Depth"，在"高度"文本框中输入"Bath_Height"；定位到"位置"栏，从"基准"列表中选择"居中"；单击"构建所有对象"，在"图形"窗口中单击"▣▾"图标，如图 7-41 所示。

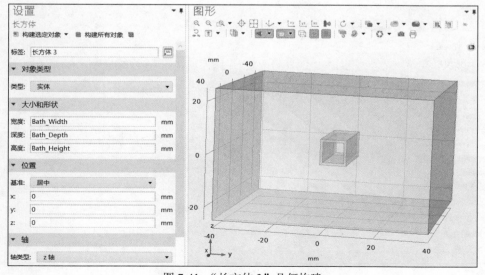

图 7-41 "长方体 3"几何构建

构建"差集 2"：在"几何"工具栏中，单击"布尔操作和分割"，选择"差集"。在"差集"设置窗口中，定位到"差集"栏，单击"要添加的对象"下方的"▦"图标以激活选择，在"图形"窗口中选择对象 blk3；单击"要减去的对象"下方的"▦"图标以激活选择，在"图形"窗口中选择对象 dif1（在"图形"窗口中单击"▦▾"图标，按住鼠标左键并拖动，框选方管模型，即可选择）；单击"构建所有对象"，如图 7-42 所示。

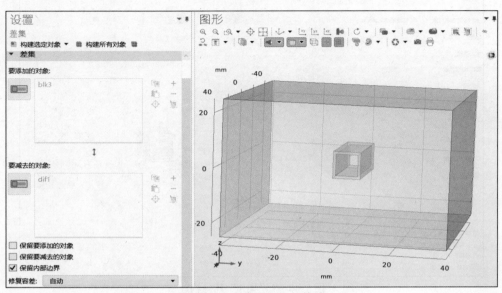

图 7-42　"差集 2"几何构建

构建"工作平面 1"：在"几何"工具栏中，单击"工作平面"。在"工作平面"设置窗口中，定位到"平面定义"栏，从"平面类型"列表中选择"面平行"，从"图形"窗口中选择平面 16；单击"构建所有对象"，如图 7-43 所示。

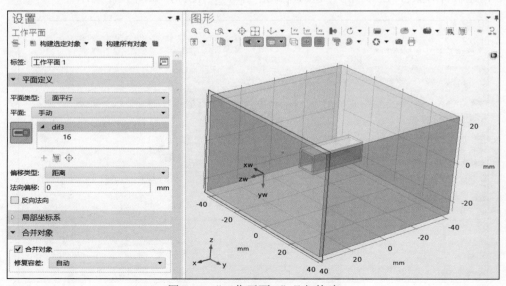

图 7-43　"工作平面 1"几何构建

在"模型开发器"窗口中,展开"工作平面 1(wp1)"节点,右击"平面几何",选择"矩形"。在"矩形"设置窗口中,按图 7-44 进行设置。右击"平面几何",选择"变换"→"阵列"。在"阵列"设置窗口中,按图 7-45 进行设置。继续右击"平面几何",选择"变换"→"镜像"。在"镜像"设置窗口中,按图 7-46 进行设置,然后单击"全部构建"。

图 7-44 设置"矩形 1"

图 7-45 设置"阵列 1"

图 7-46 设置"镜像 1"

构建"拉伸 1":在"几何"工具栏中,单击"拉伸"。在"拉伸"设置窗口中,定位到"距离"栏,在"距离"文本框中输入"Bath_Width",并勾选下方的"反向"复选框,单击"构建选定对象",如图 7-47 所示。

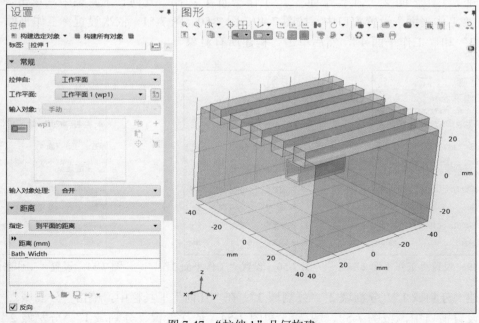

图 7-47 "拉伸 1"几何构建

构建"差集 3"：在"几何"工具栏中，单击"布尔操作和分割"，选择"差集"。在"差集"设置窗口中，定位到"差集"栏，单击"要添加的对象"下方的"▦"图标以激活选择，在"图形"窗口中选择对象 dif2；单击"要减去的对象"下方的"▦"图标以激活选择，在"图形"窗口中选择对象 ext1（在"图形"窗口中单击"▦▾"图标，按住鼠标左键并拖动，框选方管模型，即可选择）；单击"构建所有对象"，如图 7-48 所示。

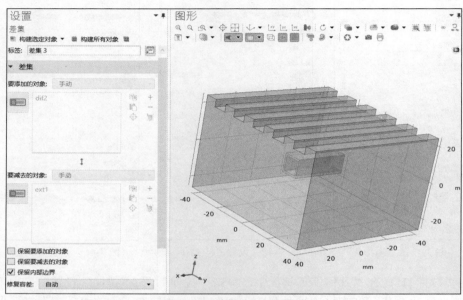

图 7-48　"差集 3"几何构建

构建"工作平面 2""工作平面 3""工作平面 4"：在"几何"工具栏中，单击"工作平面"。在"工作平面"设置窗口中，按图 7-49、图 7-50、图 7-51，依次设置"工作平面 2""工作平面 3"和"工作平面 4"，然后单击"构建所有对象"。

图 7-49　设置"工作平面 2"

图 7-50　设置"工作平面 3"

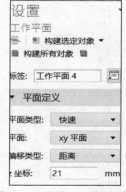

图 7-51　设置"工作平面 4"

构建"分割域 1""分割域 2""分割域 3"：在"几何"工具栏中，单击"分割域"。在"分割域"设置窗口中，按图 7-52、图 7-53 和图 7-54，依次设置"分割域 1""分割域 2""分割域 3"，然后单击"构建所有对象"。

图 7-52　设置"分割域 1"

图 7-53　设置"分割域 2"

图 7-54　设置"分割域 3"

4．定义

（1）变量。在"模型开发器"窗口的"组件 1(comp1)"节点下，右击"定义"，选择"变量"。在"变量"设置窗口中，定位到"变量"栏，按图 7-55 进行设置。

（2）积分。在"模型开发器"窗口的"组件 1(comp1)"节点下，右击"定义"，选择"非局部耦合"→"积分"。在"积分"设置窗口中，定位到"源选择"栏，从"几何实体层"列表中选择"边界"，在"图形"窗口中单击""图标，然后按住鼠标左键并拖动，框选方管模型，即可选择边界 48～边界 57，如图 7-56 所示。

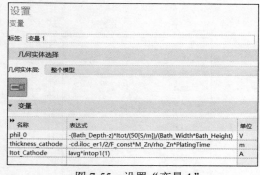

图 7-55　设置"变量 1"

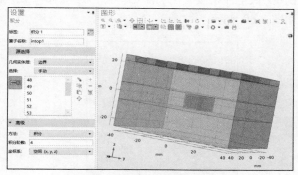

图 7-56　设置"积分 1"

5．边界条件设置

设置"电解质 1"：在"模型开发器"窗口的"组件 1(comp1)"→"二次电流分布(cd)"节点下，单击"电解质 1"。在"电解质"设置窗口中，定位到"电解质"栏，从"电解质电导率"列表中选择"用户定义"，并在下方的文本框中输入"50"，如图 7-57 所示。

设置"初始值 1"：在"模型开发器"窗口的"组件 1(comp1)"→"二次电流分布(cd)"节点下，单击"初始值 1"。在"初始值"设置窗口中，定位到"初始值"栏，在"电解质电位"下方的文本框中输入"phil_0"，如图 7-58 所示。

图 7-57　设置"电解质 1"

图 7-58　设置"初始值 1"

设置"电极表面 1"：在"模型开发器"窗口的"组件 1(comp1)"节点下，右击"二次电流分布(cd)"，选择"电极表面"，在"图形"窗口中单击"📄▾"图标，然后按住鼠标左键并拖动，框选方管模型，即可选择边界 48～边界 57。在"电极表面"设置窗口中，定位到"电极相电位条件"栏，从"电极相电位条件"列表中选择"总电流"，在"$I_{l,\,total}$"文本框中输入"-Itot_Cathode"，如图 7-59 所示。在"模型开发器"窗口中展开"电极表面 1"，单击"电极反应 1"。在"电极反应"设置窗口中，定位到"电极动力学"栏，从"动力学表达式类型"列表中选择"Butler-Volmer"，在"交换电流密度"下方的文本框中输入"i0"，在"阳极传递系数"下方的文本框中输入"alphaa"，如图 7-60 所示。

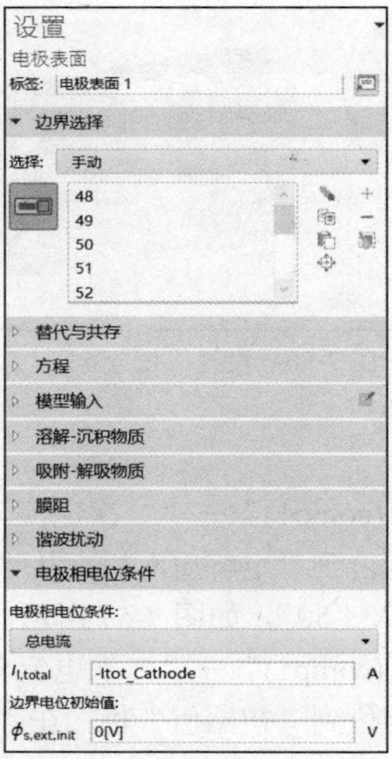

图 7-59　设置"电极表面 1"

图 7-60　设置"电极反应 1"

设置"电极表面2"：在"模型开发器"窗口的"组件1(comp1)"节点下，右击"二次电流分布(cd)"，选择"电极表面"，在"图形"窗口中选择边界14、边界15、边界17、边界20、边界21、边界23、边界26、边界27、边界29、边界32、边界33、边界35、边界38、边界39和边界41，如图7-61所示。在"模型开发器"窗口中展开"电极表面2"，单击"电极反应1"。在"电极反应"设置窗口中，定位到"电极动力学"栏，从"动力学表达式类型"列表中选择"Butler-Volmer"，在"交换电流密度"下方的文本框中输入"i0"，在"阳极传递系数"下方的文本框中输入"alphaa"，如图7-62所示。

图 7-61　设置"电极表面2"

图 7-62　设置"电极反应1"

6. 网格划分

设置"自由四边形网格1"：选择边界48～边界57，大小设置及网格划分情况如图7-63所示。

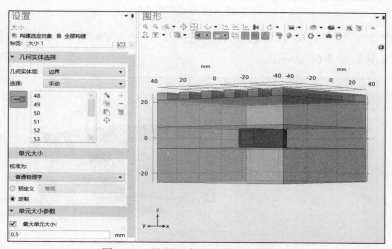

图 7-63　设置"自由四边形网格1"

设置"映射1"：选择边界1和边界7，大小设置及网格划分情况如图7-64所示。

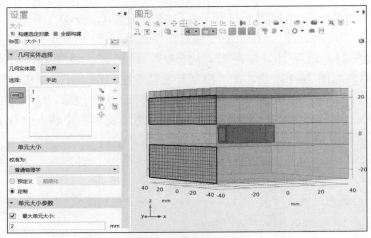

图 7-64　设置"映射 1"

设置"扫掠 1"：选择域 1 和域 3，扫掠设置及网格划分情况如图 7-65 所示。

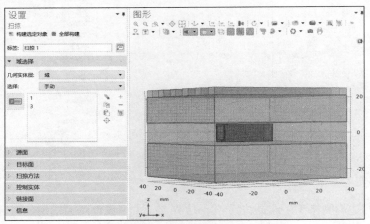

图 7-65　设置"扫掠 1"

设置"映射 2"：选择边界 10、边界 16、边界 22、边界 28、边界 34 和边界 40，映射设置及网格划分情况如图 7-66 所示。

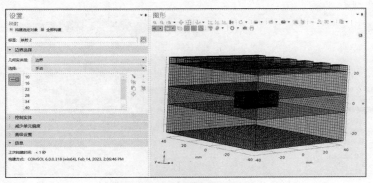

图 7-66　设置"映射 2"

设置"扫掠 2"：选择域 4、域 5、域 6、域 7、域 8 和域 9，扫掠设置及网格划分情况如

图 7-67 所示。

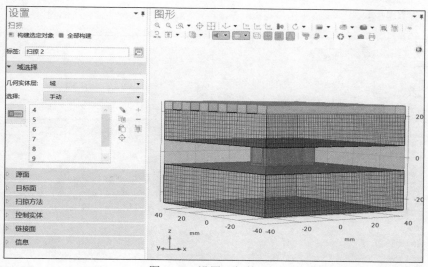

图 7-67　设置"扫掠 2"

设置"自由四面体网格 1"和"大小"：剩余部分网格采用"自由四面体网格"，在"模型开发器"窗口的"网格 1"节点下，单击"大小"，其设置及网格划分情况如图 7-68 所示。

在"模型开发器"窗口的"组件 1(comp1)"节点下，右击"网格 1"，选择"统计信息"，显示已划分网格的相关信息，如图 7-69 所示。

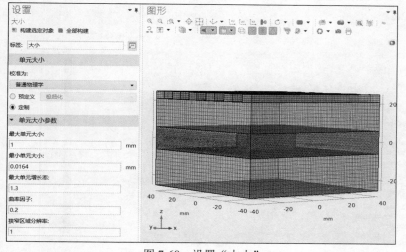

图 7-68　设置"大小"

图 7-69　网格相关信息

7. 计算

在"研究"工具栏中单击"计算"，等待计算完成。

8. 结果后处理

在"模型开发器"窗口的"结果"节点下，右击"数据集"，选择"表面"，在"图形"

窗口中单击"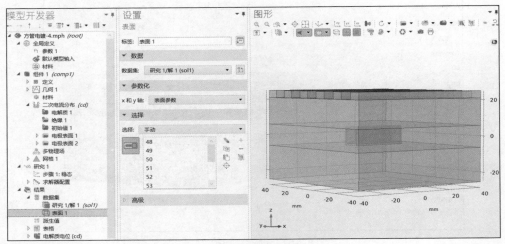"图标，然后按住鼠标左键并拖动，框选方管模型，即可选择边界 48～边界 57，如图 7-70 所示。

图 7-70 设置"表面 1"

（1）生成电解质电位图。在本示例的物理场接口下，软件自动生成"电解质电位"。在"模型开发器"窗口的"结果"节点下，单击"电解质电位(cd)"，在"电解质电位(cd)"工具栏中单击"绘制"即可，如图 7-71 所示。

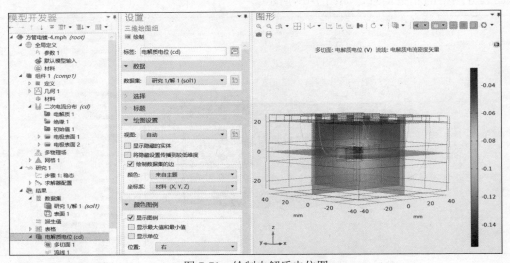

图 7-71 绘制电解质电位图

（2）生成方管电流密度图。在"模型开发器"窗口中，右击"结果"，选择"三维绘图组"。在"三维绘图组"设置窗口中，将"标签"文本框的内容修改为"方管电流密度"；定位到"数据"栏，从"数据集"列表中选择"表面 1"。在"结果"节点下，右击"方管电流密度"，选择"表面"。在"表面"设置窗口中，定位到"表达式"栏，将"表达式"文本框的内容修改为"-cd.iloc_er1"，单击"绘制"，如图 7-72 所示。

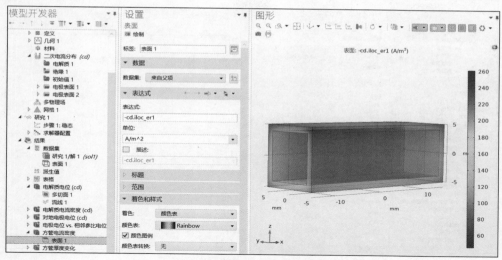

图 7-72　绘制方管电流密度图

（3）生成方管表面厚度分布图。在"模型开发器"窗口的"结果"节点下，右击"方管电流密度"，选择"复制粘贴"。在"三维绘图组"设置窗口中，将"标签"文本框的内容修改为"方管表面厚度分布"。在"结果"节点下，右击"方管表面厚度分布"，选择"表面"。在"表面"设置窗口中，定位到"表达式"栏，将"表达式"文本框的内容修改为"thickness_cathode"，单击"绘制"，如图 7-73 所示。

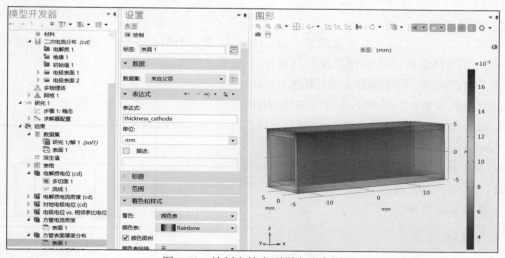

图 7-73　绘制方管表面厚度分布图

（4）生成边线上的厚度分布图。在"模型开发器"窗口中，右击"结果"，选择"一维绘图组"。在"一维绘图组"设置窗口中，将"标签"文本框的内容修改为"边线上的厚度分布"。在"结果"节点下，右击"边线上的厚度分布"，选择"线结果图"，在"图形"窗口中选中边界 73。在"线结果图"设置窗口中，定位到"y 轴数据"栏，将"表达式"文本框的内容修改为"thickness_cathode"，单击"绘制"，如图 7-74 所示。

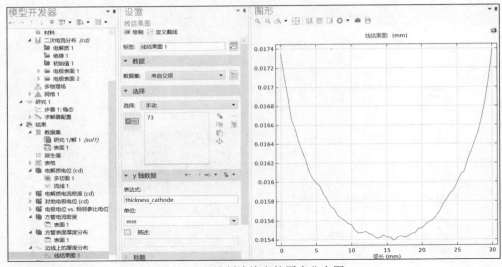

图 7-74　绘制边线上的厚度分布图

本示例对方管电镀进行了模拟，绘制了"电解质电位""方管电流密度""方管表面厚度分布"等图。除此之外，软件还自动生成了"电解质电流密度""对地电极电位"等图，读者可自行查看。另外，读者可在本示例的基础上，尝试对其他结构进行电镀，观察待镀件的厚度变化等。

7.4　异型孔的电解加工分析

电解加工广泛应用于各种复杂零部件的加工制造，电解加工的原理是金属在电解液中发生电化学阳极溶解，从而使工件的几何形状发生改变。

本节将对异型孔的电解加工进行模拟，在软件中建立几何模型，该模型的正视图如图 7-75 所示，工件厚 2mm，工件上方的是加工工具。"x1-1"表示工件与加工工具的间隙，x1 的值为 1.2mm、1.5mm、1.8mm，则对应的间隙为 0.2mm、0.5mm、0.8mm。

具体计算过程如下。

1. 模型向导

打开 COMSOL Multiphysics 软件，单击"模型向导"进入"选择空间维度"，单击"三维"进入"选择物理场"，选择"电化学"→"电镀，变形几何"→"电镀，一次电流"，单击"添加"

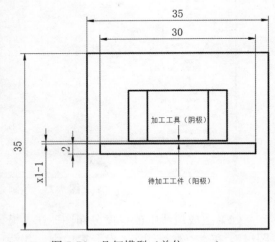

图 7-75　几何模型（单位：mm）

（在左下角"添加的物理场接口"中会出现已添加的物理场）。单击"研究"进入"选择研究"，选择"一般研究"→"瞬态"，单击"完成"，进入 COMSOL 建模界面。

2. 全局定义

在"模型开发器"窗口的"全局定义"节
点下，单击"参数 1"，在"参数"设置窗口
对参数进行设定，如图 7-76 所示。

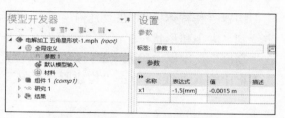

图 7-76　设置"参数 1"

3. 几何构建

在"模型开发器"窗口的"组件 1(comp1)"节点下，单击"几何 1"。在"几何"设置窗
口中，定位到"单位"栏，从"长度单位"列表中选择"mm"。

构建"多边形 1"：在"几何"工具栏中，单击"工作平面"。在"模型开发器"窗口的
"组件 1(comp1)"→"几何 1"→"工作平面 1"节点下，右击"平面几何"，选择"更多体
素"→"多边形"。在"多边形"设置窗口中，按图 7-77 所示进行设置。

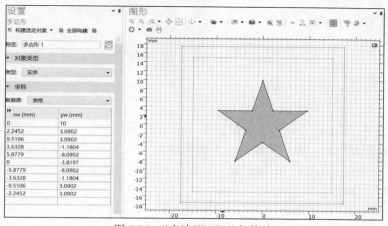

图 7-77　"多边形 1"几何构建

构建"拉伸 1"：在"几何"工具栏中，单击"拉伸"。在"拉伸"设置窗口中，定位到"常
规"栏，"输入对象"选择为"wp1"；定位到"距离"栏，在"距离(mm)"下方的文本框中输
入"10"；单击"构建所有对象"，在"图形"窗口中单击"🖼▾"图标，如图 7-78 所示。

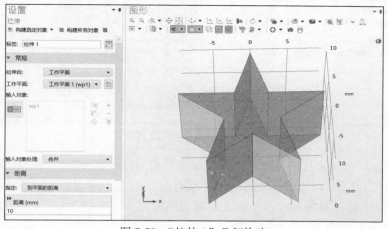

图 7-78　"拉伸 1"几何构建

构建"长方体 1": 在"几何"工具栏中，单击"长方体"。在"长方体"设置窗口中，定位到"大小和形状"栏，在"宽度"文本框中输入"30"，在"深度"文本框中输入"30"，在"高度"文本框中输入"2"；定位到"位置"栏，从"基准"列表中选择"居中"，在"z"文本框中输入"x1"；单击"构建所有对象"，如图 7-79 所示。

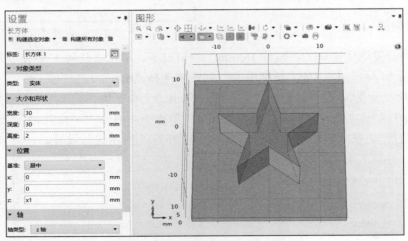

图 7-79 "长方体 1"几何构建

构建"长方体 2": 在"几何"工具栏中，单击"长方体"。在"长方体"设置窗口中，定位到"大小和形状"栏，在"宽度"文本框中输入"35"，在"深度"文本框中输入"35"，在"高度"文本框中输入"25"；定位到"位置"栏，从"基准"列表中选择"居中"；单击"构建所有对象"，如图 7-80 所示。

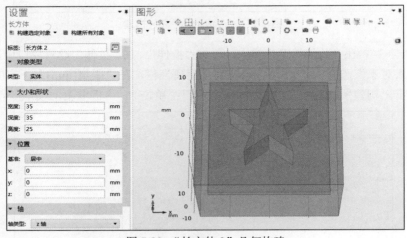

图 7-80 "长方体 2"几何构建

构建"差集 1": 在"几何"工具栏中，单击"布尔操作和分割"，选择"差集"。在"差集"设置窗口中，定位到"差集"栏，单击"要添加的对象"下方的"▥"图标以激活选择，在"图形"窗口中选择对象 blk2；单击"要减去的对象"下方的"▥"图标以激活选择，在"图形"窗口中选择对象 ext1、blk1；单击"构建所有对象"，如图 7-81 所示。

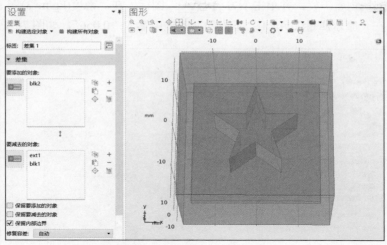

图 7-81 "差集 1" 几何构建

4．边界条件设置

（1）"一次电流分布(cd)"。在"模型开发器"窗口的"组件 1(comp1)"→"一次电流分布(cd)"节点下，单击"电解质 1"。在"电解质"设置窗口中，定位到"电解质"栏，从"电解质电导率"列表中选择"用户定义"，并在下方的文本框中输入"10"，如图 7-82 所示。

设置"电极表面 1"：在"模型开发器"窗口的"组件 1(comp1)"节点下，右击"二次电流分布(cd)"，选择"电极表面"，在"图形"窗口中选择边界 13。在"电极表面"设置窗口中，定位到"电极相电位条件"栏，在"外部电位"下方的文本框中输入"−10[V]"，如图 7-83所示。

图 7-82 设置"电解质 1"

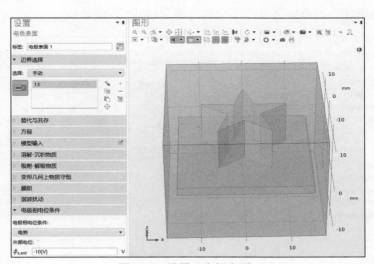

图 7-83 设置"电极表面 1"

设置"电极表面 2"：在"模型开发器"窗口的"组件 1(comp1)"节点下，右击"二次电流分布(cd)"，选择"电极表面"，在"图形"窗口中选择边界 9。在"电极表面"设置窗口中，单击展开"溶解-沉积物质"栏，并单击下方的"＋"图标，在"密度(kg/m^3)"下方的文本框中输入"7874"，在"摩尔质量(kg/mol)"下方的文本框中输入"0.056"，如图 7-84 所示。

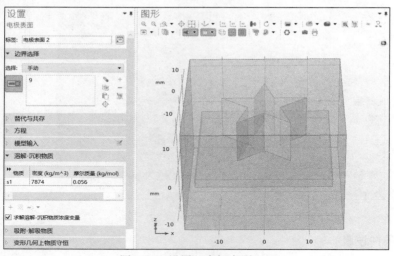

图 7-84　设置"电极表面 2"

（2）多物理场。

设置"变形电极表面 1"：在"模型开发器"窗口的"组件 1(comp1)"节点下，展开"多物理场"，单击"变形电极表面 1"。在"变形电极表面"设置窗口中，定位到"边界选择"栏，单击"13"，再单击"－"图标，将边界 13 从选择中移除，如图 7-85 所示。

设置"不变形边界 1"：在"模型开发器"窗口的"组件 1(comp1)"→"多物理场"节点下，单击"不变形边界 1"。在"不变形边界"设置窗口中，定位到"不变形边界"栏，从"边界条件"列表中选择"零法向位移"，如图 7-86 所示。

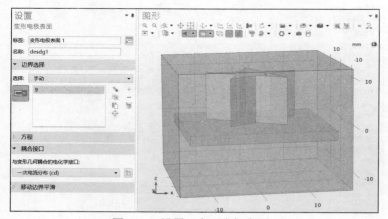

图 7-85　设置"变形电极表面 1"

图 7-86　设置"不变形边界 1"

5. 网格划分

设置"自由四边形网格 1"：在"模型开发器"窗口的"组件 1(comp1)"节点下，右击"网格 1"，选择"边界生成器"→"自由四边形网格"，在"图形"窗口中选择边界 9。在"模型开发器"窗口中，右击"自由四边形网格 1"，选择"大小"。在"大小"设置窗口中，定位到"单元大小"栏，从"预定义"列表中选择"极细化"；单击"构建选定对象"，如图7-87所示。

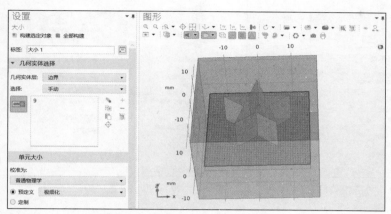

图 7-87 设置"自由四边形网格 1"

设置"自由四面体网格 1"：在"模型开发器"窗口的"组件 1(comp1)"节点下，右击"网格 1"，选择"自由四面体网格"。在"模型开发器"窗口中，右击"自由四面体网格 1"，选择"大小"。在"大小"设置窗口中，定位到"几何实体选择"栏，从"几何实体层"列表中选择"边界"，在"图形"窗口中选择边界 13；定位到"单元大小"栏，从"预定义"列表中选择"极细化"；单击"全部构建"，如图7-88所示。

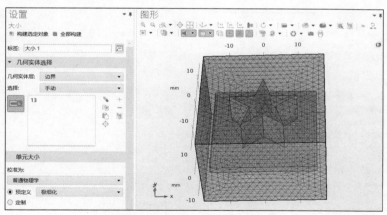

图 7-88 设置"自由四面体网格 1"

在"模型开发器"窗口的"组件 1(comp1)"节点下，右击"网格 1"，选择"统计信息"，显示已划分网格的相关信息，如图7-89所示。

6. 计算

在"模型开发器"窗口中，右击"研究 1"，选择"参数化扫描"。在"参数化扫描"设置窗口中，定位到"研究设置"栏，单击"+"图标，在"参数值列表"下方的文本框中输入"-1.2 -1.5 -1.8"，在"参数单位"下方的文本框中输入"mm"，如图7-90所示。

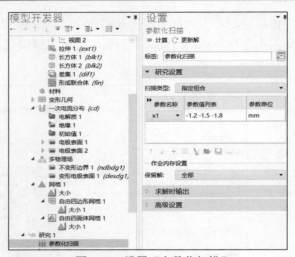

图 7-89　网格相关信息　　　　　　图 7-90　设置"参数化扫描"

在"模型开发器"窗口中，展开"研究 1"，单击"步骤 1:瞬态"。在"瞬态"设置窗口中，定位到"研究设置"栏，在"输出时步"文本框中输入"range(0,30,180)"；展开"研究扩展"栏，勾选"自动重新划分网格"复选框，如图 7-91 所示。

此时，如果直接进行计算，可能会遇到图 7-92 所示的错误提示，出现该错误的原因是重新划分网格后，网格质量较差。软件中默认的条件是网格质量低于 0.2 时重新划分网格。解决该问题的方法是降低重新划分网格的条件，对于该模型，将重新划分网格的条件类型改为"失真"即可。

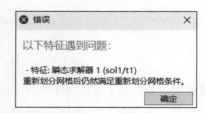

图 7-91　设置"步骤 1:瞬态"　　　　图 7-92　错误提示

在"模型开发器"窗口中，右击"研究 1"，选择"显示默认求解器"，然后在"模型开发器"窗口中选择"研究 1"→"求解器配置"→"解 1(sol1)"→"瞬态求解器 1"→"自动重新划分网格"。在"自动重新划分网格"设置窗口中，定位到"用于重新划分网格的条件"栏，从"条件类型"列表中选择"失真"，如图 7-93 所示。然后单击"计算"，等待计算完成。

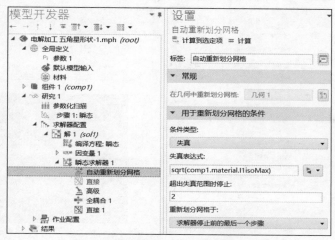

图 7-93　设置"自动重新划分网格"

7. 结果后处理

（1）生成电解质电位图。在本示例的物理场接口下，软件自动生成"电解质电位"。在"模型开发器"窗口的"结果"节点下，单击"电解质电位(cd)"。在"三维绘图组"设置窗口中，定位到"数据"栏，从"数据集"列表中选择"研究 1/参数化解 1"，从"参数值(x1(mm))"列表中选择"–1.5"（–1.2 表示工件和工具的间隙为 0.2mm，–1.5 则对应 0.5mm，–1.8 则对应 0.8mm），从"时间(s)"列表中选择"30"，单击"绘制"，如图 7-94 所示。

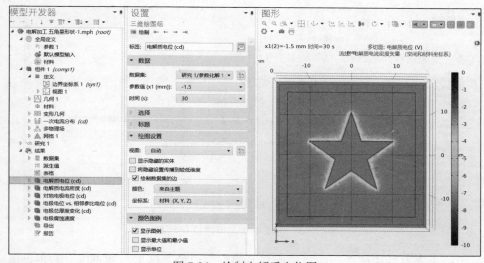

图 7-94　绘制电解质电位图

（2）生成电极总厚度变化图。在"模型开发器"窗口中，展开"结果"节点，单击"电极总厚度变化(cd)"。在"三维绘图组"设置窗口中，定位到"数据"栏，从"数据集"列表中选择"研究 1/参数化解 1"，从"参数值(x1(mm))"列表中选择"–1.5"，从"时间(s)"列表中选择"30"，单击"绘制"，如图 7-95 所示。

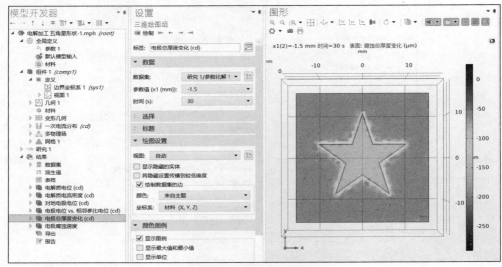

图 7-95　绘制电极总厚度变化图

（3）生成电极总厚度变化动画。在"模型开发器"窗口中，展开"结果"节点，单击"电极总厚度变化(cd)"。在"电极总厚度变化(cd)"工具栏中，单击"动画"。在"动画"设置窗口中，定位到"目标"栏，在"目标"列表中选择"播放器"，然后在"图形"窗口中单击"⏵"图标即可播放动画，如图 7-96 所示。

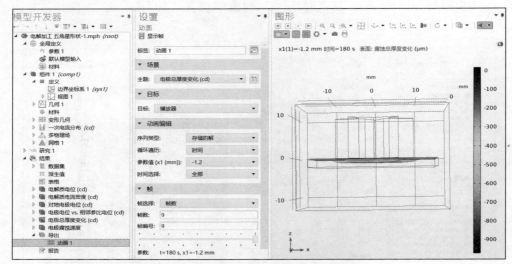

图 7-96　生成电极总厚度变化动画

（4）生成电极腐蚀速度图。在"模型开发器"窗口的"结果"节点下，右击"电极总厚度变化(cd)"，选择"复制粘贴"。在"三维绘图组"设置窗口中，将"标签"文本框的内容修改为"电极腐蚀速度"。在"结果"节点下，右击"电极腐蚀速度"，选择"表面"。在"表面"设置窗口中，定位到"表达式"栏，将"表达式"文本框的内容修改为"cd.vb_s1"，从"单位"列表中选择"mm/s"，单击"绘制"，如图 7-97 所示。

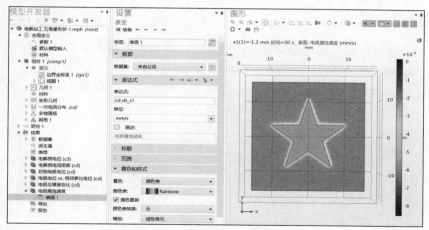

图 7-97 绘制电极腐蚀速度图

本示例对电解加工五角星形状的孔的部分过程进行了模拟，求解出工件和工具间隙为 0.2mm、0.5mm、0.8mm 下的电极总厚度变化和电极腐蚀速度等，得出工件几何结构的变化情况。用户可在进行后处理时自行修改"参数值(x1(mm))"，查看不同间隙下的加工情况。

7.5 锂离子电池分析

锂离子电池是一种可充电电池，工作过程中，锂离子在正极和负极之间来回移动。锂离子电池在车辆、数码产品、航空航天等领域得到广泛应用。

锂离子电池主要由正极、电解质、负极三部分组成，锂离子电池的正极为锂化合物，负极为碳素材料。本示例中将模拟锂离子电池放电过程，其几何模型如图 7-98 所示。

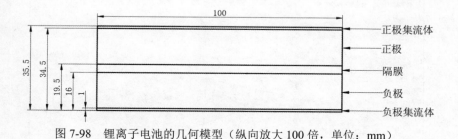

图 7-98 锂离子电池的几何模型（纵向放大 100 倍，单位：mm）

具体计算过程如下。

1. 模型向导

打开 COMSOL Multiphysics 软件，单击"模型向导"进入"选择空间维度"，单击"三维"进入"选择物理场"，选择"电化学"→"电池"→"锂离子电池(liion)"，单击"添加"（在左下角"添加的物理场接口"中会出现已添加的物理场）。单击"研究"进入"选择研究"，选择"所选多物理场的预设研究"→"带初始化的瞬态"，单击"完成"，进入 COMSOL 建模界面。

2．全局定义

在"模型开发器"窗口的"全局定义"节点下，单击"参数 1"，在"参数"设置窗口对参数进行设定，如图 7-99 所示。

名称	表达式	值	描述
T_pos	150[um]	1.5E-4 m	正极厚度
T_neg	150[um]	1.5E-4 m	负极厚度
T_cc	10[um]	1E-5 m	集流体厚度
T_sep	35[um]	3.5E-5 m	隔膜厚度
L	100[mm]	0.1 m	长
W	50[mm]	0.05 m	宽
csmax_pos	22860[mol/m^3]	22860 mol/m³	参考浓度（正极材料）
socmax_pos	0.995	0.995	正极最大荷电状态
socmin_pos	0.175	0.175	正极最小荷电状态
Q_cell	W*L*T_pos*csmax_pos*0.4*F_const*(socmax_pos-socmin_pos)	542.59 C	
I_1C	Q_cell/1[h]	0.15072 A	1C倍率下的电流

图 7-99　设置"参数 1"

3．几何构建

在"模型开发器"窗口的"组件 1(comp1)"节点下，单击"几何 1"。在"几何"设置窗口中，定位到"单位"栏，从"长度单位"列表中选择"mm"。

构建"长方体 1"：在"几何"工具栏中，单击"长方体"。在"长方体"设置窗口中，定位到"大小和形状"栏，在"宽度"文本框中输入"W"，在"深度"文本框中输入"L"，在"高度"文本框中输入"T_neg"，单击"构建所有对象"，如图 7-100 所示。

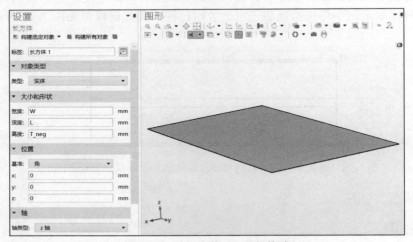

图 7-100　"长方体 1"几何构建

构建"长方体 2"：在"几何"工具栏中，单击"长方体"。在"长方体"设置窗口中，定位到"大小和形状"栏，在"宽度"文本框中输入"W"，在"深度"文本框中输入"L"，在"高度"文本框中输入"T_sep"；定位到"位置"栏，在"Z"文本框中输入"T_neg"；单击"构建所有对象"，如图 7-101 所示。

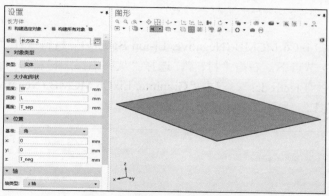

图 7-101 "长方体 2"几何构建

构建"长方体 3""长方体 4""长方体 5":按照构建"长方体 2"的方法,结合图 7-102、图 7-103 和图 7-104,构建"长方体 3""长方体 4""长方体 5"。

图 7-102 构建"长方体 3"

图 7-103 构建"长方体 4"

图 7-104 构建"长方体 5"

4. 定义

在"模型开发器"窗口的"组件 1(comp1)"→"定义"→"视图 1"节点下,单击"相机"。在"相机"设置窗口中,定位到"相机"栏,从"视图比例"列表中选择"手动",在"Z"文本框中输入"50",单击"更新",如图 7-105 所示。

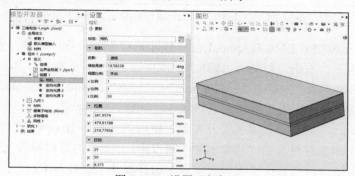

图 7-105 设置"相机"

5．添加材料

添加"Graphite, LixC6 MCMB (Negative, Li-ion Battery)"材料：在"模型开发器"窗口的"组件 1(comp1)"节点下，右击"材料"，选择"从库中添加材料"。在"添加材料"窗口中，展开"电池"→"Electrodes"，双击"Graphite, LixC6 MCMB (Negative, Li-ion Battery)"，弹出"材料"设置窗口，如图 7-106 所示。

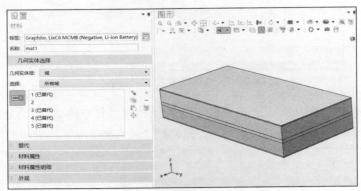

图 7-106　添加"Graphite, LixC6 MCMB (Negative, Li-ion Battery)"材料

添加"LMO, LiMn2O4 Spinel (Positive, Li-ion Battery)"材料：在"模型开发器"窗口的"组件 1(comp1)"节点下，右击"材料"，选择"从库中添加材料"。在"添加材料"窗口中，展开"电池"→"Electrodes"，双击"LMO, LiMn2O4 Spinel (Positive, Li-ion Battery)"，弹出"材料"设置窗口，然后在"图形"窗口中选择域 4，如图 7-107 所示。

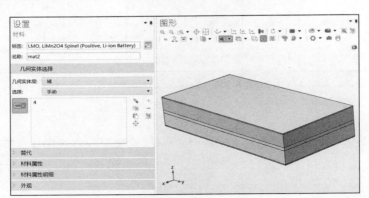

图 7-107　添加"LMO, LiMn2O4 Spinel (Positive, Li-ion Battery)"材料

添加"LiPF6 in 3:7 EC:EMC (Liquid, Li-ion Battery)"材料：在"模型开发器"窗口的"组件 1(comp1)"节点下，右击"材料"，选择"从库中添加材料"。在"添加材料"窗口中，展开"电池"→"Electrodes"，双击"LiPF6 in 3:7 EC:EMC (Liquid, Li-ion Battery)"，弹出"材料"设置窗口，然后在"图形"窗口中选择域 3，如图 7-108 所示。

添加"Aluminum"材料：在"模型开发器"窗口的"组件 1(comp1)"节点下，右击"材料"，选择"从库中添加材料"。在"添加材料"窗口中，展开"内置材料"，双击"Aluminum"，弹出"材料"设置窗口，然后在"图形"窗口中选择域 5，如图 7-109 所示。

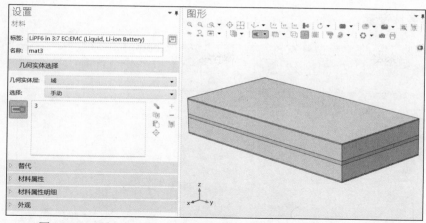

图 7-108 添加 "LiPF6 in 3:7 EC:EMC (Liquid, Li-ion Battery)" 材料

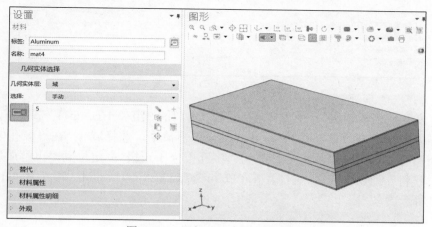

图 7-109 添加 "Aluminum" 材料

添加 "Copper" 材料：在 "模型开发器" 窗口的 "组件 1(comp1)" 节点下，右击 "材料"，选择 "从库中添加材料"。在 "添加材料" 窗口中，展开 "内置材料"，双击 "Copper"，弹出 "材料" 设置窗口，然后在 "图形" 窗口中选择域 1，如图 7-110 所示。

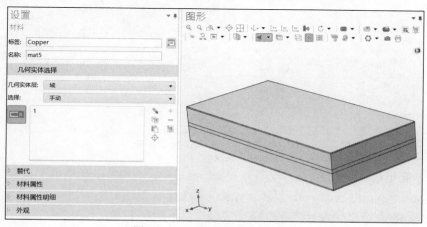

图 7-110 添加 "Copper" 材料

6．边界条件设置

设置"隔膜 1"：在"模型开发器"窗口的"组件 1(comp1)"节点下，右击"锂离子电池 (liion)"，选择"隔膜"，在"图形"窗口中，选择域 3，如图 7-111 所示。

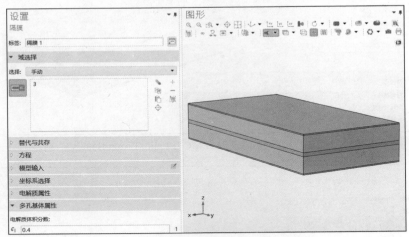

图 7-111　设置"隔膜 1"

设置"多孔电极 1 正极"：在"模型开发器"窗口的"组件 1(comp1)"节点下，右击"锂离子电池(liion)"，选择"多孔电极"，在"图形"窗口中，选择域 4；在"多孔电极"设置窗口中，将"标签"文本框的内容修改为"多孔电极 1 正极"；定位到"电解质属性"栏，从"电解质材料"列表中选择"材料：LiPF6 in 3:7 EC:EMC (Liquid, Li-ion Battery)(mat3)"，如图 7-112 所示。

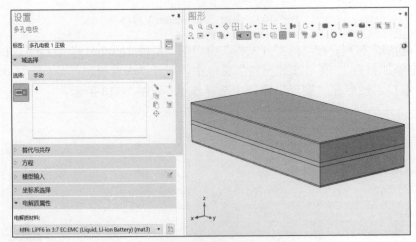

图 7-112　设置"多孔电极 1 正极"

设置"多孔电极 2 负极"：在"模型开发器"窗口中，右击"多孔电极 1 正极"，选择"复制粘贴"，生成"多孔电极 2"，在"图形"窗口中选择域 2；在"多孔电极"设置窗口中，将"标签"文本框的内容修改为"多孔电极 2 负极"，如图 7-113 所示。

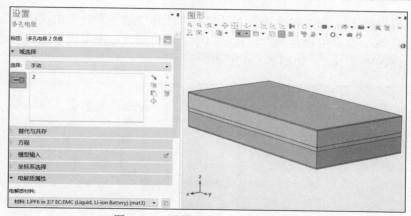

图 7-113　设置"多孔电极 2 负极"

　　设置"电极 1"：在"物理场"工具栏中，选择"域"→"电极"；在"图形"窗口中，选择域 1 和域 5，如图 7-114 所示。

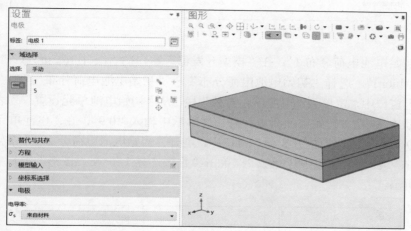

图 7-114　设置"电极 1"

　　设置"电接地 1"：在"物理场"工具栏中，选择"边界"→"电接地"；在"图形"窗口中，选择边界 3，如图 7-115 所示。

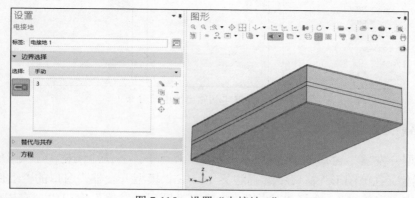

图 7-115　设置"电接地 1"

设置"电极电流 1"：在"物理场"工具栏中，选择"边界"→"电极电流"，在"图形"窗口中选择边界 16。在"电极电流"设置窗口中，定位到"电极电流"栏，在"向内电极电流"文本框中输入"-I_1C"，如图 7-116 所示。

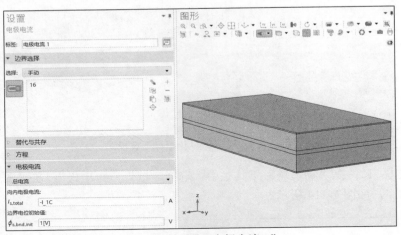

图 7-116　设置"电极电流 1"

设置"初始电池电荷分布 1"：在"模型开发器"窗口的"组件 1(comp1)"节点下，右击"锂离子电池(liion)"，选择"初始电池电荷分布"→"初始电池电荷分布"。在"初始电池电荷分布"设置窗口中，定位到"电池单元参数"栏，从"初始电池单元设置"列表中选择"初始电池荷电状态"，在"初始电池荷电状态"文本框中输入"0.9"，在"电池单元容量"文本框中输入"Q_cell"。在"模型开发器"窗口中，展开"初始电池电荷分布 1"节点，单击"负极选择 1"，在"图形"窗口中选择域 2；单击"正极选择 1"，在"图形"窗口中选择域 4，如图 7-117 所示。

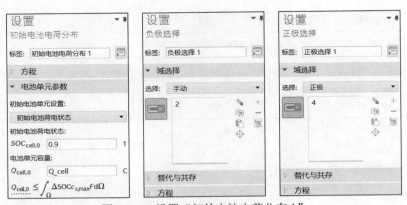

图 7-117　设置"初始电池电荷分布 1"

7. 网格划分

在"模型开发器"窗口的"组件 1(comp1)"节点下，右击"网格 1"，选择"边界生成器"→"映射"，在"图形"窗口中选择边界 16。在"模型开发器"窗口的"组件 1(comp1)"节点下，右击"网格 1"，选择"扫掠"，接着在"模型开发器"窗口中，右击"扫掠 1"，选择"分布",在"图形"窗口中选择域 2。在"分布"设置窗口中,定位到"分布"栏,从"分布类型"列表中选择"预定义",在"单元数"文本框中输入"15",在"单元大小比"文本框中输入"2",如图 7-118 所示。

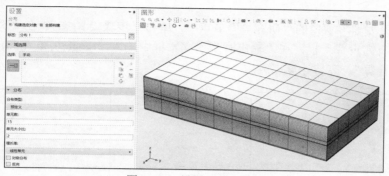

图 7-118 设置"分布 1"

在"模型开发器"窗口中,右击"扫掠 1",选择"分布",在"图形"窗口中选择域 4。在"分布"设置窗口中,定位到"分布"栏,从"分布类型"列表中选择"预定义",在"单元数"文本框中输入"15",在"单元大小比"文本框中输入"2",并选中最下面的"反向"复选框,如图 7-119 所示。

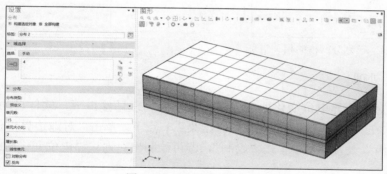

图 7-119 设置"分布 2"

在"模型开发器"窗口中,右击"扫掠 1",选择"分布",在"图形"窗口中选择域 3。在"分布"设置窗口中,定位到"分布"栏,从"分布类型"列表中选择"固定单元数",在"单元数"文本框中输入"4",单击"全部构建",如图 7-120 所示。

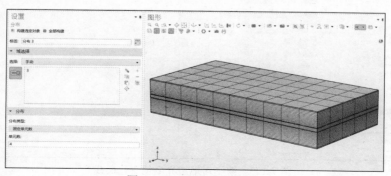

图 7-120 设置"分布 3"

在"模型开发器"窗口的"组件 1(comp1)"节点下，右击"网格 1"，选择"统计信息"，即可看到已划分网格的相关信息，如图 7-121 所示。

8. 计算

在"模型开发器"窗口的"研究 1"节点下，单击"步骤 2:瞬态"。在"瞬态"设置窗口中，定位到"研究设置"栏，在"输出时步"文本框中输入"range(0,30,1800)"，如图 7-122 所示。单击"计算"，等待计算完成。

图 7-121　已划分网格的相关信息

图 7-122　设置"步骤 2:瞬态"

9. 结果后处理

（1）生成对地边界电位变化曲线。在本示例的物理场接口下，软件自动生成"对地边界电极电位"。在"模型开发器"窗口的"结果"节点下，单击"对地边界电极电位(liion)"，在"一维绘图组"设置窗口中单击"绘制"，即可绘制出对地边界电位变化曲线，如图 7-123 所示。

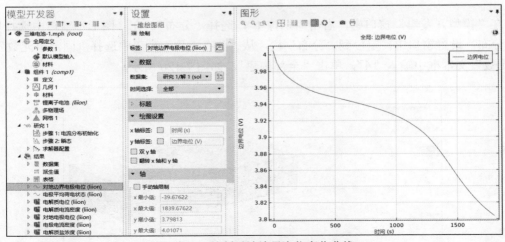

图 7-123　绘制对地边界电位变化曲线

（2）生成电极平均荷电状态图。在本示例的物理场接口下，软件自动生成"电极平均荷电状态"。在"模型开发器"窗口的"结果"节点下，单击"电极平均荷电状态(liion)"。在"电极平均荷电状态"设置窗口中，定位到"图例"栏，勾选"显示图例"复选框，从"位置"列表中选择"中间偏上"，然后单击"绘制"，如图7-124所示。

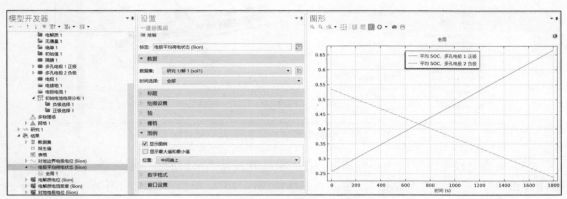

图7-124　绘制电极平均荷电状态图

（3）生成热源分布图。在"模型开发器"窗口中，右击"结果"，选择"三维绘图组"，生成"三维绘图组8"。在"三维绘图组8"工具栏中，单击"更多绘图"，选择"多切面"。在"多切面"设置窗口中，定位到"表达式"栏，单击"$\blacktriangleright$ ▾"图标，在菜单中选择"组件1(comp1)"→"锂离子电池"→"热源"→"liion.Qh-总功耗密度-W/m^3"；定位到"多平面数据"栏，在"Z平面"下方的"平面数"文本框中输入"0"，单击"绘制"，如图7-125所示。

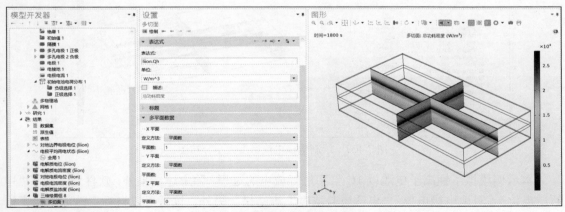

图7-125　绘制热源分布图

（4）生成电解质电流密度大小分布图。在"模型开发器"窗口的"结果"节点下，右击"三维绘图组8"，选择"复制粘贴"，生成"三维绘图组9"。单击"三维绘图组9"节点下的"多切面1"，在"多切面"设置窗口中，定位到"表达式"栏，单击"$\blacktriangleright$ ▾"图标，在菜单中选择"组件1(comp1)"→"锂离子电池"→"颗粒插层"→"liion.IlMag-电解质电流密度大小-A/m^2"，单击"绘制"，如图7-126所示。

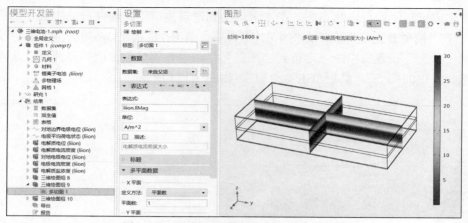

图 7-126　绘制电解质电流密度大小分布图

（5）生成电极电流密度大小分布图。在"模型开发器"窗口的"结果"节点下，右击"三维绘图组 9"，选择"复制粘贴"，生成"三维绘图组 10"。单击"三维绘图组 10"节点下的"多切面 1"，在"多切面"设置窗口中，定位到"表达式"栏，单击"![icon]"图标，在菜单中选择"组件 1 (comp1)"→"锂离子电池"→"颗粒插层"→"liion.IsMag-电极电流密度大小-A/m^2"，单击"绘制"，如图 7-127 所示。

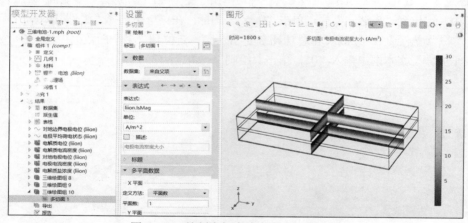

图 7-127　绘制电极电流密度大小分布图

本示例模拟了锂离子电池以 1C 倍率进行放电的过程，除上述结果外，软件还生成了"电解质电位""对地电极电位""电解质盐浓度"等结果。另外，读者可以自行更改放电倍率进行仿真分析，或者对电池充电过程进行仿真分析。

练习题

1. 钢筋广泛应用于各种建筑结构。然而，当钢筋出现腐蚀后会严重影响建筑的质量，这就需要采取有效的措施来减轻钢筋的腐蚀。阴极保护是减轻钢筋腐蚀的常用措施，本练习使用

"三次分布,支持电解质(tcd)"接口,建立二维的钢筋腐蚀防护模型。其几何结构如图 7-128 所示,锌电极涂覆在混凝土上,电解质电导率和氧扩散率取决于孔隙饱和度,如表 7-1 所示。孔隙饱和度为 0.5,氧浓度为 8.5mol/m³,锌阳极接地,钢筋外部电位设置为 –1.2V,钢筋边界有铁氧化、氧还原和氢释放 3 种电极反应,电极反应参数如表 7-2 所示。

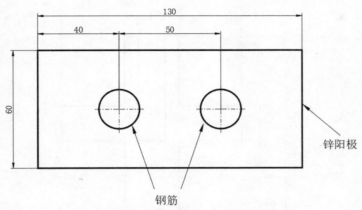

图 7-128 钢筋腐蚀防护模型的几何结构(单位:mm)

表 7-1　　　　　　　　　　孔隙饱和度与电解质电导率、氧扩散率的关系

孔隙饱和度	电解质电导率/(s·m⁻¹)	氧扩散率/(m²·s⁻¹)
0.2	0.000175	152×10^{-10}
0.3	0.000815	115×10^{-10}
0.4	0.002	83×10^{-10}
0.5	0.004878	49×10^{-10}
0.6	0.007042	28×10^{-10}
0.7	0.009804	15×10^{-10}
0.8	0.015625	8.5×10^{-10}

表 7-2　　　　　　　　　　　　　　电极反应参数

	铁	O_2	H_2	锌
交换电流密度 i_0/(A·m⁻²)	7.1×10^{-5}	7.7×10^{-7}	1.1×10^{-2}	—
塔菲尔斜率 A_c/(V·decade⁻¹)	0.40	–0.18	–0.15	—
平衡电位 E_{eq}/V	–0.77	0.19	–1	–0.68

2. 发动机的燃油喷射体内部由多个交叉孔组成供油管道,在管道的加工过程中,交叉孔的交汇处容易形成毛刺和锐边,在燃油喷射过程中,这些交汇处会产生较大的应力集中。为消除此类影响,我们利用电解加工技术去除毛刺和锐边。本练习在二维环境下建模,模型的几何结构如图 7-129 所示,电解质的电导率为 10S/m,阳极发生溶解的边界电势设置为 0V,

溶解物质的密度为 7.8g/cm^3，摩尔质量为 56g/mol，参与电子数 $n=2$；图中加粗部分为阴极，电势为–10V；平衡电位均为 0V，求解加工 300s 后的结果，观察管道的变形情况。

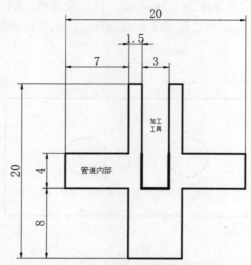

图 7-129　供油管道的几何结构（单位：mm）

3. 手机和笔记本电脑使用的都是锂离子电池，锂离子电池是现代高性能电池的代表，它是一种二次电池，可以进行充放电。本练习将对锂离子电池进行充放电的仿真，图 7-130 所示为锂离子电池的几何结构，隔膜厚 0.05mm，材料为"LiPF6 in 1:2 EC:DMC and p(VdF-HFP) (Polymer, Li-ion Battery)"；正极厚 0.1mm，材料为 "LMO, LiMn2O4 Spinel (Positive, Li-ion Battery)"；负极厚 0.1mm，材料为 "Graphite, LixC6 MCMB (Negative, Li-ion Battery)"。要求先以 0.08 A 的电流对其充电 30min，再静置 5min，接着以 0.08 A 的电流放电 30min，观察两极荷电状态的变化等。

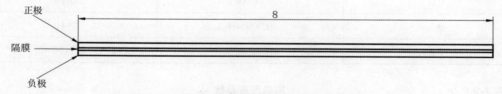

图 7-130　锂离子电池的几何结构（单位：mm）

第8章 耦合分析

8.1 COMSOL 中的多物理场耦合

在有限元技术发展初期，由于计算资源非常稀缺，通常只能探讨各种孤立的物理效应。然而现实生活中的各类物理现象并不是孤立发生的，想要准确获得某些事物发展的规律，通常需要考虑多种物理场的共同耦合作用，这时就需要用到多物理场耦合。

COMSOL 内置有丰富的物理场接口，提供了电磁、结构、声学、流体流动、传热和化工等领域的专业分析工具，相比其他有限元仿真软件，COMSOL 最大的优势在于能提供极高的多物理场耦合自由度，可让用户方便地完成满足多种需求的多物理场耦合设置。本章对 COMSOL 中常用的多物理场耦合类型进行介绍，帮助读者熟悉 COMSOL 中多物理场耦合设置的方法。

8.1.1 常见的内置多物理场接口

1. 非等温流动

当流体温度发生变化时，其材料属性也会相应地发生变化，这些变化可能大到足以改变流体的流动，并会反作用于温度的传递，这类问题可用"非等温流动"多物理场接口进行分析。通常情况下，"非等温流动"在"组件 1(comp1)"→"多物理场"节点下。在进入"选择物理场"界面，选择"流体流动"→"非等温流动"或者选择"传热"→"共轭传热"节点下等相关物理场时，"非等温流动"会被自动添加到"组件 1(comp1)"→"多物理场"节点下。

使用"非等温流动"能方便地将流体接口与传热接口进行耦合，其中流体接口包含了蠕动流、层流和湍流，传热接口包括了固体传热和流体传热。"非等温流动"支持稳态和瞬态求解，配合求解器的设置，"非等温流动"既能处理单向耦合问题，也能处理双向耦合问题（只考虑流体流动对温度传递的影响，忽略温度传递对流体流动的影响，这类属于单向耦合问题，当同时考虑流体流动与温度传递的相互影响时，属于双向耦合问题）。

2. 流-固耦合

流-固耦合（FSI）是描述流体动力学和结构力学之间作用规律的多物理场耦合接口，可以将流体接口与固体力学接口进行耦合。通常情况下，"流-固耦合"在"组件 1(comp1)"→"多物理场"节点下。当考虑到固体为装配体时，还可以使用"流固耦合，对接口"。在进入"选择物理场"界面，选择"流体流动"→"流固耦合"或者选择"结构力学"→"流固耦合"节点下等相关物理场时，"流-固耦合"会被自动添加到"组件 1(comp1)"→"多物理场"节点下。

当流动的流体与固体结构接触时，固体会受到应力和应变作用，这些力会使结构产生变形。

当固体的变形量足够大时，会反作用于流体的流动，这类属于流-固双向耦合问题，"流-固耦合"多物理场接口需要配合"变形域"进行仿真。当固体的变形量很小可以忽略对流体流动影响的时候，这类属于流-固单向耦合问题，可以无须添加"变形域"，或者通过修改"流-固耦合"设置窗口中"固定几何"栏下的"固定几何耦合类型"列表实现具体需求。

3．热膨胀

固体分子通常是紧密排列的，因此固体具有一定的结构形状。随着温度的上升，分子开始以更快的速度振动，并相互推挤。这一过程使相邻原子间的距离增大，引起固体发生膨胀，进而使固体结构的体积增大，这类问题可用 COMSOL 内置的"热膨胀"多物理场接口进行分析。"热膨胀"可以将固体力学接口与传热接口进行耦合，通常情况下，"热膨胀"在"组件 1(comp1)"→"多物理场"节点下。在进入"选择物理场"界面，选择"结构力学"→"热-结构相互作用"节点下相关物理场时，"热膨胀"会被自动添加到"组件 1(comp1)"→"多物理场"节点下。

当固体力学部分足够薄，可以用 COMSOL 固体力学接口中的"壳"或"膜"进行分析的时候，"热膨胀"可衍生出"多层热膨胀"多物理场接口。进一步，当在一个模型中同时添加"热膨胀"多物理场接口和"流-固耦合"多物理场接口时，可将流体接口、传热接口和固体力学接口三场进行耦合分析。

4．压电效应

压电效应是指某些材料在机械应力作用下产生的电极化强度发生改变的现象。这种与应力相关的极化强度变化，具体表现为整个材料会产生可测量的电势差，称之为正压电效应，逆压电效应则指的是这些材料在电场作用下产生变形的现象。COMSOL 内置的"压电效应"多物理场接口能将电场接口与固体力学接口进行耦合，通常情况下，"压电效应"在"组件 1(comp1)"→"多物理场"节点下。在进入"选择物理场"界面，选择"结构力学"→"电磁-结构相互作用"→"压电"节点下相关物理场时，"压电效应"会被自动添加到"组件 1(comp1)"→"多物理场"节点下，同时 COMSOL 会在固体力学接口和电场接口中分别自动添加"压电材料 1"和"电荷守恒，压电 1"域边界条件，"压电效应"多物理场接口需要与"压电材料 1"和"电荷守恒，压电 1"一同配合使用。

"压电效应"多物理场接口可分析正压电效应和逆压电效应，可通过与其他多物理场接口配合使用，实现多领域的分析研究。

8.1.2　自定义多物理场耦合

多物理场耦合的本质是将互相影响的物理场之间的变量进行关联，以实现多个物理场之间的相互作用。当在 COMSOL 中找不到相应的多物理场接口来分析研究对象时，就需要用户通过自定义的方式将所分析的物理场进行关联，自定义多物理场耦合通常要求用户具有较好的数学基础。以下就几种常见的自定义多物理场耦合方法进行说明。

1．电液耦合

电流体动力学（electro-hydro dynamics，EHD）打印是一种新型聚合物金属纳米颗粒复合材料的 3D 打印技术，是目前增材制造研究中的重点发展领域之一。在电场的作用下，喷嘴底部的液滴会形成独特的"泰勒锥"，最终形成纳米级射流。对于这类电液耦合问题，很多学者都通过自定义的方式，引入麦克斯韦张量来实现电场接口和多相流接口的耦合。在 COMSOL 变量中定义出麦克斯韦张量，并通过麦克斯韦张量定义电流体受到的电场体积力，然后通过流体接口的"体积力"域边界条件调用在变量中定义的体积力，实现电场接口与多相流接口的耦合。

2．多相流中的非等温流动耦合

目前 COMSOL 的"非等温流动"多物理场接口只支持单相流，要想在"两相流，相场"或者"两相流，水平集"物理场接口中实现非等温流动，则需要用户做一些简单的自定义。

下面主要以相场接口为例进行说明。对于分离多相流模型，流体流动中的速度、压力和温度的传递可通过"两相流，相场"多物理场接口和"非等温流动"多物理场接口实现关联。但是目前"两相流，相场"多物理场接口和"非等温流动"多物理场接口无法自动识别由于两相流运动导致计算区域中流体材料属性发生迁移和变化的情况，因此需要用户对材料属性进行重新的自定义，即先在 COMSOL"参数"设置窗口中定义好两相流体材料的各类物性参数，再根据这些参数定义出计算区域中整体流体材料属性变量，最后在传热接口的"流体"域边界条件下调用变量中的流体材料物性参数，以实现"两相流，相场"多物理场接口和"非等温流动"多物理场接口的完全耦合（这种定义材料属性的方式经常用于需要将"两相流，相场"与其他物理场接口进行耦合的情况）。

除了上述这些耦合，COMSOL Multiphysics 还可以实现声振耦合、热力耦合、热声耦合、结构-热-光学耦合、电热耦合、声固耦合等耦合分析，具体可以根据实际情况将需要的物理场耦合在一起进行分析。

8.2　基于温差驱动的微混合分析

当流体内部存在温差并且导致各部分流体的密度不同时，在重力的作用下流体密度的差异会产生浮力，由浮力引起的流体内部流动的情况即为自然对流。利用自然对流可设计一种基于温差驱动的微混合器，它具有结构简单、可靠性高、方便加工等特点。

本示例用二维模型进行分析，图 8-1 所示为微混合器的密封混合腔，其中底部小矩形装有需要被稀释混合的溶液，大矩形左下端恒温 10℃，右上端恒温 20℃。混合腔内的流体选用 COMSOL 内置材料库中的材料"Water,liquid"，（COMSOL 内置材料"Water，liquid"的密度与温度有关，因此可以考虑不同温度下水的密度变化情况）。在初始时刻，混合腔底部小矩形装有 1mol/m^3 的稀物质，其扩散系数为 $1×10^{-14}$ m^2/s。

具体计算过程如下。

1．模型向导

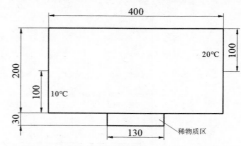

图 8-1　密封混合腔尺寸（单位：μm）

打开 COMSOL Multiphysics 软件，单击"模型向导"进入"选择空间维度"，单击"二维"进入"选择物理场",选择"流体流动"→"非等温流动"→"层流",单击"添加。选择"化学稀物质"→"稀物质传递(tds)",单击"研究"进入"选择研究",选择"一般研究"→"瞬态",单击"完成",进入 COMSOL 建模界面。

2．几何构建

在"模型开发器"窗口的"组件 1(comp1)"节点下,单击"几何 1"。在"几何"设置窗口中,定位到"单位"栏,从"长度单位"列表中选择"μm"。

构建"矩形 1":在"几何"工具栏中,单击"矩形"。在"矩形"设置窗口中,定位到"大小和形状"栏,在"宽度"文本框中输入"400",在"高度"文本框中输入"200";定位到"位置"栏,从"基准"列表中选择"居中";单击"构建所有对象",如图 8-2 所示。

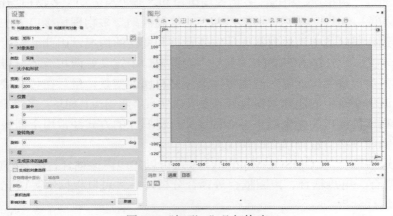

图 8-2　"矩形 1"几何构建

构建"矩形 2":在"几何"工具栏中,单击"矩形"。在"矩形"设置窗口中,定位到"大小和形状"栏,在"宽度"文本框中输入"130",在"高度"文本框中输入"30";定位到"位置"栏,从"基准"列表中选择"居中",在"y"文本框中输入"–115";单击"构建所有对象",如图 8-3 所示。

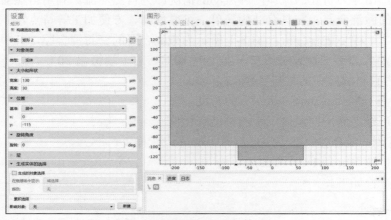

图 8-3　"矩形 2"几何构建

构建"多边形 1"：在"几何"工具栏中，单击"多边形"。在"多边形"设置窗口中，定位到"坐标"栏，按图8-4所示的坐标进行设置，单击"构建所有对象"。

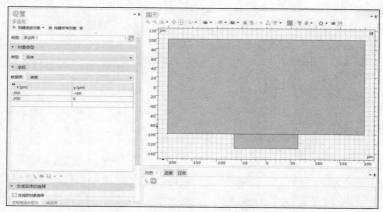

图 8-4 "多边形 1"几何构建

构建"多边形 2"：在"几何"工具栏中，单击"多边形"。在"多边形"设置窗口中，定位到"坐标"栏，按图8-5所示的坐标进行设置，单击"构建所有对象"。

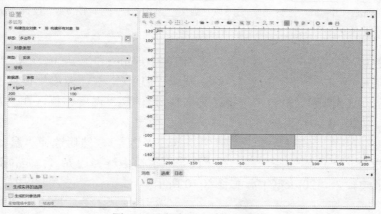

图 8-5 "多边形 2"几何构建

在"模型开发器"窗口中，单击"形成联合体(fin)"。在"形成联合体/装配"设置窗口中，单击"全部构建"。在"图形"工具栏中，单击"缩放到窗口大小"按钮。

3. 添加材料

在"模型开发器"窗口的"组件 1(comp1)"节点下，右击"材料"，选择"从库中添加材料"。在"添加材料"窗口中，选择"内置材料"→"Water,liquid"，单击"添加到组件"，单击"关闭"，关闭"添加材料"窗口。"Water，liquid"材料的属性如图8-6所示。

4. 边界条件设置

（1）"层流(spf)"。

启用"重力"：在"模型开发器"窗口的"组件 1(comp1)"节点下，单击"层流(spf)"。

在"层流"设置窗口中，定位到"物理模型"栏，选中"包含重力"复选框，如图 8-7 所示。注：需要考虑重力才能产生热浮力流。

设置"压力点约束 1"：在"物理场"工具栏中，单击"点"，然后选择"压力点约束"。在"压力点约束"设置窗口中，定位到"点选择"栏，在"图形"窗口中选择点 3，如图 8-8 所示。

图 8-6　添加"Water，liquid"材料

图 8-7　启用"重力"

图 8-8　设置"压力点约束 1"

（2）"流体传热(ht)"。

设置"温度 1"：在"模型开发器"窗口的"组件 1(comp1)"节点下，单击"流体传热(ht)"。在"物理场"工具栏中，单击"边界"，然后选择"温度"。在"温度"设置窗口中，定位到"边界选择"栏，在"图形"窗口中选择边界 11；定位到"温度"栏，在"T_0"文本框中输入"10[degC]"，如图 8-9 所示。

设置"温度 2"：在"物理场"工具栏中，单击"边界"，然后选择"温度"。在"温度"设置窗口中，定位到"边界选择"栏，在"图形"窗口中选择边界 1；定位到"温度"栏，在"T_0"文本框中输入"20[degC]"，如图 8-10 所示。

图 8-9　设置"温度 1"

图 8-10　设置"温度 2"

（3）"稀物质传递(tds)"。

设置"传递属性1"：在"模型开发器"窗口的"组件1(comp1)"→"稀物质传递(tds)"节点下，单击"传递属性1"。在"传递属性"设置窗口中，定位到"对流"栏，从"速度场"列表中选择"速度场(nitf1)"；定位到"扩散"栏，在"D_c"文本框中输入"1e-14[m^2/s]"，如图8-11所示。

设置"初始值2"：在"物理场"工具栏中，单击"域"，然后选择"初始值"。在"初始值"设置窗口中，定位到"域选择"栏，在"图形"窗口中选择域2；定位到"初始值"栏，在"c"文本框中输入"1"，如图8-12所示。

图8-11 设置"传递属性1"

图8-12 设置"初始值2"

5．网格划分

构建"自由四边形网格1"：在"模型开发器"窗口的"组件1(comp1)"节点下，右击"网格"，选择"自由四边形网格"。在"自由四边形网格"设置窗口中，定位到"边界选择"栏，在"图形"窗口中选择边界1。在"模型开发器"窗口的"网格"节点下，单击"大小"。在"大小"设置窗口中，定位到"单元大小"栏，从"校准为"列表中选择"流体动力学"，单击"全部构建"，如图8-13所示。

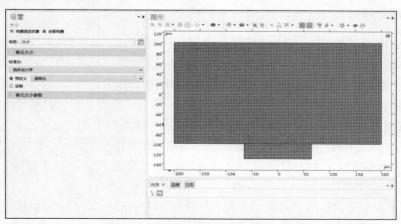

图8-13 构建"自由四边形网格1"

构建"边界层 1"：在"模型开发器"窗口的"组件 1(comp1)"节点下，右击"网格"，选择"边界层"。在"模型开发器"窗口的"网格"节点下，单击"边界层 1"→"边界层属性"。在"边界层属性"设置窗口中，定位到"边界选择"栏，在"图形"窗口中选择边界 1～边界 6 和边界 8～边界 11；定位到"层"栏，在"层数"文本框中输入"3"，在"厚度调节因子"文本框中输入"5"；单击"全部构建"，如图 8-14 所示。

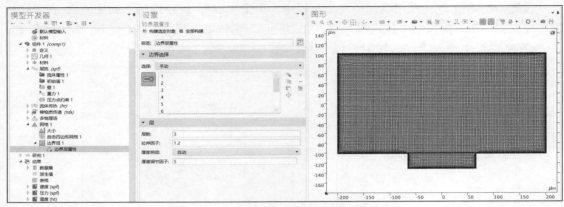

图 8-14　构建"边界层 1"

在"模型开发器"窗口的"组件 1(comp1)"节点下，右击"网格 1"，选择"统计信息"，即可看到已划分网格的相关信息，如图 8-15 所示。

6．计算

在"模型开发器"窗口的"组件 1(comp1)"→"研究 1"节点下，单击"步骤 1：瞬态"。在"瞬态"设置窗口中，定位到"研究设置"栏，从"时间单位"列表中选择"min"，在"输出时步"文本框中输入"range(0,0.01,30)"。单击"计算"，等待计算完成。

7．结果后处理

当 COMSOL 计算完成后，会在"模型开发器"窗口的"结果"节点下自动生成"速度(spf)""压力(spf)""温度(ht)""等温线(ht)"和"浓度(tds)"等结果，如需其他后处理结果，则需用户手动生成。

（1）生成浓度分布图。在"模型开发器"窗口的"结果"节点下，右击"浓度(tds)"，选择"复制粘贴"。在"模型开发器"窗口的"结果"→"浓度(tds)1"节点下，右击"流线 1"，选择"删除"，在"确认删除"对话框中单击"是(Y)"。

图 8-15　已划分网格的相关信息

在"模型开发器"窗口的"结果"节点下，单击"浓度(tds)1"。在"二维绘图组"设置窗口中，定位到"绘图阵列"栏，选中"启用"复选框，从"阵列形状"列表中选择"正方形"。

在"模型开发器"窗口的"结果"→"浓度(tds)1"节点下,单击"表面 1"。在"表面"设置窗口中,定位到"数据"栏,从"数据集"列表中选择"研究 1/解 1(sol1)"。

在"模型开发器"窗口的"结果"→"浓度(tds)1"节点下,右击"表面 1",选择"复制粘贴"。在"表面"设置窗口中,定位到"数据"栏,从"时间(min)"列表中选择"6";定位到"着色和样式"栏,取消选中"颜色图例"复选框。

在"模型开发器"窗口的"结果"→"浓度(tds)1"节点下,右击"表面 2",选择"复制粘贴"。在"表面"设置窗口中,定位到"数据"栏,从"时间(min)"列表中选择"12"。

在"模型开发器"窗口的"结果"→"浓度(tds)1"节点下,右击"表面 2",选择"复制粘贴"。在"表面"设置窗口中,定位到"数据"栏,从"时间(min)"列表中选择"18"。

在"模型开发器"窗口的"结果"→"浓度(tds)1"节点下,右击"表面 2",选择"复制粘贴"。在"表面"设置窗口中,定位到"数据"栏,从"时间(min)"列表中选择"24"。

在"模型开发器"窗口的"结果"→"浓度(tds)1"节点下,右击"表面 2",选择"复制粘贴"。在"表面"设置窗口中,定位到"数据"栏,从"时间(min)"列表中选择"30",单击"绘制"。

如图 8-16 所示,生成浓度分布图。从图中可以看到混合腔内的流体在温差的作用下产生了顺时针的转动,并带动稀物质进行混合,但是混合腔小矩形的底部靠近壁面处的混合效果并不理想。

(2)生成速度场图。在"模型开发器"窗口的"结果"节点下,右击"速度(spf)",选择"复制粘贴"。在"模型开发器"窗口的"结果"节点下,右击"速度(tds)1",选择"流线"。在"流线"设置窗口中,定位到"流线定位"栏,从"定位"列表中选择"均匀密度";定位到"着色和样式"栏,从"类型"列表中选择"箭头",单击"绘制"。生成的速度场图如图 8-17 所示。

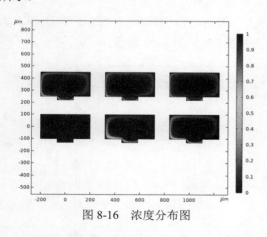

图 8-16　浓度分布图

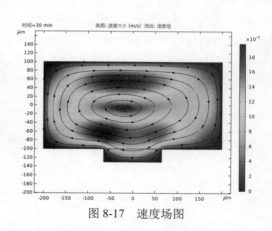

图 8-17　速度场图

由图 8-16 和图 8-17 可以看出,本示例所分析的基于温差驱动的微混合器起到了微流体的效果,但是混合腔中还存在死角,在靠近小矩形底部壁面处的微流体还无法充分混合,因此在后续设计和改进的过程中,应考虑如何进一步促进该区域微流体的流动。

8.3 柔性单向阀流固耦合分析

在微流控领域中，由于微通道尺寸的限制，普通的单向阀结构不再适用于控制流体的传输。根据微通道本身的特点，国内外学者提出了许多可以使微通道产生单向流动的方法，目前较为成熟的是使用锥形单向流道和柔性单向阀两种方法。本节对柔性单向阀进行建模，利用 COMSOL 的流固耦合接口对柔性单向阀的工作原理进行分析。

本示例采用二维轴对称进行几何的绘制，下端为入口，上端为出口，将其几何模型从外部导入至 COMSOL 中，如图 8-18 所示。微流道中的流体为水，密度为 $1000kg/m^3$，动力黏度为 $0.001Pa \cdot s$；柔性阀采用的固体材料密度为 $970kg/m^3$，杨氏模量为 10kPa，泊松比为 0.499。

具体计算过程如下。

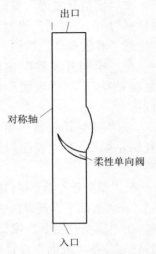

图 8-18 柔性单向阀的几何模型

1. 模型向导

打开 COMSOL Multiphysics 软件，单击"模型向导"进入"选择空间维度"，单击"二维轴对称"进入"选择物理场"，选择"流体流动"→"流-固耦合"→"流-固耦合"，单击"添加"。单击"研究"进入"选择研究"，选择"一般研究"→"瞬态"，单击"完成"，进入 COMSOL 建模界面。

2. 几何构建

在"模型开发器"窗口的"组件 1(comp1)"节点下，单击"几何 1"。在"几何"设置窗口中，定位到"单位"栏，从"长度单位"列表中选择"μm"。

在"几何"工具栏中，单击"导入"。在"导入"设置窗口中，单击"浏览"，选择"柔性单向阀几何模型"所在的路径，单击"构建所有对象"，如图 8-19 所示。

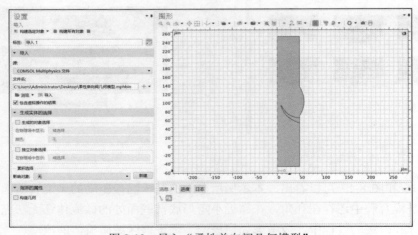

图 8-19 导入"柔性单向阀几何模型"

在"模型开发器"窗口中，单击"形成联合体(fin)"。在"形成联合体/装配"设置窗口中，单击"全部构建"。在"图形"工具栏中，单击"缩放到窗口大小"按钮。

3．添加材料

添加"water"：在"模型开发器"窗口的"组件1(comp1)"节点下，右击"材料"，选择"空材料"。在"材料"设置窗口的"标签"文本框中输入"water"；定位到"几何实体选择"栏，只选择域1；定位到"材料属性明细"栏，在"密度"文本框中输入"1000"，在"动力黏度"文本框中输入"0.001"，如图8-20所示。

添加"solid"：在"模型开发器"窗口的"组件1(comp1)"节点下，右击"材料"，选择"空材料"。在"材料"设置窗口的"标签"文本框中输入"solid"；定位到"几何实体选择"栏，在"图形"窗口中选择域2；定位到"材料属性明细"栏，在"密度"文本框中输入"970"，在"杨氏模量"文本框中输入"1e4"，在"泊松比"文本框中输入"0.499"，如图8-21所示。

图 8-20　添加"water"材料

图 8-21　添加"solid"材料

4．边界条件设置

（1）"层流(spf)"

设置"层流(spf)"：在"模型开发器"窗口的"组件1(comp1)"节点下，单击"层流(spf)"。在"层流"设置窗口中，定位到"域选择"栏，只选择域1，如图8-22所示。

设置"开放边界1"：在"模型开发器"窗口的"组件1(comp1)"节点下，单击"层流(spf)"。在"物理场"工具栏中，单击"边界"，然后选择"开放边界"。在"开放边界"设置窗口中，定位到"边界选择"栏，在"图形"窗口中选择边界2；定位到"边界条件"栏，在"f_0"文本框中输入"40*sin(10*2*pi*t[1/s])"，如图8-23所示。

设置"开放边界2"：在"模型开发器"窗口的"组件1(comp1)"节点下，单击"层流(spf)"。在"物理场"工具栏中，单击"边界"，然后选择"开放边界"。在"开放边界"设置窗口中，定位到"边界选择"栏，选择边界6；定位到"边界条件"栏，在"f_0"文本框中输入

"-40*sin(10*2*pi*t[1/s])"，如图 8-24 所示。

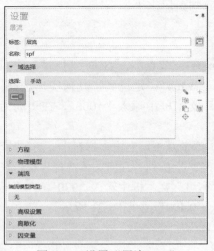

图 8-22　设置"层流(spf)"

图 8-23　设置"开放边界 1"

图 8-24　设置"开放边界 2"

（2）"固体力学(solid)"。在"模型开发器"窗口的"组件 1(comp1)"节点下，单击"固体力学(solid)"。在"物理场"工具栏中，单击"边界"，然后选择"固定约束"。在"固定约束"设置窗口中，定位到"边界选择"栏，选择边界 8，如图 8-25 所示。

（3）"动网格"。在"模型开发器"窗口的"组件 1(comp1)"→"动网格"节点下，单击"变形域 1"。在"变形域"设置窗口中，定位到"域选择"栏，选择域 1，如图 8-26 所示。

图 8-25　设置"固定约束 1"

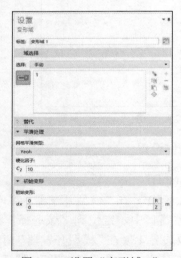

图 8-26　设置"变形域 1"

5．网格划分

在"模型开发器"窗口的"组件 1(comp1)"节点下，单击"网格 1"。在"网格"设置窗口中，单击"全部构建"；定位到"序列类型"栏，从列表中选择"用户控制网格"。在"模型开发器"窗口的"组件 1(comp1)"→"网格"节点下，右击"边界层 1"，选择"删除"，单击"全部构建"。划分的网格如图 8-27 所示。

在"模型开发器"窗口的"组件 1(comp1)"节点下，右击"网格 1"，选择"统计信息"，即可看到已划分网格的相关信息，如图 8-28 所示。

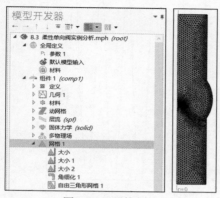

图 8-27　网格划分

图 8-28　已划分网格的相关信息

6. 计算

在"模型开发器"窗口的"组件 1(comp1)"→"研究 1"节点下，单击"步骤 1:瞬态"。在"瞬态"设置窗口中，定位到"研究设置"栏，在"输出时步"文本框中输入"range(0,0.0125,1)"。注意：开放边界的压力变化是由周期为 0.1s 的正弦函数控制的，因此输出时步的设置最好为该周期的分数，能整除该周期。

在"模型开发器"窗口的"组件 1(comp1)"节点下，右击"研究 1"，选择"获取初始值"。

在"模型开发器"窗口的"组件 1(comp1)"→"研究 1"→"求解器配置"→"瞬态求解器 1"节点下，单击"分离 1"。在"分离"设置窗口中，定位到"常规"栏，在"最大迭代次数"文本框中输入"30"。单击"计算"，等待计算完成。

7. 结果后处理

当 COMSOL 计算完成后，6 组默认的结果会在"模型开发器"窗口的"结果"节点下自动生成，如需其他后处理结果，则需用户手动生成。

（1）生成出口流量图。在"模型开发器"窗口的"结果"节点下，右击"派生值"，选择"积分"→"线积分"。在"线积分"设置窗口中，定位到"选择"栏，选择边界 6；定位到"表达式"栏，在"表达式"文本框中输入"w_fluid"，单击"计算"。

在"结果"工具栏中，单击"一维绘图组"。在"一维绘图组"设置窗口的"标签"文本框中输入"出口流量图"。在"模型开发器"窗口的"结果"节点下，右击"出口流量图"，选择"表图"。在"表图"设置窗口中，定位到"图例"栏，勾选"显示图例"复选框，从"图例"列表中选择"手动"，在"图例"文本框中输入"出口流量(m³/s)"，单击"绘制"。

图 8-29 所示为生成的出口流量图。可以看到，有明显的回流，这是由于在逆流时柔性阀没有完全闭合导致的，但是从图中可以看到正向流量的最大值约为 12×10^{-12}m³/s，反向流量的

最大值约为 $6.4×10^{-12}\text{m}^3/\text{s}$，因此柔性阀能产生宏观上的单向流动。

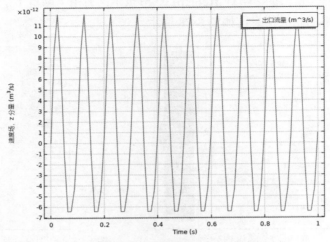

图 8-29　生成的出口流量图

（2）生成阀门孔径图。在"模型开发器"窗口的"结果"节点下，右击"派升值"，选择"积分"→"线最小值"。在"线最小值"设置窗口中，定位到"选择"栏，选择边界 13；定位到"表达式"栏，在"表达式"文本框中输入"r"，单击"计算"。

在"结果"工具栏中，单击"一维绘图组"。在"一维绘图组"设置窗口的"标签"文本框中输入"阀门孔径图"。

在"模型开发器"窗口的"结果"节点下，右击"阀门孔径图"，选择"表图"。在"表图"设置窗口中，定位到"数据"栏，从"表格"列表中选择"表格 2"；定位到"图例"栏，勾选"显示图例"复选框，从"图例"列表中选择"手动"，在"图例"文本框中输入"阀门孔径(μm)"，单击"绘制"。

图 8-30 所示为生成的阀门孔径图。可以看到，柔性阀闭合时孔径约为 13.38μm，柔性阀张开时孔径约为 17.25μm。

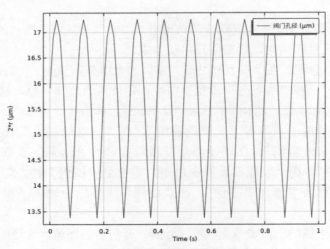

图 8-30　生成的阀门孔径图

（3）生成三维速度图。在"模型开发器"窗口的"结果"节点下，右击"应力, 3D(solid)"，选择"复制粘贴"。在"模型开发器"窗口的"结果"节点下，单击"应力, 3D(solid)1"，在"三维绘组图"设置窗口的"标签"文本框中输入"三维速度 1"。

在"模型开发器"窗口的"结果"节点下，右击"三维速度 1"，选择"切面"。在"切面"设置窗口中，定位到"平面数据"栏，从"平面"列表中选择"zx 平面"，在"平面数"文本框中输入"1"。

在"模型开发器"窗口的"结果"节点下，右击"三维速度 1"，选择"流线"。在"流线"设置窗口中，定位到"着色和样式"栏，从"点样式"的"类型"列表中选择"锥头"，从"颜色"列表中选择"黑色"，单击"绘制"。

图 8-31 所示为生成的三维速度图，可供用户观察内部流动状况。

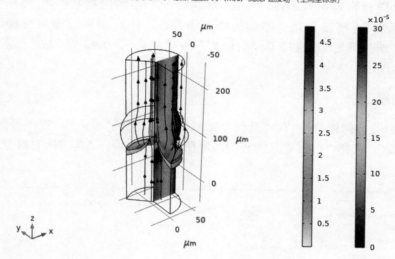

图 8-31　生成的三维速度图

8.4　精密过滤器密封盖的可靠性分析

精密过滤器（又称作保安过滤器）的筒体外壳一般采用不锈钢材质制造，内部采用 PP 熔喷、线烧、折叠、钛滤芯、活性炭滤芯等管状滤芯作为过滤元件，用于各种悬浮液的固液分离。一般工况下，精密过滤器的内部压强可达 0.1～1MPa，内部温度可达 65°左右，因此在设计之初有必要对精密过滤器的密封盖进行可靠性分析。

本示例设计了一款精密过滤器的密封盖，并对其在多组工况下进行分析。密封盖的几何模型从外部导入 COMSOL 进行仿真，如图 8-32 所示。密封盖周围有 4 个缩紧孔用于和筒体的锁紧，在压强 0.3～0.8MPa、温度恒定 65℃工况下工作，材质选用 COMSOL 内置材料库中的材料 Steel AISI 4340。

具体计算过程如下。

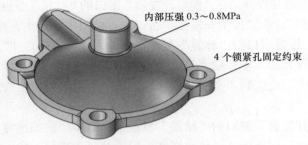

图 8-32　密封盖几何模型

1．模型向导

打开 COMSOL Multiphysics 软件，单击"模型向导"进入"选择空间维度"，单击"三维"进入"选择物理场"，选择"结构力学"→"热-结构相互作用"→"热应力，固体"，单击"添加"（在左下角"添加的物理场接口"中会出现已添加的物理场）。单击"研究"进入"选择研究"，选择"一般研究"→"稳态"，单击"完成"，进入 COMSOL 建模界面。

2．几何构建

导入"密封盖几何模型"：在"几何"工具栏中，单击"导入"。在"导入"设置窗口中，单击"浏览"，选择"密封盖几何模型"所在的路径，单击"构建所有对象"，如图 8-33 所示。

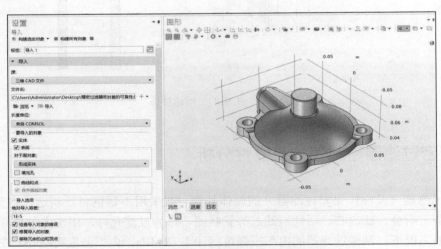

图 8-33　导入"密封盖几何模型"

添加"移除细节 1"：在"几何"工具栏中，单击"移除细节"。在"移除细节"设置窗口中，单击"构建所有对象"（移除细节用于优化外部导入的几何模型，自动修补几何中的缺陷），如图 8-34 所示。

在"模型开发器"窗口中，单击"形成联合体(fin)"。在"形成联合体/装配"设置窗口中，单击"全部构建"。在"图形"工具栏中，单击"缩放到窗口大小"按钮。

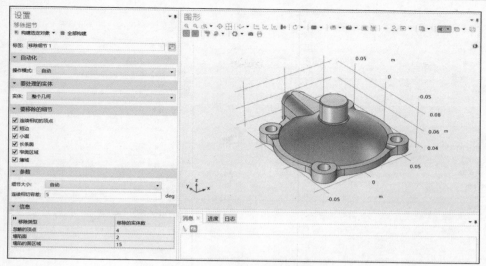

图 8-34　添加"移除细节 1"

3．添加材料

在"模型开发器"窗口的"组件 1(comp1)"节点下，右击"材料"，选择"从库中添加材料"。在"添加材料"窗口中，选择"内置材料"→"Steel AISI 4340"，单击"添加到组件"，单击"关闭"，关闭"添加材料"窗口。所添加材料的属性如图 8-35 所示。

4．边界条件设置

（1）"固体力学(solid)"。

设置"安全性 1"：在"模型开发器"窗口的"组件 1(comp1)"→"固体力学(solid)"节点下，右击"线弹性材料 1"，选择"变量"→"安全性"。在"安全性"设置窗口中，定位到"失效模型"栏，从"抗拉强度：σ_{ts}"列表中选择"用户定义"，在"σ_{ts}"文本框中输入"960[MPa]"，如图 8-36 所示。

设置"固定约束 1"：在"模型开发器"窗口的"组件 1(comp1)"节点下，单击"固体力学(solid)"。在"物理场"

图 8-35　添加"Steel AISI 4340"材料

工具栏中，单击"边界"，然后选择"固定约束"。在"固定约束"设置窗口中，定位到"边界选择"栏，在"图形"窗口中选择边界 15～边界 18 和边界 105～边界 108，如图 8-37 所示。

设置"边界载荷 1"：在"模型开发器"窗口的"全局定义"节点下，单击"参数 1"，按图 8-38 所示的参数进行设置。在"物理场"工具栏中，单击"边界"，然后选择"边界载荷"。在"边界载荷"设置窗口中，定位到"边界选择"栏，在"图形"窗口中选择边界 14，边界 30～边界 36，边界 38，边界 39，边界 42，边界 43，边界 46～边界 49，边界 59～边界 77，边界 79～边界 81，边界 85，边界 86，边界 90～边界 93；定位到"力"栏，从"载荷类型"列表中选择"压力"，在"p"文本框中输入"p_in"，如图 8-39 所示。

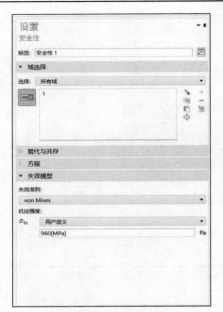

图 8-36　设置"安全性 1"

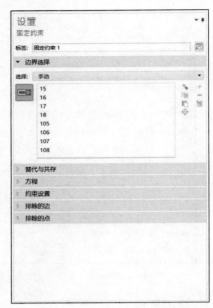

图 8-37　设置"固定约束 1"

图 8-38　设置"参数 1"

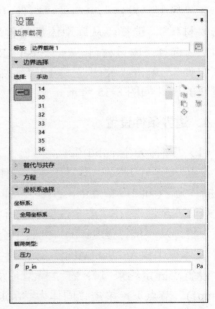

图 8-39　设置"边界载荷 1"

（2）"固体传热(ht)"。

设置"温度 1"：在"模型开发器"窗口的"组件 1(comp1)"节点下，单击"固体传热(ht)"。在"物理场"工具栏中，单击"边界"，然后选择"温度"。在"温度"设置窗口中，定位到"边界选择"栏，在"图形"窗口中选择边界 14，边界 30～边界 36，边界 38，边界 39，边界 42，边界 43，边界 46～边界 49，边界 59～边界 77，边界 79～边界 81，边界 85，边界 86，边界 90～边界 93；定位到"温度"栏，在"T_0"文本框中输入"65[degC]"，如图 8-40 所示。

设置"热通量 1"：在"物理场"工具栏中，单击"边界"，然后选择"热通量"。在"热通量"

设置窗口中，定位到"边界选择"栏，在"图形"窗口中选择边界1，边界2，边界4～边界11，边界15～边界29，边界37，边界40，边界41，边界44，边界45，边界51～边界58，边界84，边界87～边界89，边界94～边界98，边界100～边界114；定位到"热通量"栏，从"通量类型"列表中选择"对流热通量"，在"传热系数：h"文本框中输入"0.3"，如图8-41所示。

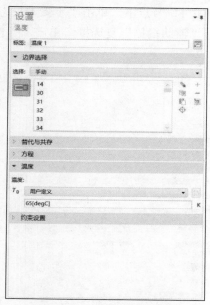

图8-40　设置"温度1"

图8-41　设置"热通量1"

5. 网格划分

在"模型开发器"窗口的"组件1(comp1)"节点下，单击"网格1"。在"网格"设置窗口中，定位到"物理场控制网格"栏，从"单元大小"列表中选择"细化"，单击"全部构建"，如图8-42所示。

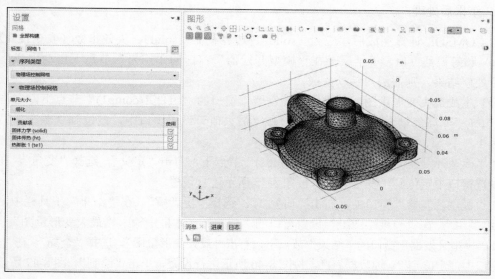

图8-42　网格划分

在"模型开发器"窗口的"组件 1(comp1)"节点下，右击"网格 1"，选择"统计信息"，显示已划分网格的相关信息，如图 8-43 所示。

6. 计算

在"模型开发器"窗口的"组件 1(comp1)"→"研究 1"节点下，单击"步骤 1:稳态"。在"稳态"设置窗口中，定位到"研究扩展"栏，勾选"辅助扫描"复选框，单击"﹢"，按图 8-44 所示的参数进行设置。单击"计算"，等待计算完成。

图 8-43　网格相关信息

图 8-44　设置"辅助扫描"

7. 结果后处理

当 COMSOL 计算完成后，应力（solid）、边界载荷（solid）、失效指数（安全性 1）、温度（ht）和等温线（ht）等结果会在"模型开发器"窗口的"结果"节点下自动生成，如需其他后处理结果，则需用户手动生成。

（1）生成最大变形量图。在"模型开发器"窗口的"组件 1(comp1)"节点下，右击"定义"，选择"非局部耦合"→"最大值"。在"最大值"设置窗口中，定位到"源选择"栏，选择域 1。

在"模型开发器"窗口的"组件 1(comp1)"节点下，右击"定义"，选择"变量"。在"变量"设置窗口中定位到"变量"栏，按图 8-45 所示进行设置。

在"模型开发器"窗口中，右击"研究 1"，选择"更新解"。在"结果"工具栏中，单击"一维绘图组"。在"一维绘图组"设置窗口的"标签"文本框中输入"最大变形量图"。

在"模型开发器"窗口的"结果"节点下，右击"最大变形量图"，选择"全局"。在"全局"设置窗口中，定位到"y 轴数据"栏，按图 8-46 所示进行设置，单击"绘制"。图 8-47 所示为生成的最大变形量图。

图 8-45　设置"变量"

图 8-46　定义"全局"

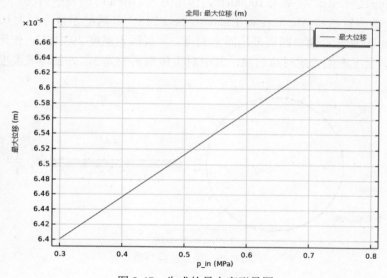

图 8-47　生成的最大变形量图

（2）修改"失效指数(安全性 1)"。在"模型开发器"窗口的"结果"节点下，右击"失效指数(solid)"→"失效指数(安全性 1)"，选择"更多绘图"→"体最大值/最小值"。在"体最大值/最小值"设置窗口中，定位到"表达式"栏，在"表达式"文本框中输入"solid.lemm1.sf1.f_i"，单击"绘制"。图 8-48 所示为"失效指数(安全性 1)"。可以看到，最容易失效的地方为缩紧孔，失效指数大约为 0.709。

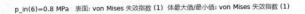

p_in(6)=0.8 MPa　表面: von Mises 失效指数 (1)　体最大值/最小值: von Mises 失效指数 (1)

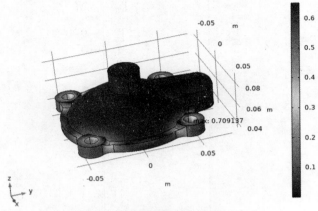

图 8-48　失效指数　（安全性 1）

8.5　振动生热分析

在高频振动时，由于结构中材料的机械损耗，结构内会产生大量的热量。本示例模拟由金属铝和钛制成的圆盘在振动频率为 10000Hz、作用力为 1MPa 时的发热情况，其中金属铝和钛采用 COMSOL 的内置材料 Alumina 和 Titanium beta-21S，其阻尼系数分别为 0.001 和 0.005。圆盘尺寸如图 8-49 所示，圆盘四周采用固定约束，并且固定温度 293.15K，作用力直接作用在圆盘上方，圆盘上下表面考虑对流散热，其中对流传热系数为 3，外部环境温度为 293.15K。

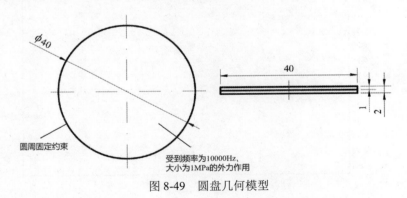

图 8-49　圆盘几何模型

具体计算过程如下。

1．模型向导

打开 COMSOL Multiphysics 软件，单击"模型向导"进入"选择空间维度"，单击"三维"进入"选择物理场"，选择"传热"→"固体传热(ht)"，单击"添加"，选择"固体力学"→"固体力学(solid)"，单击"添加"。单击"研究"进入"选择研究"，选择"一般研究"→"瞬态"，单击"完成"，进入 COMSOL 建模界面。

2．几何构建

在"模型开发器"窗口的"组件 1(comp1)"节点下，单击"几何 1"。在"几何"设置窗口中，定位到"单位"栏，从"长度单位"列表中选择"mm"。

构建"圆柱体 1"：在"几何"工具栏中，单击"圆柱体"。在"圆柱体"设置窗口中，定位到"大小和形状"栏，在"半径"文本框中输入"20"，单击"构建所有对象"，如图 8-50 所示。

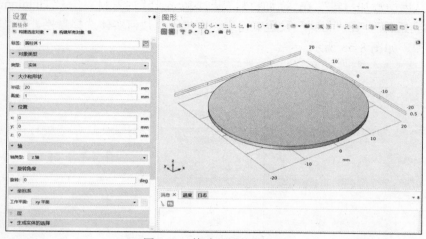

图 8-50　构建"圆柱体 1"

构建"圆柱体 2"：在"几何"工具栏中，单击"圆柱体"。在"圆柱体"设置窗口中，定位到"大小和形状"栏，在"半径"文本框中输入"20"；定位到"位置"栏，在"z"文本框中输入"−1"；单击"构建所有对象"，如图 8-51 所示。

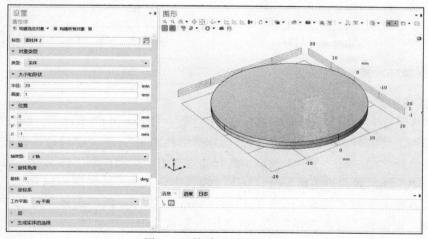

图 8-51　构建"圆柱体 2"

在"模型开发器"窗口中，单击"形成联合体(fin)"。在"形成联合体/装配"设置窗口中，单击"全部构建"。在"图形"工具栏中，单击"缩放到窗口大小"按钮。

3．添加材料

添加"Alumina"：在"模型开发器"窗口的"组件 1(comp1)"节点下，右击"材料"，选择"从库中添加材料"。在"添加材料"窗口中，选择"内置材料"→"Alumina"，单击"添加到组件"。在"材料"设置窗口中，定位到"几何实体选择"栏，在"图形"窗口中只选择域 1，如图 8-52 所示。

添加"Titanium beta-21S"：在"模型开发器"窗口的"组件 1(comp1)"节点下，右击"材料"，选择"从库中添加材料"。在"添加材料"窗口中，选择"内置材料"→"Titanium beta-21S"，单击"添加到组件"。在"材料"设置窗口中，定位到"几何实体选择"栏，在"图形"窗口中只选择域 2，如图 8-53 所示。

图 8-52　添加"Alumina"材料

图 8-53　添加"Titanium beta-21S"材料

4．边界条件设置

（1）"固体传热(ht)"。

设置"热通量 1"：在"模型开发器"窗口的"组件 1(comp1)"节点下，单击"传热(ht)"。在"物理场"工具栏中，单击"边界"，然后选择"热通量"。在"热通量"设置窗口中，定位到"边界选择"栏，在"图形"窗口中选择边界 3 和 7；定位到"热通量"栏，从"通量类型"列表中选择"对流热通量"，在"h"文本框中输入"3"，如图 8-54 所示。

设置"温度 1"：在"物理场"工具栏中，单击"边界"，然后选择"温度"。在"温度"设置窗口中，定位到"边界选择"栏，在"图形"窗口中选择边界 1、边界 2、边界 4、边界 5 和边界 8～边界 11，如图 8-55 所示。

设置"热源 1"：在"物理场"工具栏中，单击"域"，然后选择"热源"。在"热源"设置窗口中，定位到"域选择"栏，在"图形"窗口中选择域 1 和域 2；定位到"热源"栏，从"Q_0"列表中选择"总功耗密度(solid)"，如图 8-56 所示。

图 8-54　设置"热通量 1"　　　图 8-55　设置"温度 1"　　　图 8-56　设置"热源 1"

（2）"固体力学(solid)"。

设置"阻尼 1"：在"模型开发器"窗口的"组件 1(comp1)"→"固体力学(solid)"节点下，右击"线弹性材料 1"，选择"阻尼"。在"阻尼"设置窗口中，定位到"域选择"栏，只保留域 1；定位到"阻尼设置"栏，从"阻尼类型"列表中选择"各向同性损耗因子"，从"η_s"列表中选择"用户定义"，在相应的文本框中输入"0.001"，如图 8-57 所示。

设置"阻尼 2"：在"模型开发器"窗口的"组件 1(comp1)"→"固体力学(solid)"节点下，右击"线弹性材料 1"，选择"阻尼"。在"阻尼"设置窗口中，定位到"域选择"栏，只保留域 2；定位到"阻尼设置"栏，从"阻尼类型"列表中选择"各向同性损耗因子"，从"η_s"列表中选择"用户定义"，在相应的文本框中输入"0.005"，如图 8-58 所示。

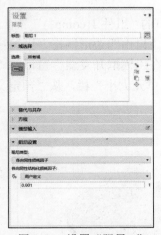

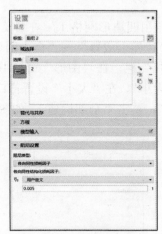

图 8-57　设置"阻尼 1"　　　　　　图 8-58　设置"阻尼 2"

设置"固体力学(solid)"：在"模型开发器"窗口的"组件 1(comp1)"节点下，单击"固体力学(solid)"。在"固体力学"设置窗口中，定位到"方程"栏，从"方程形式"列表中选择"频域"，从"频率"列表中选择"用户定义"，在"f"文本框中输入"10000"，如图 8-59 所示。注意：此处设置的意义是对固体力学进行频域的求解。

设置"固定约束 1":在"物理场"工具栏中,单击"边界",然后选择"固定约束"。在"固定约束"设置窗口中,定位到"边界选择"栏,在"图形"窗口中选择边界 1、边界 2、边界 4、边界 5 和边界 8～边界 11,如图 8-60 所示。

设置"边界载荷 1":在"物理场"工具栏中,单击"边界",然后选择"边界载荷"。在"边界载荷"设置窗口中,定位到"边界选择"栏,在"图形"窗口中选择边界 7;定位到"力"栏,按图 8-61 所示进行设置。

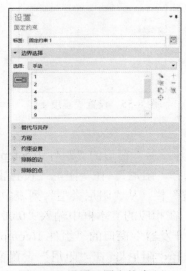

图 8-59　设置"固体力学(solid)"　　图 8-60　设置"固定约束 1"　　图 8-61　设置"边界载荷 1"

5. 网格划分

构建"自由四边形网格 1":在"模型开发器"窗口的"组件 1(comp1)"节点下,右击"网格",选择"边界生成器"→"自由四边形网格"。在"自由四边形网格"设置窗口中,定位到"边界选择"栏,在"图形"窗口中选择边界 7。在"模型开发器"窗口的"网格"节点下,单击"大小"。在"大小"设置窗口中,定位到"单元大小"栏,从"预定义"列表中选择"极细化",单击"全部构建",如图 8-62 所示。

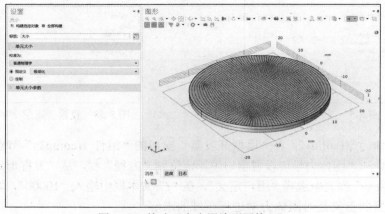

图 8-62　构建"自由四边形网格 1"

构建"扫掠1": 在"模型开发器"窗口的"组件1(comp1)"节点下, 右击"网格", 选择"扫掠", 单击"全部构建", 如图8-63所示。

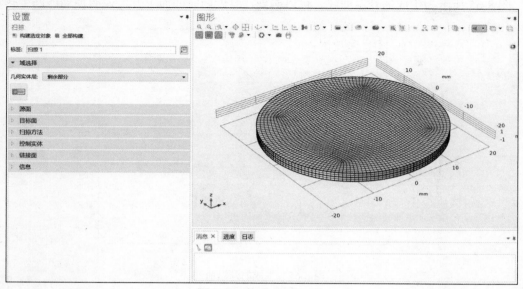

图8-63 构建"扫掠1"

在"模型开发器"窗口的"组件1(comp1)"节点下, 右击"网格1", 选择"统计信息", 即可看到已划分网格的相关信息, 如图8-64所示。

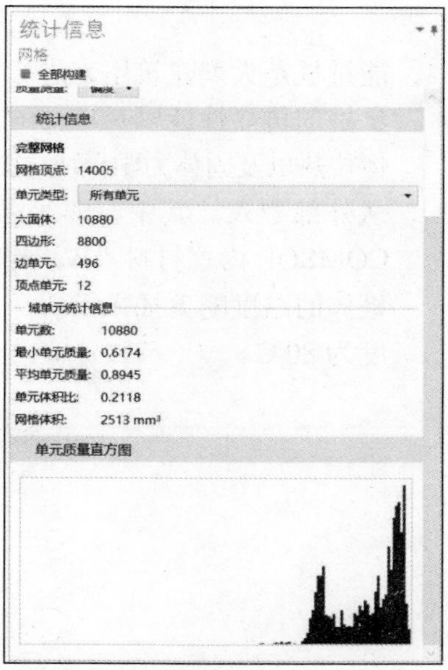

6. 计算

在"模型开发器"窗口的"组件1(comp1)"→"研究1"节点下, 单击"步骤2:瞬态"。在"瞬态"设置窗口中, 定位到"研究设置"栏, 在"输出时步"文本框中输入"range(0,0.001,0.125)"。单击"计算", 等待计算完成。

7. 结果后处理

当COMSOL计算完成后, 4组默认的结果会在"模型开发器"窗口的"结果"节点下自动生成, 如需其他后处理结果, 则需用户手动生成。

接下来要做的是绘制升温曲线。

在"模型开发器"窗口的"结果"节点下, 右击"派升值", 选择"最大值"→"体最大值"。在"体最大值"设置窗口中, 定位到"选择"栏, 选择域1和2; 定位到"表达式"栏, 在"表达式"文本框中输入"T-293.15", 单击"计算"。

在"结果"工具栏中, 单击"一维绘图组"。在"一维绘图组"设置窗口的"标签"文本框中输入"升温曲线"; 定位到"图例"栏, 从"位置"列表中选择"左上角"。

在"模型开发器"窗口的"结果"节点下, 右击"升温曲线", 选择"表图"。在"表图"

图8-64 已划分网格的相关信息

设置窗口中，定位到"图例"栏，选中"显示图例"复选框，从"图例"列表中选择"手动"，在"图例"文本框中输入"升温(K)"，单击"绘制"。

图 8-65 所示为生成的升温曲线。可以看到，温度随时间而上升，说明振动能产生热量。

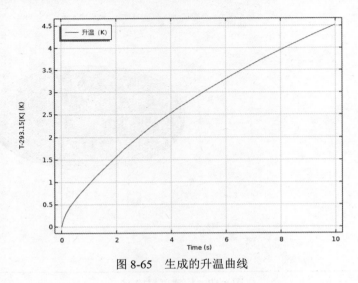

图 8-65　生成的升温曲线

练习题

1. 能量桩是大型建筑用来进行供暖和制冷的预制部件，也是建筑物的基础部件。本练习对能量桩的传热性能以及桩体的基本力学性能进行分析，用到 COMSOL 的非等温管道流、固体传热以及固体力学模块。图 8-66 所示为能量桩的几何模型，采用三维进行分析，几何模型从外部导入。其中，非等温管道流的入口以 0.15m/s 的速度流入 15℃ 的水，水则采用 COMSOL 内置材料"Water, liquid"的参数；混凝土和黏土的各项物性参数如表 8-1 所示；桩体的温度随着插入土壤深度的增加而线性增加，其中桩体的上端温度为 50℃，下端温度为 80℃。

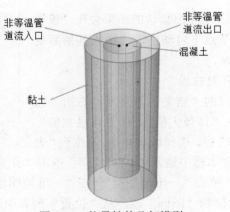

图 8-66　能量桩的几何模型

表 8-1　　　　　　　　　　　　　　混凝土和黏土的物性参数

混凝土				黏土			
属性	变量	值	单位	属性	变量	值	单位
杨氏模量	E	3e4	Pa	杨氏模量	E	60	Pa
泊松比	nu	0.2		泊松比	nu	0.3	
密度	rho	2500	kg/m³	密度	rho	1930	kg/m³
导热系数	k_iso	1.92	W/(m·K)	导热系数	k_iso	1.87	W/(m·K)
恒压热容	Cp	837	J/(kg·K)	恒压热容	Cp	1200	J/(kg·K)
热膨胀系数	alpha	1e-5	1/K	热膨胀系数	alpha	5e-6	1/K

2. 泰勒锥（Taylor cone）是由液体在电场下加速、收缩形成的。本练习探究泰勒锥的形成过程，用到 COMSOL 的两相流、相场模块以及静电模块。图 8-67 所示为泰勒锥的几何模型，采用二维轴对称进行分析，几何模型从外部导入。其中光敏树脂的密度为 1200kg/m³，动力黏度为 $2×10^{-2}$Pa·s，相对介电常数为 30，空气则采用 COMSOL 内置材料 Air 的参数。

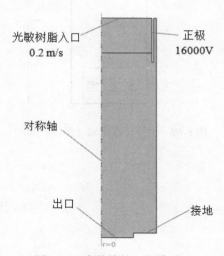

图 8-67　泰勒锥的几何模型

3. 如果两相界面存在表面张力梯度，便会发生马兰戈尼效应（Marangoni effect）。这种现象多发生于气液界面，当溶质浓度、表面活性剂浓度以及沿界面的温度发生变化时，表面张力通常也会随着改变。本练习探究在硅油液滴中由温度梯度导致的 Marangoni effect，硅油液滴的几何模型如图 8-68 所示，其中硅油的密度为 760kg/m³，动力黏度为 $4.94×10^{-4}$Pa·s，导热系数为 0.1W/(m·K)，热容为 2090J/(kg·K)，热膨胀系数为 $1.3e^{-3}$1/K，参考温度为 273.15K，表面张力温度倒数为 $-8e^{-5}$N/(m·K)。外界环境温度为 273.15K，硅油液滴底部的温度呈斜率等于 0.2K/mm 的梯度分布，硅油液滴底部左端顶点温度为 273.75K，底部右端顶点温度为 274.55K。

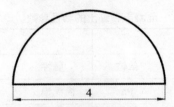

图 8-68 硅油液滴的几何模型（单位：mm）

4. 在图 8-69 所示的上浮计算区域内，上部矩形是一个空洞，下部方形是一个物块（杨氏模量：2.7e5 Pa，泊松比：0.4，密度：900 kg/m³），整个区域充满了水（直接用内置的"Water"材料），上部是开放边界，请计算方形物块的上浮情况（计算时间大约 0.8s）。

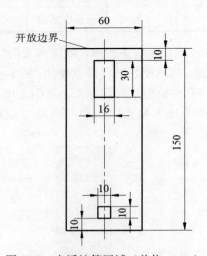

图 8-69 上浮计算区域（单位：mm）

参考文献

[1] 尹飞鸿. 有限元法基本原理及应用[M]. 北京：高等教育出版社，2018.

[2] 毕超. 计算流体力学有限元法及其编程详解[M]. 北京：机械工业出版社，2013.

[3] 张玉宝，李强. 基于 COMSOL Multiphysics 的 MEMS 建模及应用[M]. 北京：冶金工业出版社, 2007.

[4] 陶文铨. 数值传热学[M]. 2 版. 西安：西安交通大学出版社，2004.

[5] 马慧. COMSOL Multiphysics 基本操作指南和常见问题解答[M]. 北京：人民交通出版社，2009.

[6] 王福军. 计算流体动力学分析——CFD 软件原理与应用[M]. 北京：清华大学出版社，2004.

[7] 王刚，安琳. COMSOL Multiphysics 工程实践与理论仿真:多物理场数值分析技术[M]. 北京：电子工业出版社, 2012.

[8] William B J Zimmerman. COMSOL Multiphysics 有限元法多物理场建模与分析[M]. 北京：人民交通出版社, 2007.

[9] 周博，薛世峰. 基于 MATLAB 的有限元法与 ANSYS 应用[M]. 北京：科学出版社，2015.

[10] COMSOL Inc.. COMSOL Multiphysics reference manual [M]. Stockholm: COMSOL Inc., 2021.

[11] 江帆，徐勇程，黄鹏. Fluent 高级应用与实例分析[M]. 2 版. 北京：清华大学出版社，2018.

[12] 江帆，谢宝山，张冥聪，等. CFD 基础与 Fluent 工程应用分析[M]. 北京：人民邮电出版社，2022.

[13] 陈俊超. 基于水平集的人工膝关节磨粒流加工流场分析与实验研究[D]. 杭州：浙江工业大学，2018.

[14] 王涵. 基于 COMSOL 的喷墨打印机喷射墨滴过程的仿真分析[J]. 机械管理开发，2021，218(6): 65-67.

[15] 祝秋睿. 脉动热管气液两相流动及传热应用研究[D]. 大连：大连理工大学，2020.

[16] COMSOL Inc.. CFD Module user's guide [M]. Stockholm: COMSOL Inc., 2021.

[17] COMSOL Inc.. Porous media Module user's guide [M]. Stockholm: COMSOL Inc., 2021.

[18] COMSOL Inc.. Chemical reaction engineering Module user's guide [M]. Stockholm: COMSOL Inc., 2021.

[19] Derzsi L, Kasprzyk M, Plog J P, et al. Flow focusing with viscoelastic liquids[J]. Physics of Fluids, 2013, 25(9): 368-141.